现代数学基础丛书·典藏版　1

数理逻辑基础

上 册

胡世华　陆钟万　著

科学出版社

北 京

内 容 简 介

本书介绍数理逻辑的基础知识，包括逻辑演算的基本内容. 这些内容构成数理逻辑各个分支(模型论、证明论和构造性数学、递归论、集合论)的共同的基础.

本书共六部分，分上、下两册. 上册包括绪论、第一章和第二章. 绪论对数理逻辑的性质，逻辑演算的大概内容. 以及阅读以后各章所需要的预备知识作了简要的说明. 第一章构造命题逻辑和一阶逻辑的形式系统，介绍演绎逻辑的基本规则. 第二章研究逻辑演算的重要系统特征.

本书可以用作数学专业和其他专业数理逻辑课程的教材或教学参考书，或供有关工作人员参考. 当用作其他专业的教材时，内容可删减. 使用本书时一般要求读者具有相当于大学高年级程度的数学训练.

图书在版编目(CIP)数据

数理逻辑基础. 上册/胡世华，陆钟万著. —北京：科学出版社，2015.11
(现代数学基础丛书·典藏版；1)
ISBN 978-7-03-046421-7

I. ①数… II. ①胡… ②陆… III. ①数理逻辑 IV. ①O141

中国版本图书馆 CIP 数据核字(2015) 第 277000 号

责任编辑：张 扬／责任校对：林青梅
责任印制：赵 博／封面设计：王 浩

科学出版社出版
北京东黄城根北街 16 号
邮政编码：100717
http://www.sciencep.com
北京厚诚则铭印刷科技有限公司印刷
科学出版社发行 各地新华书店经销
*
2015 年 11 月第 一 版 开本：B5(720×1000)
2024 年 4 月印 刷 印张：15 1/2
字数：192 000

定价：98.00 元

(如有印装质量问题，我社负责调换)

目　　录

序

数理逻辑是研究推理，特别是研究数学中的推理的科学． 本书陈述数理逻辑的基础性知识，包括逻辑演算(这里是指命题逻辑和一阶谓词逻辑）的基本内容，这些内容构成数理逻辑各个分支(模型论、证明论和构造性数学、递归论、集合论)的共同的基础．

数理逻辑的思想可以溯源到莱布尼兹[1]，而命题逻辑和一阶谓词逻辑的研究则从弗雷格[2]开始．以后，经过皮尔斯[3]，施罗德[4]，皮亚诺[5]，怀德海[6]与罗素[7]，勒文海姆[8]，斯柯伦[9]等的研究，特别是经过了希尔伯特[10]与阿克曼[11]、贝尔奈斯[12]的研究和整理，谓词逻辑的体系得以形成；而在哥德尔[13]证明了一阶逻辑的完全性定理之后，这个逻辑演算的体系可以说是最后得到完成．

逻辑演算是反映前提和结论之间的推理关系的形式系统．在数理逻辑的历史发展中，构造了逻辑演算的重言式系统． 在重言式系统中，以某些形式公理和形式推理规则刻划重言式的全体，以重言式反映推理关系．

然而，重言式系统中的形式公理（它们本身都是重言式）并不

---

1) G. W. v. Leibniz.
2) G. Frege.
3) C. S. Peirce.
4) E. Schröder.
5) G. Peano.
6) A. N. Whitehead.
7) B. Russell.
8) L. Löwenheim.
9) T. Skolem.
10) D. Hilbert.
11) W. Ackermann.
12) P. Bernays.
13) K. Gödel.

揭示出推理的性质．形式公理的涵义是并不直观、并不明显的．用重言式系统中的形式推理来反映演绎推理是不直接、不自然的．于是出现了一些较为直接地反映推理关系的逻辑演算．由厄尔勃朗[1]证明的演绎定理就是比较直接地反映推理关系的．以后，在雅思柯夫斯基[2]，根岑[3]等的著作中，也表明了这种趋势．又如在克利尼[4]的《元数学导引》一书中所构造的逻辑演算，虽然仍然是重言式系统，但在其中定义了有前提的形式推理，并且利用演绎定理得出直接反映推理关系的形式推理关系，这也表明了上面所说的趋势．

本书按照直接而自然地反映推理关系的要求来构造逻辑演算，这是逻辑演算的自然推理系统．本书中构造的自然推理系统既是一种严格的形式的数学语言，又与通常的数学语言很接近．王宪钧同志在1940年前后曾告诉作者之一，沈有鼎同志在三十年代初就有了关于构造逻辑演算的自然推理系统的思想．本书所构造的自然推理系统是受到这种思想的启发的．

文献中已有的带函数词的谓词逻辑往往是其中的函数词只表示全函数，即在论域中处处有定义的函数．本书中构造了两个带函数词的谓词逻辑，一个里面的函数词表示全函数，另一个里面的函数词表示全函数或者偏函数，即在论域中并非处处有定义的函数．

本书包括六个部分．绪论部分对数理逻辑的性质，逻辑演算的大概内容，以及阅读以后各章所需要的预备知识作了简要的说明．第一章构造了命题逻辑和谓词逻辑的自然推理系统，通过其中的形式推理研究演绎推理．第二章研究逻辑演算形式系统的某些重要的系统特征，例如等值公式的可替换性、命题连接词的完全性和独立性、代入定理、范式和对偶性等．由于这些特征往往是本书中几个有关的逻辑演算所共有的，甚至是所有的逻辑演算所共

---

1) J. Herbrand.

2) S. Jaśkowski.

3) G. Gentzen.

4) S. C. Kleene.

有的，所以在本书中并没有在构造了一个逻辑演算之后就研究它的系统特征，而是将这些系统特征集中在一章之中结合有关的逻辑演算一起加以研究．第三章陈述逻辑演算的重言式系统，并研究自然推理系统和重言式系统之间的关系．第四章研究逻辑演算的可靠性(形式推理是否与所反映的演绎推理一致)、完全性(形式推理是否完全地反映了演绎推理)和独立性(逻辑演算中的形式推理规则是否都不是多余的)问题．第五章讨论了逻辑演算如何应用于陈述具体的数学理论，构造了初等代数、自然数、集和实数理论的形式系统，并且研究了在形式系统中引进形式符号定义的问题．

本书可以用作数学专业和其他专业数理逻辑课程的教材或教学参考书，或者供有关工作人员参考．当用作其他专业的教材时，内容可以删减．本书内容是自足的，可用于自学．使用本书时一般要求读者具有相当于大学高年级程度的数学训练．正是由于考虑到自学的需要，所以有些章节，特别是绪论和第一章的开始两节，写得比较详细．

本书的写作开始于 1957 年，曾先后在北京大学数学力学系和中国科学技术大学应用数学系用作教材．1965 年完成初稿，以后又于 1975 年开始修订．由于作者水平有限，将本书用于教学的机会也还不多，本书的缺点和错误是难免的，恳切希望数理逻辑和其他专业的工作者以及广大的读者批评指正．

胡世华　陆钟万

1978 年 3 月于北京

中国科学院计算技术研究所

使 用 说 明

（一）本书绪论和各章中的节用两位数字表示，第一位数字表明这一节所属的章，第二位数字是一章中各节的编号．例如，第一章中各节依次是 §10，§11 等；第二章中各节依次是 §20，§21 等．绪论作为第零章，绪论中各节依次是 §00，§01 等．

（二）定义和定理（包括引理和推论）的标号中，点号前面的两位数字表明这个定义或定理所属的节，点号后面的数字是一节中的定义或定理的编号．例如，§10 中的定义依次是定义 10.1，定义 10.2 等；§10 中的定理依次是定理 10.1，引理 10.2 等．定理，引理和推论统一编号．

（三）当同时用到某一节中的几个定义或几个定理时，有时采用简单的写法，例如定义 10.1.2 就是定义 10.1 和定义 10.2，定理 11.1.2.3 就是定理 11.1，定理 11.2 和定理 11.3．

（四）各节后面习题的标号方法与定义、定理的相同．

（五）凡在后面要引用的公式或论证，往往另起一行写，并在行的左端用 1)，2)，3) 等或 (1)，(2)，(3) 等标明． 在某一定理的证明或在某一例子的陈述中依次用双括弧 (1)，(2) 等，在一节的叙述中依次用单括弧 1)，2) 等．

（六）各页的脚注用较小号的 1)，2)，3) 等标明．

（七）用乐谱中的终止符 ‖ 表示定理证明的结束． 对于省略证明的定理，就在陈述定理之后加上这个符号．

绪　　论

数理逻辑研究推理，即研究推理中前提和结论之间的形式关系. 这种形式关系是由作为前提和结论的命题的逻辑形式决定的.

在数理逻辑的研究中要构造逻辑演算，逻辑演算是为了研究前提和结论之间的形式关系而构造的形式系统. 逻辑演算反映自然语言的某些特征，其中的合式公式反映命题的逻辑形式，其中的形式推理反映演绎推理.

绪论中将对这些概念作直观的说明（§00—§02），并且要介绍阅读以后各章所需要的某些预备知识，即关于集的基本概念（§03）和数学归纳法（§04）的一般知识.

§00　数理逻辑

数理逻辑，又称为**符号逻辑**，是研究推理，特别是研究数学中的推理的科学. 本书中所要陈述的数理逻辑还限于通常称为演绎逻辑的内容.

推理是从前提推出结论. 在各门科学的研究活动中，都要进行推理. 推理中的前提和结论都是命题，都有具体的涵义. 从怎样的前提出发，能推出怎样的结论，不能推出怎样的结论，这是各门科学自己要研究的问题. 例如在数学分析中，由下面的前提 1）和2）:

1）　函数 $f(x)$ 在闭区间 $[a, b]$ 上连续

2）　$f(a)$ 和 $f(b)$ 的符号不同

能推出结论 3）:

3）　在 a, b 之间有 c，使得 $f(c)=0$

但是，如果在1）中把闭区间 $[a, b]$ 改为开区间 (a, b)，那么由1）和2）就不能推出3）。这个例子陈述了一个具体的前提和结论之间的推理关系.数学分析在这个例子中研究了连续函数的性质，但并不是研究推理. 数学中除数理逻辑之外的各个分支都并不研究它们所使用的推理.

推理是数理逻辑所研究的对象. 数理逻辑研究推理时并不涉及前提和结论的内容，而是研究前提和结论之间的形式关系.

什么是前提和结论之间的形式关系呢?

前提和结论都是命题. 命题有逻辑形式，或者说逻辑结构.例如下面的两个命题:

4） $$a = 0 \text{ 或 } a < 0$$

5） $$a \neq 0$$

命题4）有以下的逻辑形式:

$$A \text{ 或 } B$$

命题5）有以下的逻辑形式:

$$\text{非 } A$$

我们考虑下面6）中三个互相连系的逻辑形式:

6） $$\begin{cases} A \text{ 或 } B \\ \quad \text{非 } A \\ \qquad B \end{cases}$$

我们说这是三个互相连系的逻辑形式，意思是，第一个逻辑形式是由两个命题用"或"连接而构成，第二个逻辑形式就是在第一个逻辑形式中的第一个命题的前面加上"非"（就是加以否定）而构成，第三个逻辑形式就是由第一个逻辑形式中的第二个命题构成. 显然，任何三个命题，如果它们分别具有6）中的逻辑形式（不论其中的 A 和 B 是怎样的命题[1]），那么，当其中的前两个命题是真命题时，后一个命题必然也是真命题. 这样，我们也说由前两个命题能

1）我们以英文斜体大写字母表示命题、性质（或关系）和集合，它们是互相连系的.例如，"是素数"是一个性质，"a 是素数"是一个命题，而所有具有"是素数"性质的对象又构成一个集合，即全体素数的集合.

推出后一个命题．例如，当前面的 4）和 5）是真命题时，“$a<0$”必定是真命题．我们说，由 4）和 5）能推出“$a<0$”．

由“$a=0$ 或 $a<0$”和“$a\neq 0$”能推出“$a<0$”，这是前面说过的由具体的前提推出具体的结论，是一个具体的推理关系．6）中前两个逻辑形式与后一个逻辑形式所表示的则是推理中前提和结论之间的一种形式关系．

再举一个例子．下面的两个命题：

凡宽叶植物都是落叶植物

凡素数都是整数

都有以下的逻辑形式：

凡 S 都是 P

我们考虑下面 7）中三个互相连系的逻辑形式：

$$
7)\qquad \begin{cases} \text{凡}M\text{都是}P \\ \text{凡}S\text{都是}M \\ \text{凡}S\text{都是}P \end{cases}
$$

显然，任何三个命题，如果它们分别具有 7）中的逻辑形式（不论其中的 S，M，P 是怎样的概念或集合），那么，当前两个命题是真命题时，后一个命题必然也是真命题．因此也可以说，由前两个命题能推出后一个命题． 7）中前两个逻辑形式与后一个逻辑形式表示前提和结论之间的另一种形式关系．

6）和 7）中的逻辑形式所表示的前提和结论之间的这种形式关系称为**演绎推理关系**．数理逻辑中的演绎逻辑就是研究前提和结论之间的演绎推理关系的[1]．

为了研究推理，研究推理中前提和结论之间的形式关系，为了确切地反映命题的逻辑形式，在数理逻辑的研究中要构造称为**逻辑演算**的形式系统． 形式系统是一种形式语言，它反映自然语言

1）推理中前提和结论之间的关系并不都是演绎推理关系．例如也可以是，当前提是真命题时，结论并不必然是真命题，而或然是真命题．归纳逻辑和概率逻辑就是研究这种推理关系的，它们也属于数理逻辑的范围．

的某些特征. 逻辑演算中有**合式公式**，在合式公式中可以确切地反映命题的逻辑形式. 因此在逻辑演算中可以确切地反映前提和结论的逻辑形式之间的关系，也就是前提和结论之间的形式关系.

根据以上的讨论，我们可以简单地说：数理逻辑是研究推理，即研究推理中前提和结论之间的形式关系的科学，这种研究是通过反映语言的这一方面关系的逻辑演算进行的.

§01 逻辑演算(一)

我们在上节中讲过，逻辑演算是为了研究推理中前提和结论之间的形式关系而构造的形式语言，逻辑演算反映自然语言的某些特征. 在本节和下节中我们要进一步说明逻辑演算的构造和意义.

逻辑演算中首先要有**符号**，这相当于语言（特别是欧洲的语言)中要有字母. 逻辑演算中的符号也称为**字母**.

由符号构成**公式**，公式是一串有穷长的符号. 公式中符号的数目称为**公式的长度**. 当把符号称为字母时，公式就称为**字**，公式的长度称为**字长**. 例如，如果符号就是以下两个英文字母:

$$a, b$$

那么

$$a, b, aabb, ababab, bbbaaabbb$$

等都是公式，它们的长度分别是 1, 1, 4, 6, 9.

公式的长度可以是 0. 长度是 0 的公式称为**空公式**，记作

$$\odot$$

它是一个特殊的没有符号的公式. 逻辑演算中有⊙这样一个公式，正像数目中有 0 这样一个数.

把逻辑演算中的两个公式 X 和 Y 并列起来，结果仍是其中的公式，记作

$$XY$$

称为X和Y的**并列**．对于任何公式X，显然有

$$X\odot=\odot X=X$$[1]

并且，对于任何公式 X，Y，Z，显然有

$$(XY)Z=X(YZ)\text{（结合律）}$$

$$\text{如果 } XY=XZ\text{，则 } Y=Z\text{（消去律）}$$

$$\text{如果 } XZ=YZ\text{，则 } X=Y\text{（消去律）}$$

如果公式X是公式Y的部分，就是说，有公式 X_1 和 X_2（X_1，X_2 可以是空公式⊙）使得，

$$X_1XX_2=Y$$

那么我们说X是Y的**子公式**；否则X就不是Y的子公式．例如，对于由符号 a 和 b 构成的公式

ababab

来说，a，ab，aba，bab，abab 等，以至于 ababab 本身，都是它的子公式；但是 aa 和 bb 都不是它的子公式．

显然，任何公式 X，Y，Z，如果X是Y的子公式，Y是Z的子公式，那么X是Z的子公式．

逻辑演算中的符号是我们的研究对象，又称为**形式符号**或**对象符号**．

形式符号是逻辑演算的原始构成材料．一个逻辑演算在确定了它的形式符号，因此确定了它的公式之后，还要为它规定两组规则，形成规则和变形规则，由这些规则生成某些对象．所生成的对象都是由形式符号构成的．形式符号是没有涵义的；由形式符号根据形成规则和变形规则所生成的对象也都是没有涵义的，它们都是由形式符号构成的形式对象．然而，对于逻辑演算形式系统中的这些形式对象，要给予一个具有逻辑学涵义的解释，使之成为具有逻辑学涵义的对象，从而我们可以通过它们研究逻辑问题．

下面我们来逐步地说明这些问题．我们在本节和下节中所作的说明是直观的，不严格和不详细的，也只要求读者有个大概的了

1）两个公式相等，就是它们的长度相同，并且依次有相同的符号．

解．在以后各章中将对这些问题作严格和详细的说明．

我们先说明什么是形成规则和变形规则．

形成规则相当于语言中的语法规则．语法规则是确定词和语句怎样构成，确定语句的结构形式的．与之类似，形成规则由公式中确定一类特殊的公式，就是上节中所说的合式公式．合式公式相当于语言中的语句．

为了继续说明的方便，我们先要说明一些关于本书中使用符号的规定．我们要构造一系列的逻辑演算．我们规定，令英文正体大写字母（或加下添标）

$$\mathrm{X},\ \mathrm{Y},\ \mathrm{Z},\ \mathrm{X}_i,\ \mathrm{Y}_i,\ \mathrm{Z}_i\ (i=1,2,3,\cdots)$$

表示任何逻辑演算中的公式；令英文正体大写字母（或加下添标）：

$$\mathrm{A},\ \mathrm{B},\ \mathrm{C},\ \mathrm{A}_i,\ \mathrm{B}_i,\ \mathrm{C}_i\ (i=1,2,3,\cdots)$$

表示任何逻辑演算中的合式公式；令希腊文正体大写字母（或加下添标）：

$$\Gamma,\ \Delta,\ \Gamma_i,\ \Delta_i\ (i=1,2,3,\cdots)$$

表示任何逻辑演算中的合式公式有穷序列．

注意，X 和 Y 等是任意的公式，因此它们可以是不相同的，也可以是相同的．同样，A 和 B 等可以是不同的，也可以是相同的合式公式；Γ 和 Δ 等可以是不同的，也可以是相同的合式公式有穷序列．

我们又令

$$\Gamma,\Delta$$

表示由 Γ 和 Δ 并列起来而得的合式公式有穷序列．如果 $\Gamma=\mathrm{A}_1,\cdots,\mathrm{A}_m$ 并且 $\Delta=\mathrm{B}_1,\cdots,\mathrm{B}_n$，那么 $\Gamma,\Delta=\mathrm{A}_1,\cdots,\mathrm{A}_m,\mathrm{B}_1,\cdots,\mathrm{B}_n$[1]．

合式公式的有穷序列可以是没有项的．没有项的有穷序列称为**空序列**．我们就以表示空集的符号

1）两个序列相等，就是它们的项数相同，并且依次有相同的项．

$$\phi$$

表示空序列. 于是,对于任何 Γ, 都有

$$\Gamma, \phi = \phi, \Gamma = \Gamma$$

成立[1].

现在我们来说明什么是变形规则. **变形规则**相当于演绎推理的规则;可是, 当还没有给以具有逻辑学涵义的解释时, 我们还不能说变形规则具有怎样的逻辑学涵义, 还不能说它们是一种推理规则.

变形规则确定一个合式公式有穷序列 Γ 和一个合式公式 A 之间的一种特殊的形式关系,称为**变形关系**. 当 Γ 和 A 之间存在着变形关系时,我们说由 Γ 可以变形到 A,并记作

$$\Gamma \vdash A$$

我们也说 $\Gamma \vdash A$ 是变形关系.

下面我们来说明怎样对形式符号以及由形式符号构成的形式对象给以具有逻辑学涵义的**解释**, 使之成为具有逻辑学涵义的研究对象.

前面说过, 逻辑演算反映语言的某些特征. 逻辑演算中的合式公式相当于语言中的语句. 语句是表示命题的, 是可以赋予一定的涵义的. 合式公式也要能够在给以解释之后表示命题, 赋予一定的涵义. 为了说明怎样给合式公式以解释, 使得合式公式在给以解释之后成为命题, 我们先要说明怎样给构成合式公式的形式符号以解释. 在本书中要构造一系列的逻辑演算, 其中有七类常用的形式符号. 下面我们列举这些符号,并说明怎样给以解释,说明它们表示什么.

(一) **命题词**[2] 命题词是一个无穷序列的形式符号. 我们规定以英文正体小写字母(或加下添标):

---

1) 在这里的"Γ, ϕ"和"ϕ, Γ"中,为了把 Γ 和 ϕ 分开,我们写了逗号. 如果把 Γ 和 ϕ 中的合式公式写出, 那么由于 ϕ 是空序列, 这里的逗号实际上是不需要的.

2) 这里"词"的意思就是符号,故命题词也可以称为"命题符号". 后面个体词等的情况相同.

$$p, q, r, p_i, q_i, r_i \ (i = 1, 2, 3, \cdots)$$

表示任意的命题词.

命题词是我们要解释为命题的形式符号,或者说,命题词是表示命题的形式符号. 下面是一些命题的例子:

1) 任何自然数都有大于它的素数.

2) 3 是最小的素数.

3) 任何大于 2 的偶数都可表为两个素数的和.

其中, 我们知道, 1) 是真的, 2) 是假的, 3) 就是哥德巴赫[1]猜想,数学家从他们的研究中估计它大概是真的,但是至今还没有能给以证明,因此还没有能够判断出它的真假. 一个命题,不论是否已经知道它的真假,总或者是真的,或者是假的.

命题的真或假称为命题的**真假值**, 简称为命题的**值**. 因此命题有两个可能的值: 真和假. 真命题的值是真,假命题的值是假. 我们以德文花体小写字母"$\mathfrak{t}$"和"$\mathfrak{f}$"分别表示命题的真值和假值.

我们在上节中讲过, 本书中所要陈述的数理逻辑是研究演绎推理关系的. 演绎推理关系是前提和结论之间的这样一种形式关系,当前提是真命题时, 结论必定也是真命题. 因此, 虽然命题各有具体的涵义,但在研究演绎推理关系时,我们是要研究具有一定的逻辑形式的命题之间的真假关系. 这时我们只考虑命题的真假值而不考虑命题的涵义.

我们一般并不规定命题词表示真命题还是表示假命题. 例如 p, 它可以表示真命题, 也可以表示假命题. 因此, 命题词又称为**命题变元**或**命题变项**,它们取 $\mathfrak{t}$ 或 $\mathfrak{f}$ 为值. 但是, 我们有时候也需要规定命题词表示真命题,或者表示假命题. 为此,我们任意取两个命题词, 就写作"t"和"f", 规定它们分别表示真命题和假命题. 这样, t 和 f 是两个特殊的命题词, 它们又称为**命题常元**或**命题常项**.

---

1) Goldbach.

（二）**个体词**　个体词是一个无穷序列的形式符号．我们规定以英文正体小写字母(或加下添标)：

$$\mathrm{a}, \mathrm{b}, \mathrm{c}, \mathrm{a}_i, \mathrm{b}_i, \mathrm{c}_i \ (i = 1, 2, 3, \cdots)$$

表示任意的个体词．

任何科学理论都有所要研究的对象的不空集合，称为**论域**．论域中的元素即研究的对象按照习惯称为**个体**．个体词就是表示个体的形式符号．这里所说的个体并不是通常意义下的个体，而是泛指所研究的对象的，这对象可以是通常意义下的个体，也可以是由个体构成的集合，或者是集合的集合等．

我们一般并不规定个体词表示哪个论域中的哪个个体，因此个体词一般又称为**个体变元**或**个体变项**，它们取任一论域中的任一个体为值．但有的时候也要给某一个体词以特定的具体解释，使之表示某一论域中的某个特定的个体．这时，个体词又称为**个体常元**或**个体常项**．

（三）**函数词**　函数词是一个无穷序列的形式符号．我们规定以英文正体小写字母(或加下添标)：

$$\mathrm{f}, \mathrm{g}, \mathrm{h}, \mathrm{f}_i, \mathrm{g}_i, \mathrm{h}_i \ (i = 1, 2, 3, \cdots)$$

表示任意的函数词．当特别要指明一个函数词是 n 元函数词（n 是正整数)时，可以在它的右上角写上添标 n，例如 f^n．

函数词是表示任一给定论域中的函数的形式符号．一元函数词表示一元函数，例如正弦和平方；二元函数词表示二元函数，例如加和乘；一般地，n 元函数词表示 n 元函数．

对于函数词，我们一般也不规定它表示哪个论域中的哪个函数，因此函数词一般又称为**函数变元**或**函数变项**，n 元函数词取任一给定论域中的任意 n 元函数为值．但有时候也要对某一函数词给以具体的解释，使它表示某个特定的函数，这时函数词又称为**函数常元**或**函数常项**．

（四）**谓词**　谓词是一个无穷序列的形式符号．我们规定英文正体大写字母(或加下添标)：

$$\mathrm{F}, \mathrm{G}, \mathrm{H}, \mathrm{F}_i, \mathrm{G}_i, \mathrm{H}_i \ (i = 1, 2, 3, \cdots)$$

表示任意的谓词．当特别要指明一个谓词是 n 元谓词时，可以在它的右上角写上添标 n，例如 $\mathbf{F}^n$．

我们讲起论域中的个体时，总是说它们有怎样的性质或它们之间有怎样的关系．个体是主语，性质或关系是谓语．例如说“2是偶数”，那么其中的个体 2 是主语，性质“是偶数”是谓语；又如说“3 整除 6”，那么个体 3 和 6 是主语，关系“整除”是谓语[1]．

谓词是表示任意论域中的个体的性质或个体之间的关系的形式符号，也就是表示谓语的形式符号．一元谓词表示一元关系即性质，例如“是偶数”和“是素数”；二元谓词表示二元关系，例如“小于”和“整除”；三元谓词表示三元关系，例如“两数平方和等于第三数平方”；一般地，n 元谓词表示 n 元关系．

对于谓词，一般也不规定它表示哪个论域中的哪个关系，因此谓词一般又称为**谓语变元**或**谓语变项**，n 元谓词取任一给定论域中的任意 n 元关系为值．但有时也要对某一谓词给以具体的解释，使它表示某个特定的关系，这时谓词又称为**谓语常元**或**谓语常项**．

命题词、个体词、函数词、谓词统称为**指词**，因为在给以解释之后，它们都是有所指称的．

（五）**逻辑词**　逻辑词是以下七个形式符号：

$$\neg,\ \wedge,\ \vee,\ \rightarrow,\ \leftrightarrow,\ \forall,\ \exists$$

其中前五个符号称为**命题连接词**，简称为**连接词**，它们依次称为**否定词**、**合取词**、**析取词**、**蕴涵词**、**等值词**，后两个符号称为**量词符号**，它们依次称为**全称量词符号**和**存在量词符号**．

上面五个命题连接词依次表示并且就读作“非”，“与”，“或”，“如果，则”，“当且仅当”．量词符号和约束变元（即将在后面说明）一起构成的公式

$$\forall x,\ \exists x$$

称为**量词**．它们都是个体量词，其中 $\forall x$ 称为**全称量词**，它表示论

1）这和自然语言的语法中的理解有所不同．在自然语言的语法中，句子“3 整除 6”中的主语是 3，谓语是“整除 6”；在这里，主语是 3 和 6，谓语是“有整除关系”．

域中的全部个体，读作“凡 x”或“所有 x”；∃x 称为**存在量词**，它表示论域中的部分个体，读作“有 x”或“存在 x”.

逻辑词又称为**逻辑词项**. 逻辑词是反映命题的逻辑形式的形式符号，逻辑词在逻辑演算中有特殊重要的作用.

（六）**约束变元** 约束变元是一个无穷序列的形式符号. 我们规定英文正体小写字母（或加下添标）：

$$\mathrm{x}, \mathrm{y}, \mathrm{z}, \mathrm{x}_i, \mathrm{y}_i, \mathrm{z}_i \ (i=1, 2, 3, \cdots)$$

表示任意的约束变元[1].

在本书中，约束变元在合式公式中必定是与量词符号连系在一起使用，构成量词的. 在量词中，约束变元单独是不表示什么的，因为 ∀x 和 ∀y 都表示“凡论域中的个体”，∃x 和 ∃y 都表示“有论域中的个体”.

约束变元也称为**约束变项**，还称为**约束个体变元**或**约束个体变项**[2].

（七）**技术性符号** 技术性符号是下面五个形式符号：

[，]，(，)，，

它们依次称为**左括号**，**右括号**，**左括弧**，**右括弧**，**逗号**. 这些符号和通常使用的括号，括弧，逗号是相同的，因此要随上下文来识别它们是形式符号还是通常使用的非形式的符号.

使用技术性符号可以避免误解，带来技术上的便利. 技术性符号与自然语言中标点符号的作用是相似的.

以上我们说明了各类形式符号以及对它们的解释.

1）我们按照希尔伯特和贝尔奈斯 1934，使用两类不同的符号表示个体词和约束变元. 在不少文献中使用一类符号表示变元，于是需要把变元区分为自由变元和约束变元，其中的自由变元就相当于这里的个体词.

2）本书中的约束变元，只有在附录(一)中讲命题量词时是约束命题变元，此外一律是约束个体变元.

§02 逻辑演算(二)

在本节中我们继续说明逻辑演算的构造和意义.

我们要说明什么是合式公式,说明怎样给合式公式以解释,使得合式公式在经过解释之后成为命题. 要详细地说清楚这些问题,在绪论中是有困难的,因此我们只打算给出大概的直观说明.

在包括命题词的逻辑演算中有这样的形成规则,它规定由单独一个命题词构成的公式是合式公式. 在上节中已经讲过,命题词是表示命题的,所以由单独一个命题词构成的合式公式是表示命题的.

在包括谓词和个体词的逻辑演算中,有这样的形成规则,它规定由 n 元谓词,个体词,左右括弧和逗号构成的公式

$$\mathrm{F}(\mathrm{a}_1, \cdots, \mathrm{a}_n)$$

是合式公式. 在上节中讲过,个体词是表示论域中的个体的. 如果 $\mathrm{a}_1, \cdots, \mathrm{a}_n$ 分别表示论域 S 中的个体 $\alpha_1, \cdots, \alpha_n$, 而 F 表示 S 中的 n 元关系 F, 那么 $\mathrm{F}(\mathrm{a}_1, \cdots, \mathrm{a}_n)$ 就表示命题

$\alpha_1, \cdots, \alpha_n$ 有 F 关系

因此,像 $\mathrm{F}(\mathrm{a}_1, \cdots, \mathrm{a}_n)$ 这样的一类合式公式是表示命题的. 这种命题具有主语和谓语的结构,即主语和谓语的逻辑形式. 在上面这个命题中,个体 $\alpha_1, \cdots, \alpha_n$ 是主语,关系 F 是谓语.

例如,如果 F 表示一元关系即性质"是素数",G 表示二元关系"小于",H 表示三元关系"两数平方和等于第三数平方",又假如 a, b, c 分别表示 3, 4, 6, 那么下面的合式公式就分别表示下面右方的相应的命题:

合式公式	命题
F(a)	3 是素数
G(a, b)	$3 < 4$
H(a, b, c)	$3^2 + 4^2 = 6^2$

其中前两个是真命题,第三个是假命题;因此 F(a) 和 G(a, b) 表

示真，H(a，b，c) 表示假.

逻辑演算中还有以下的形成规则，它们规定：如果已经生成了合式公式 A，那么由 A 和否定词¬生成的公式¬A 也是合式公式；如果已经生成了合式公式 A 和 B，那么由 A，B 和合取词∧、析取词∨、蕴涵词 →、等值词 ↔ (加上左括号、右括号) 生成的公式 [A∧B]、[A∨B]、[A → B]、[A↔B] 也都是合式公式. 这些是规定由已生成的合式公式经过使用命题连接词而生成新的合式公式的. 如果 A 和 B 分别表示命题 *A* 和 *B*，那么由 A 和 B 根据以上的形成规则所生成的下面的合式公式就表示右方相应的命题：

合式公式	命题
¬A	非 *A*
[A∧B]	*A* 与 *B*
[A∨B]	*A* 或 *B*
[A→B]	如果 *A* 则 *B*
[A↔B]	*A* 当且仅当 *B*

上面左方的合式公式依次称为 A 的**否定式**，A 和 B 的**合取式**，A 和 B 的**析取式**，A 和 B 的**蕴涵式**，A 和 B 的**等值式**.

命题由命题连接词连接而构成更为复杂的命题，称为**复合命题**. 上面右方的命题都是复合命题. 不是经过使用命题连接词而构成的命题称为**简单命题**，在有的文献中称为**初级命题**.

使用命题连接词构成复合命题，这是很自然的；例如我们说"a 不小于 b"即"并非 a 小于b"，或者说"$a \leqslant b$"即"$a < b$ 或 $a = b$"，或者说"如果 a 是奇数，则 a^2 是奇数"，这些都是使用了命题连接词而构成的复合命题. 上述的"非"，"与"，"或"，"如果，则"，"当且仅当"是五个基本而又常用的命题连接词.

构成复合命题的命题称为**支命题**. 支命题可以本身也是复合命题，也可以不是. 例如复合命题：

如果四边形的一双对边平行并且相等，
则它是平行四边形.

构成它的支命题"四边形的一双对边平行并且相等"仍然是复合命

题，它由两个支命题"四边形的一双对边平行"和"这双对边相等"经使用命题连接词"并且"而构成．构成上述复合命题的另一支命题"它是平行四边形"则不是复合命题而是简单命题．

复合命题的真假值由支命题的真假值确定．这就是说，命题"非 A"的值由 A 的值确定，命题"A 与 B"，"A 或 B"，"如果 A 则 B"，"A 当且仅当 B"的值都由 A 和 B 的值确定．下面我们来说明这个问题．

先说"非 A"．"非 A"的值与 A 的值相反：A 真时"非 A"假，A 假时"非 A"真，这是清楚的．

其次说"A 与 B"．当 A 和 B 都真时，"A 与 B"是真的；当 A 和 B 中有一个是假或者两个都假时，"A 与 B"是假的．这样地由 A 和 B 的值来确定"A 与 B"的值也是符合通常对"与"的理解的．

再说"A 或 B"的值怎样由 A 和 B 的值来确定．先要区分"或"的两种涵义，即**相容的**和**不相容的**涵义．若对于"或"采用不相容的涵义，那么"A 或 B"的意思是"A 真或 B 真但并非两者都真"；这时，当 A 和 B 一真一假时，"A 或 B"是真的，而当 A 和 B 都真或都假时，"A 或 B"是假的．若采用相容的涵义，那么"A 或 B"就是"A 或 B 或两者都真"；这样，当 A 和 B 中有一个是真或者两个都真时，"A 或 B"是真的，只有当 A 和 B 都假时"A 或 B"是假的．

在日常语言中，"或"的涵义是不确定的．按照字典里的解释，"或"有不相容的涵义．可是在数学中，"或"是在相容的涵义下被使用的，例如由 $(a-1)(b-2)=0$ 我们得到

$$a=1 \text{ 或 } b=2$$

这是说"$a=1$ 或 $b=2$ 或两者都真"，而不是说"$a=1$ 或 $b=2$ 但并非两者都真"．

在数理逻辑中，和在数学中一样，对于"或"采用相容的涵义．

"如果 A 则 B"的真假值这样来确定：当 A 真而 B 假时，"如果 A 则 B"是假的；否则，当 A 和 B 都真，或者都假，或者 A 假而 B 真时，"如果 A 则 B"是真的．通常在数学中是这样理解的．

"如果 A 则 B"就是说"如果 A 真则 B 真"，也就是说不能 A 真

而B假．因此当A真而B假时"如果A则B"是假的，这不需要更多的说明．在A和B的另外三种取值的情形下"如果A则B"都是真的，这可以举例说明如下．考虑命题

1)　　　　　　　　　　如果$x<1$则$x<3$

不论其中的x是什么实数，1)都是真命题．令$x=0$，1)就是

2)　　　　　　　　　　如果$0<1$则$0<3$

其中"$0<1$"和"$0<3$"都是真的．所以当A和B都真时，"如果A则B"是真的．令$x=2$，那么1)就是

3)　　　　　　　　　　如果$2<1$则$2<3$

其中"$2<1$"是假的而"$2<3$"是真的．所以当A假而B真时，"如果A则B"也是真的．最后，令$x=4$，这时1)就是

4)　　　　　　　　　　如果$4<1$则$4<3$

其中的"$4<1$"和"$4<3$"都是假的．所以当A和B都假时，"如果A则B"还是真的．

以上给出了x的具体的值作为例子．事实上，不论x是怎样的实数，当"$x<1$"是真命题时，"$x<3$"必定是真命题，即不可能"$x<1$"是真而"$x<3$"是假．因此只有三种可能的情形："$x<1$"和"$x<3$"都真或两者都假或前者假而后者真，而在这三种情形下1)都是真的．

我们在上面说明了怎样由A和B的真假值确定"如果A则B"的真假值．我们举了1)—4)的例子来说明这个问题．在上面的说明中我们肯定了1)是真命题，肯定了由1)得到的2)，3)，4)也都是真命题；但是实际上我们只会说1)，从来不会说2)，3)和4)．

再举一个集论中的命题作为例子：空集ϕ是任何集S的子集，也就是

$$\phi\subset S$$

这就是说

5)　　　　　　　　　　如果$a\in\phi$则$a\in S$

其中的a是任意的元素(本书中所需要的集论的初步内容，将在下

节中陈述）．因为ϕ是空集，故 $a\in\phi$ 总是假的．由于当A是假命题时，不论B有怎样的真假值，"如果A则B"总是真命题，所以 5）是真命题．

上面我们对怎样确定"如果A则B"的真假值作了比较多的讨论和说明．

最后，"A当且仅当B"的真假值由A和B的真假值是否相同而定．当A和B都真或都假时，"A当且仅当B"是真命题；当A和B是一真一假时它是假命题．这也是清楚的．

因为合式公式是表示命题的，所以我们自然可以把合式公式所表示的命题的真假值就看作是合式公式本身的真假值．这样，$\neg$A 的真假值由A的真假值按照下面的表确定；[A∧B]，[A∨B]，[A → B]，[A↔B]的真假值由A和B的真假值按照下面的表确定：

A	¬A
t	f
f	t

A	B	[A∧B]	[A∨B]	[A → B]	[A↔B]
t	t	t	t	t	t
t	f	f	t	f	f
f	t	f	t	t	f
f	f	f	f	t	t

上面的表依次称为否定式、合取式、析取式、蕴涵式、等值式的**真假值表**，或者称为否定词、合取词、析取词、蕴涵词、等值词的**真假值表**．

以上我们说明了逻辑演算中由已生成的合式公式经过使用命题连接词而生成新的合式公式的形成规则，并且说明了如果原来的合式公式是表示命题的，那么这样生成的新的合式公式也是表示命题的，还说明了后者的真假值与前者的真假值之间的关系．

逻辑演算中还有一种规定由已生成的合式公式经过使用量词而生成新的合式公式的形成规则，它规定，如果···a···是已生成的合式公式，个体词 a 在其中出现，约束变元 x 不在其中出现，则在其中以 x 代入 a 的所有出现之处而得到公式 …x…（它不是合式公式），并且在前面加上量词 $\forall x$ 或 $\exists x$，这样得到的公式

$$\forall x\cdots x\cdots \text{和} \ \exists x\cdots x\cdots$$

都是合式公式．假设 a 表示论域 S 中的个体 α，并假设合式公式 ···a··· 表示命题"α 有某性质"，那么由…a··· 经使用量词所生成的下面的合式公式就表示右方相应的命题：

合式公式	命题
$\forall x\cdots x\cdots$	凡 S 中的个体都有某性质
$\exists x\cdots x\cdots$	有 S 中的个体有某性质

我们往往要对论域中的个体作一般性的陈述．假设论域 S 是有穷集合，它由 k 个个体 $\alpha_1, \cdots, \alpha_k$ 构成．那么说"凡 S 中的个体都有 A 性质"就是说"α_1 有 A 性质并且 α_2 有 A 性质并且…并且 α_k 有 A 性质"，说"有 S 中的个体有 A 性质"就是说"α_1 有 A 性质或 α_2 有 A 性质或…或 α_k 有 A 性质"．但如果 S 是无穷集合，那么对 S 中的个体作一般性陈述时，使用量词就是自然而不可避免的了．

前面讲过的命题"$\alpha_1, \cdots, \alpha_n$ 有 F 关系"和上面这两个命题都不是由命题经使用命题连接词构成的，因此都不是复合命题而是简单命题．

我们还是把合式公式所表示的命题的真假值看作是合式公式本身的真假值．这样，$\forall x\cdots x\cdots$ 和 $\exists x\cdots x\cdots$ 的真假值就由生成它们的···a···的真假值和论域 S 按照下面的表确定：

···a···	$\forall x\cdots x\cdots$
不论 a 表示 S 中的哪一个体 α，···a···的真假值是 t（即"α 有某性质"是真）	t
可以 a 表示 S 中的某一个体 α，而···a···的真假值是 f（即"α 有某性质"是假）	f

$\cdots a \cdots$	$\exists x \cdots x \cdots$
可以 a 表示 S 中的某一个体 α，而…a…的真假值是 t	t
不论 a 表示 S 中的哪一个体 α，…a…的真假值是 f	f

上面我们概要地说明了，在给以具有逻辑学涵义的解释之后，合式公式是表示命题的．下面举两个例子：

6) $$\forall x[F(a, x) \rightarrow \exists y[G(y) \wedge H(y, x)]]$$

7) $$\forall x[\neg G(x) \rightarrow \exists y[G(y) \wedge F(a, y) \wedge F(y, x) \wedge H(y, x)]]$$

我们给以这样的解释：令论域是自然数集，令 a 表示 1，F 表示"小于"，G 表示"是素数"，H 表示"整除"．那么 6) 就表示下面的命题 8)：

8) 任何大于 1 的自然数都有素数整除它．

7) 就表示下面的命题 9)：

9) 任何复合数都有 1 和它之间的素数整除它．

8) 和 9) 都是真命题，它们都不是复合命题而是简单命题．

由于在给以解释之后合式公式成为命题，所以变形关系 $\Gamma \vdash A$（即由 Γ 能变形到 A，或 Γ 与 A 有变形关系）就成为由 Γ 所表示的命题能推出 A 所表示的命题，或者简单地说，$\Gamma \vdash A$ 表示由 Γ 能推出 A，或 Γ 与 A 有推理关系．这就是说，变形关系表示**推理关系**，变形规则表示**推理规则**．例如，逻辑演算中有下面的变形规则：

$$[A \rightarrow B], A \vdash B$$

其中的三个合式公式之间的形式关系是显然的，即第一个合式公式由第二和第三个合式公式用蕴涵词连接而构成．这个变形规则就表示：

由"如果 *A* 则 *B*"和 *A* 能推出 *B*

这就是假言推理规则．

这样，在确定了有怎样的符号，为它确定了形成规则和变形规则，由之生成了合式公式和变形关系，并且对这些形式对象给予了一个具有逻辑学涵义的解释之后，我们就最后完成了逻辑演算的构造.在逻辑演算的形式系统中陈述演绎推理,就是使演绎推理形式化. 我们把逻辑演算中的变形规则和变形关系称为**形式推理规则**和**形式推理关系**;把 $\Gamma\vdash A$ 称为由Γ能**形式地推出** A，把其中的Γ称为**形式前提**，A称为**形式结论**. 因为这些都是我们所要研究的逻辑演算中的形式对象，所以在它们的名字中都加上“形式”二字,表示它们与我们研究它们时所要用到的推理,前提和结论等是有区别的. 然而,当不至于引起误会时,“形式”二字自然都可以省略. “形式符号”中的“形式”二字也可以省略.

以上我们对解释作了一些直观的说明. 在构造逻辑演算时，对其中的形式符号,形成规则和变形规则,以及由这些规则所生成的形式对象，我们是有解释的. 但是当把逻辑演算作为形式系统加以研究时,我们又要把其中的这些形式对象都作为未加解释的,因而是没有任何涵义的对象来看待. 因此,读者可以注意,在本书的前三章中,我们是并不讲到，也并不用到解释的，虽然可以而且应当想到有这种解释. 在第四章中研究逻辑演算的可靠性和完全性问题时,我们才用到解释，那里将给出这一概念的严格的定义.

通过上节和本节的讨论，我们说明了逻辑演算这种形式语言的语法和语义两个方面. 逻辑演算的语法结构首先是形成规则和合式公式的生成;其次,因为逻辑演算是为了研究推理而构造的形式语言,所以它的语法也涉及变形规则和变形关系,即形式推理规则和形式推理关系. 因此，逻辑演算的语法是关于合式公式和形式推理关系的形式结构的. 逻辑演算的语义是关于对这些形式对象的解释的.

§03 集的基本概念

在本节中我们简单介绍集论的初步知识，包括集的概念及其运算和关系,可数集,不可数集等.

按照习惯的用法,令

1) $$——=_{\mathrm{df}}\sim\sim\sim$$

表示——是∼∼∼的另一种写法. 1)读作"——定义为∼∼∼",其中的——称为**被定义者**,∼∼∼称为**定义者**. 例如

$$a \leqslant b =_{\mathrm{df}} \quad a < b \text{ 或 } a = b$$

就是表示把"$a < b$ 或 $a = b$"写作"$a \leqslant b$". 按照习惯的用法,我们又令

$$A \Longrightarrow B =_{\mathrm{df}} \quad \text{如果 } A \text{ 则 } B$$

$$A \Longleftrightarrow B =_{\mathrm{df}} \quad A \text{ 当且仅当 } B$$

注意, $\Longrightarrow$ 与 $\longrightarrow$ 不同, $\Longleftrightarrow$ 与 $\longleftrightarrow$ 不同. $\longrightarrow$ 是我们解释为"如果,则"的形式符号, $\longleftrightarrow$ 是解释为"当且仅当"的形式符号;但是 $\Longrightarrow$ 和 $\Longleftrightarrow$ 都不是形式符号, $\Longrightarrow$ 本身就是"如果,则", $\Longleftrightarrow$ 本身就是"当且仅当". $\Longrightarrow$ 和 $\Longleftrightarrow$ 分别是"如果,则"和"当且仅当"的另一种简单的写法.

下面从集的概念开始.

由给定的对象我们构成**集**或**集合**. 例如,由某个逻辑演算可以构成许多的集,像其中所有符号的集,所有公式的集,所有长度小于 100 的公式的集,所有合式公式的集等.

构成集的事物称为这个集的**元**或**元素**. 我们以

$$a \in A$$

表示 a 是集 A 的元,也说 a **属于** A. 集由属于它的元所确定. 集 A 和 B 若有相同的元,则它们是**相等的**,记作

$$A = B$$

如果 A 中的元都在 B 中,则称 A 是 B 的**子集**,记作

$$A \subset B \text{ 或 } B \supset A$$

因此有

$$A = B \Longleftrightarrow (A \subset B \text{ 与 } B \subset A)$$

我们令

$$a \notin A =_{\mathrm{df}} \quad \text{非}(a \in A)$$

$$A \neq B =_{\mathrm{df}} \quad \text{非}(A = B)$$

$$A \not\subset B =_{\mathrm{df}} \quad \text{非}(A \subset B)$$

$$a_1, \cdots, a_n \in A =_{df} \quad a_1 \in A \text{ 与} \cdots \text{与 } a_n \in A$$

$$a_1, \cdots, a_n \notin A =_{df} \quad a_1 \notin A \text{ 与} \cdots \text{与 } a_n \notin A$$

如果 $A \subset B$ 而又 $A \neq B$，则称 A 是 B 的**真子集**.

一个以 $a_1, \cdots, a_n$ 为它仅有的元的集，我们记作

$$\{a_1, \cdots, a_n\}$$

因此，$\{a\}$ 是仅有 a 为元的集；显然，任何 x，

$$x \in \{a\} \Longleftrightarrow x = a$$

同样地，任何 x，

$$x \in \{a, b\} \Longleftrightarrow (x = a \text{ 或 } x = b)$$

一般地，任何 x，

$$x \in \{a_1, \cdots, a_n\} \Longleftrightarrow (x = a_1 \text{ 或} \cdots \text{或 } x = a_n)$$

根据以上的解释，我们自然有

$$\{a, b\} = \{b, a\} = \{a, b, b\} = \{a, b, b, a\} = \cdots$$

$$\{a, b, c\} = \{a, c, b\} = \{c, b, a\} = \{a, b, a, c\} = \cdots。$$

因此，集的确定与其中元素的次序是无关的.

空集是其中没有元素的集. 我们以

$$\phi$$

表示空集. 任何 x，恒有 $x \notin \phi$.

任何集 A，恒有 $\phi \subset A$.

由所有满足一定条件的 x 构成的集，我们记作

$$\{x | \cdots x \cdots\}$$

其中"$\cdots x \cdots$"是一个讲 x 的命题，表示 x 所满足的条件. 例如，如果令

$$A = \{x | x < 100 \text{ 与 } x \text{ 是素数}\}$$

$$B = \{x | x = 0 \text{ 或 } x = 1 \text{ 或} x = 2\}$$

那么 A 就是所有小于 100 的素数的集，B 就是 $\{0, 1, 2\}$.

我们令

$$A \cap B =_{df} \quad \{x | x \in A \text{ 与 } x \in B\}$$

$$A \cup B =_{df} \quad \{x | x \in A \text{ 或 } x \in B\}$$

$$\bar{A} =_{df} \quad \{x | x \notin A\}$$

$$A-B=_{df}\quad\{x|x\in A 与 x\notin B\}$$

按照习惯，$A\cap B$ 称为 A 与 B 的**交**(即交集)，$A\cup B$ 称为 A 与 B 的**并**(即并集)，$\bar{A}$ 称为 A 的**补**(即补集)，$A-B$ 称为 A 与 B 的**差**(即差集)．A 和 B 称为**不相交的**，如果 $A\cap B=\phi$．

下面列举的是集论中的一些常用的定理：

$$A\cap B=B\cap A$$
$$A\cup B=B\cup A$$
$$A\cap(B\cap C)=(A\cap B)\cap C$$
$$A\cup(B\cup C)=(A\cup B)\cup C$$
$$A\cap(B\cup C)=(A\cap B)\cup(A\cap C)$$
$$A\cup(B\cap C)=(A\cup B)\cap(A\cup C)$$
$$A\cap A=A$$
$$A\cup A=A$$
$$\bar{\bar{A}}=A$$
$$A\cap\bar{A}=\phi$$
$$(A\subset B 与 B\subset C)\Longrightarrow A\subset C$$
$$A\cap B\subset A$$
$$A\subset A\cup B$$
$$A\subset B\Longleftrightarrow A\cap B=A$$
$$A\subset B\Longleftrightarrow A\cup B=B$$
$$A\subset\bar{B}\Longleftrightarrow A\cap B=\phi$$
$$A\subset B\cap C\Longleftrightarrow(A\subset B 与 A\subset C)$$
$$A\cup B\subset C\Longleftrightarrow(A\subset C 与 B\subset C)$$

由 a 和 b 构成的序偶按照习惯表示为

$$(a, b)$$

于是，$(a, b)=(c, d)$，当且仅当，$a=c$ 并且 $b=d$．一般地，以

$$(a_1, \cdots, a_n)$$

表示由 $a_1, \cdots, a_n$ 构成的有序 n 元组，或表示由 $a_1, \cdots, a_n$ 构成的有穷序列．按照本书中的名词使用方法，有序 n 元组就是 n

项的有穷序列. $(a_1, \cdots, a_n) = (b_1, \cdots, b_m)$,当且仅当, $n = m$ 并且 $a_i = b_i (i = 1, \cdots, n)$.

给定 n 个集 $A_1, \cdots, A_n$, 我们令

$$A_1 \times \cdots \times A_n =_{\mathrm{df}} \{(x_1, \cdots, x_n) | x_i \in A_i (i = 1, \cdots, n)\}$$

也就是令

$$A_1 \times \cdots \times A_n =_{\mathrm{df}} \{x | \text{有 } x_i \in A_i (i = 1, \cdots, n) \text{ 并且 } x = (x_1, \cdots, x_n)\}$$

$A_1 \times \cdots \times A_n$ 按习惯称为 $A_1, \cdots, A_n$ 的**笛卡儿**[1]**乘积**. n 个相同的集的笛卡儿乘积用幂表示,那就是,令

$$A^n =_{\mathrm{df}} \underbrace{A \times \cdots \times A}_{n\text{个}A}$$

A^n 就是所有由 A 中元构成的有序 n 元组的集. A^n 称为 A 的 **n 次笛卡儿乘积**.

下面我们来考虑集 A 中的 n 元关系,也就是 A 中 n 个(未必互异的)元之间的关系. 例如,$<$和$\leqslant$都是自然数集中的二元关系,4 和 5 有$<$关系,也有$\leqslant$关系,但 5 和 5 没有$<$关系,却有$\leqslant$关系.

设 R 是集 A 中的一个 n 元关系, $a_1, \cdots, a_n$ 是 A 中的元. 令

$$R(a_1, \cdots, a_n) =_{\mathrm{df}} \quad a_1, \cdots, a_n \text{ 有 } R \text{ 关系}$$

其中的 $a_1, \cdots, a_n$ 是有次序的. 我们把 A 中的 n 元关系 R 等同于一个由 A 中元构成的某些有序 n 元组 $(a_1, \cdots, a_n)$ 的集,其中的 $a_1, \cdots, a_n$ 是有 R 关系的. 这就是说,我们令

$$R = \{(a_1, \cdots, a_n) | a_1, \cdots, a_n \in A \text{ 并且 } R(a_1, \cdots, a_n)\}$$

这样,R 是 A^n 的一个子集.

例如,自然数集 N 中的$<$关系就是下面的自然数有序二元组的集:

$$\{(x, y) | x, y \in N \text{ 并且 } x < y\}$$

如果所考虑的是 A 中的一元关系,也就是 A 中元的性质,则这个关系就等同于 A 的一个子集,即由有这个性质的元构成的子集. 例如 P,若是自然数的“是素数”性质,那么

---

1) R. Descartes.

$$P=\{x \mid x \in N \text{ 并且 } x \text{ 是素数}\}$$

我们要考虑一种特殊的二元关系，称为**等价关系**．A 中的二元关系 R 称为 A 中的等价关系，如果它满足以下的条件 2)—4)：

2) $$R(a, a)\ (\textbf{自反性})$$

3) $$R(a, b) \Rightarrow R(b, a)\ (\textbf{对称性})$$

4) $$(R(a, b) \text{ 与 } R(b, c)) \Rightarrow R(a, c)\ (\textbf{传递性})$$

其中的 a, b, c 是 A 中的任意的元．利用 A 中的等价关系 R，可以把 A 划分为不空的互不相交的若干子集，使得 A 中任何元都必定而且只能属于其中的一个子集．这些子集的并就是 A．划分的方法是把 A 中互相有 R 关系的元分在同一个子集之中．这样，对于 A 中任何元 a 和 b，$R(a, b)$ 成立，当且仅当，a 和 b 属于同一个根据 R 划分成的 A 的子集．属于同一个子集的 A 的元称为互相等价的，这样划分成的 A 的子集称为 A 的 R **等价类**，简称为 A 的**等价类**．

反过来，如果 A 已经划分成为等价类，那么可以由它确定 A 中的等价关系如下：分到同一个等价类的元之间有这个关系，分到不同等价类的元之间没有这个关系．

两个集 A 和 B，如果对于 A 的每个元有 B 的唯一的元与之对应，并且对于 B 的每个元有 A 的唯一的元与之对应，我们说 A 和 B 有**一一对应关系**．A 和 B 有一一对应关系也就是说，有函数 f，使得，任何 $x \in A$，有 $f(x) \in B$，并且，任何 $y \in B$，有唯一的 $x \in A$，使得 $f(x)=y$．

两个集之间的一一对应关系是一种等价关系．有一一对应关系的集也称为等价的．等价的集称为有相同的**基数**或**势**．集的基数与集有怎样的元是无关的．

集 A 称为**可数的**，或称为**可枚举的**，如果 A 的元可以排成一个不重复的有穷序列

5) $$a_0, \cdots, a_n$$

或者排成一个不重复的无穷序列

6) $$a_0, a_1, a_2, \cdots$$

“不重复”的意思是说，任何不同的 i 和 j，$a_i \neq a_j$. 在前一种情形，A 称为**有穷集**，在后一种情形，A 称为**可数无穷集**. 因此可数集分为有穷集和可数无穷集两种. 我们把这样的集 A 称为可数集，意思是说 A 中每个元都在 5) 或 6) 中的某个位置上出现，都是其中的某个 a_i，在 5) 或 6) 中由 a_0 依次数下去总可以数到它(虽然 6) 是无穷序列).

5) 或 6) 称为 A 的一个**枚举**.

显然，可数无穷集和自然数集有一一对应关系，有穷集和小于某一自然数 n 的自然数的集有一一对应关系.

我们规定空集是可数集.

下面我们举一些可数集的例子. 设 A 是由三个符号 a, b, c (或者一般地，n 个符号) 构成的所有公式的集. A 中的元可以如下地排成一个无穷序列:

7) $$\begin{aligned}&\odot, a, b, c, aa, ab, ac, ba, bb, bc,\\&ca, cb, cc, aaa, aab, aac, aba, \cdots, ccc, \cdots\end{aligned}$$

A 中的元在 7) 中是按照以下两个原则排序的: 第一，按公式的长度排，长度小的在前; 第二，长度相同时按字典次序排. 因此 A 是可数集.

设 A 和 B 是可数集，则 $A \times B$ 也是可数集. 令

8) $$a_0, a_1, a_2, \cdots$$

9) $$b_0, b_1, b_2, \cdots$$

分别是 A 和 B 的枚举. 我们可以把 $A \times B$ 中的元枚举如下:

$$\begin{aligned}&(a_0, b_0), (a_0, b_1), (a_1, b_0), (a_0, b_2), (a_1, b_1),\\&(a_2, b_0), (a_0, b_3), (a_1, b_2), (a_2, b_1), (a_3, b_0),\\&(a_0, b_4), (a_1, b_3), \cdots\end{aligned}$$

这个枚举是根据以下两个原则: 第一，序偶中 a 和 b 的下添标的和较小的排在前面; 第二，下添标的和相同时 a 的下添标较小的排在前面. 我们也可以先把 $A \times B$ 中的元排成一个无穷矩阵:

10)

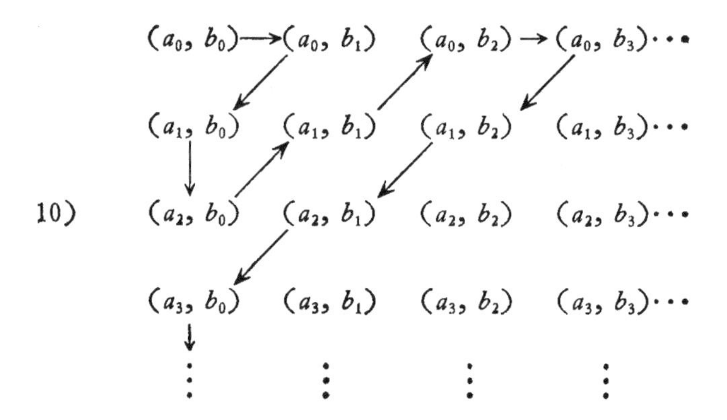

然后可以沿 10) 中箭头的方向把 $A \times B$ 中的元枚举如下:

$$(a_0, b_0), (a_0, b_1), (a_1, b_0), (a_2, b_0),$$
$$(a_1, b_1), (a_0, b_2), (a_0, b_3), (a_1, b_2), \cdots$$

由此可见,对于可数集是可以有不同的枚举的.

由上面的结果可以知道,如果 A 是可数的,则 A^2 是可数的. 如果由可数集 A 构成的 A^n 是可数的,则 A^{n+1} 也是可数的,因为 $A^{n+1} = A^n \times A$. 因此,根据数学归纳法[1],如果 A 是可数集,则任何 n, A^n 是可数集. 例如,任何 n, 自然数的 n 元组的集是可数集.

我们再举一个可数集的例子:逻辑演算中所有公式的集是可数集. 这一点可以这样来证明. 按 §01 中所规定,逻辑演算的符号的集 A 是可数的. 令 B_n 是所有长度是 $n(n \geqslant 1)$ 的公式的集. B_n 和 A^n 有一一对应关系,因为前面证明了 A^n 是可数的,故 B_n 是可数的. 令

$$a_{n1}, a_{n2}, a_{n3}, \cdots$$

是 B_n 的一个枚举. 逻辑演算中的公式的集就是 $B_1, B_2, B_3, \cdots$ 所有这些集的并再加上空公式,因此可以把其中的公式排列如下:

1) 我们将在 §04 中讲述数学归纳法,读者在必要时可以先参看 §04 的内容.

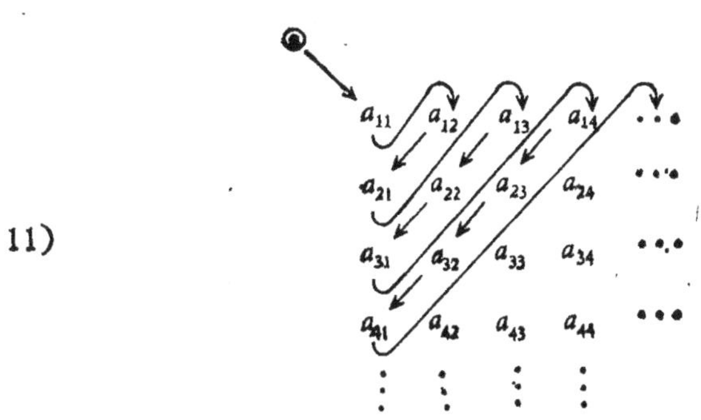

这样，沿 11）中箭头的方向可以把所有的公式枚举如下：

$$\odot,\ a_{11},\ a_{12},\ a_{21},\ a_{13},\ a_{22},\ a_{31},\ a_{14},\ a_{23},\ a_{32},\ \cdots$$

所以由可数无穷个符号构成的公式的集是可数的．

然而无穷集并不都是可数的．对于两个无穷集，我们仍然可以比较它们的大小，这是集论的成就．康托尔[1]用他著名的对角线方法证明了实数集是不可数的．我们不在这里介绍这个证明．我们要用对角线方法证明所有在公式集上有定义的、取公式为值的函数的集 F 是不可数的．设

$$a_0,\ a_1,\ a_2,\ \cdots$$

是某个逻辑演算中的公式集 A 的一个枚举．又设

12）$$f_0,\ f_1,\ f_2,\ \cdots$$

是 F 的任意一个枚举．令

13）$$f_i(a_j)=a_{ij}\ (i=0,\ 1,\ 2,\ \cdots;\ j=0,\ 1,\ 2,\ \cdots)$$

我们构造下面的无穷矩阵：

14）$$\begin{array}{ccccc} a_{00} & a_{01} & a_{02} & a_{03} & \cdots \\ a_{10} & a_{11} & a_{12} & a_{13} & \cdots \\ a_{20} & a_{21} & a_{22} & a_{23} & \cdots \\ a_{30} & a_{31} & a_{32} & a_{33} & \cdots \\ \vdots & \vdots & \vdots & \vdots & \end{array}$$

1) G. Cantor.

考察 14) 中对角线上的元("对角线方法"因此而得名):

$$a_{00},\ a_{11},\ a_{22},\ a_{33},\ \cdots$$

令 a 是任意一个不空的公式,即 $a \neq \odot$. 我们作函数 f,使得

15) $$f(a_i) = a_{ii}a = f_i(a_i)a \quad (i = 0, 1, 2, \cdots)$$

这样,f 是在公式集上有定义,并且取公式为值的函数,故 $f \in F$. 然而可以证明 f 不在 12) 之中. 如果 f 在 12) 中,例如设 $f = f_n$,则对于任何 $x \in A$,都有 $f(x) = f_n(x)$,因而有

16) $$f(a_n) = f_n(a_n)$$

由 16) 和 13),可得

17) $$f(a_n) = a_{nn} = a_{nn}\odot$$

由 15) 又有

18) $$f(a_n) = a_{nn}a$$

故由 17) 和 18) 可得 $a_{nn}\odot = a_{nn}a$,由此根据消去律可得 $a = \odot$,这与 a 不是空公式的假设相矛盾. 故 f 不在 12) 之中,即不在 F 的任何一个枚举之中. 这就是说,F 是不可数的.

序列中的项是有次序的,改变序列中项的次序就得到另外的序列. 例如,如果 a_0 与 a_1 不同,那么下面两个序列

$$a_0,\ a_1,\ a_2,\ \cdots$$

$$a_1,\ a_0,\ a_2,\ \cdots$$

就是不同的序列. 有穷序列的情形也是这样. 然而却有

$$\{a_0,\ a_1,\ a_2,\ \cdots\} = \{a_1,\ a_0,\ a_2,\ \cdots\}$$

因为这些不再是序列而是集合了,集合中的元是没有次序的,凡有相同的元的集合都是相等的.

§04 数学归纳法

为了说明数学归纳法,我们要从自然数的生成讲起.

从初始的对象自然数 0 出发[1],接连地对已经生成的自然数 n

1) 这里以非负整数作为自然数. 自然数也可以由 1 开始,即以正整数作为自然数.

应用一元的后继运算或函数，而得到另一个自然数 n'，就生成自然数的无穷序列：

$$0, 0', 0'', 0''', \cdots$$

n' 是 n 的后继．通常把自然数的序列写成

$$0, 1, 2, 3, \cdots$$

这是十进制的写法，也就是令 $0' = 1$, $0'' = 1' = 2$, $0''' = 1'' = 2' = 3$, 等等．

自然数的这种生成情况可以用以下的两个命题来描述：

1）　0 是自然数．

2）　如果 n 是自然数,则 n' 是自然数．

其中的 1) 直接生成 0 这一个自然数，2) 则是由已经生成的自然数生成另一个自然数,即生成它的后继．自然数是应用 1) 和接连地应用 2) 而生成的．

1) 和 2) 只说明怎样的对象是自然数，却并不说明怎样的对象不是自然数，因此 1) 和 2) 并没有确定自然数的概念．我们再加上以下的命题：

3）　只有由 1) 和 2) 生成的是自然数．

3) 是说除了由 1) 和 2) 生成的对象之外，其他的对象都不是自然数．因此,根据 1), 2) 和 3),自然数的全体就是确定的了．

1), 2) 和 3) 构成自然数的定义．这样的定义称为**归纳定义**．

令 P 是自然数的一个性质,并令

$$P(n)$$

表示自然数 n 有 P 性质．$P(n)$ 是一个命题．现在假设命题

4）　　$P(0)$

5）　　所有 n，如果 $P(n)$ 则 $P(n')$

成立．那么由 4)，并且逐步地应用 5)，就得到

6）　　$P(0), P(0'), P(0''), P(0'''), \cdots$

根据 1), 2) 和 3), $\{0, 0', 0'', 0''', \cdots\}$就是自然数的全体,因此由 6) 可以得到

7）　　所有 n, $P(n)$

由 4) 和 5) 推出 7)，这是**数学归纳法原理**. 7) 是一个说所有自然数都有某一性质的命题. 根据数学归纳法原理可以证明 7) 这样的命题，这种证明方法称为**数学归纳法**，简称为**归纳法**. 用数学归纳法作出的证明称为**归纳证明**. 所要证明的 7) 这样的命题称为**归纳命题**，其中的 n 称为**归纳变元**. 由 4) 和 5) 证明 7)，是对 n 进行归纳，我们说证明是**施归纳于** n. 归纳证明包括两个步骤第一步是证明 4)，称为**基始**，第二步是证明 5)，称为**归纳**. 有了基始和归纳，就得到所要证明的归纳命题 7). 归纳这一步是假设了 $P(n)$ 而由之推出 $P(n')$，其中的 $P(n)$ 称为**归纳假设**或**归纳前提**.

数学归纳法中的 5) 可以改为

5°) 所有 n，如果 $P(0), \cdots, P(n)$ 则 $P(n')$

这就是说，由 4) 和 5°) 也可以推出 7)，证明如下. 任意给定 n. 由 4) 即 $P(0)$ 以及由 5°) 令其中的 n 等于 0，可得 $P(1)$. 由 $P(0)$ 和 $P(1)$ 以及由 5°) 令其中的 n 等于 1，可得 $P(2)$. 这样逐步进行下去，就能推出 $P(n)$，这就证明了 7).

由 4) 和 5°) 推出 7)，这是数学归纳法的另一个形式，称为**串值数学归纳法**，简称为**串值归纳法**. 串值归纳法的两个步骤中，4) 的证明仍称为基始，5°) 的证明称为**串值归纳**或**归纳**. 串值归纳中的归纳假设由 5) 中的一个命题 $P(n)$ 改为 5°) 中的 n 个命题 $P(0), \cdots, P(n)$.

串值归纳法还有下面的另一种形式，即可以把其中的 4) 和 5°) 合并为

8) 所有 n，如果当 $m < n$ 时 $P(m)$ 则 $P(n)$

在 8) 中令 $n = 0$，就成为

9) 如果当 $m < 0$ 时 $P(m)$，则 $P(0)$

由于 $m < 0$ 不成立，故 9) 中的"当 $m < 0$ 时 $P(m)$"（它就是：如果 $m < 0$，则 $P(m)$）是成立的. 因此 $P(0)$ 成立，这就是 4). 由 8) 显然可得 5°). 故由 8) 可推出 7).

使用数学归纳法时，基始部分也可以不是证 $P(0)$，而是证

$P(k)$，其中的 k 是某个自然数．这样就不是证明所有的自然数都有某个性质，而是证明从 k 起的所有自然数都有某个性质．

自然数是各不相同的，即由 1）和 2）生成的对象是各不相同的．这一点没有反映在 1)，2）和 3）之中，它不能由这三个命题推出．为了刻划自然数序列的这一性质，需要增加以下的 10）和 11）两个命题：

10） 所有自然数 n，$n' \neq 0$．

11） 所有自然数 m 和 n，如果 $m' = n'$，则 $m = n$．

下面我们来证明

12） 如果已经依次生成的自然数 $0, \cdots, n$ 是各不相同的，则 n' 与 $0, \cdots, n$ 都不相同．

命题 12）是对于所有的自然数 n 都成立的，因此我们用数学归纳法来给以证明，施归纳于其中的 n．

基始：$n = 0$．这时 12）就是 $0' \neq 0$．根据 10），这是成立的．

归纳：设 12）当 $n = k$ 时成立．令 $n = k + 1$． 这时 12）就是：如果 $0, \cdots, k + 1$ 各不相同，则 $(k + 1)'$ 与 $0, \cdots, k + 1$ 都不相同． 根据 10），$(k + 1)' \neq 0$．令 m 是 $1, \cdots, k + 1$ 中的任意一个，并且令 m 是 m° 的后继．我们要证明 $(k + 1)' \neq m$．如果 $(k + 1)' = m$，即 $(k + 1)' = m^{\circ\prime}$，那么由 11），可得 $k + 1 = m^\circ$，这与归纳假设（它说 $k + 1$ 与 $0, \cdots, k$ 都不相同）是矛盾的，因为 m° 是 $0, \cdots, k$ 中的一个． 因此 $(k + 1)' \neq m$，这样就证明了 12）当 $n = k + 1$ 时成立．

由以上的基始和归纳，就证明了 12）．

由 12）就可以推出所有的自然数都是各不相同的．

下面我们要使用数学归纳法证明数学公式中括号排列的一些性质，这些性质后面是要用到的，它们的证明又可以作为应用数学归纳法的例子．

数学公式中的括号（左括号和右括号）是成对地被使用的，用来指明公式中的各个部分是怎样被结合的．这种在数学公式中成对地被使用的左括号和右括号，我们说是互为配偶的，其中的一个

是另一个的配偶．为了醒目，往往把括号写成各种不同的形状，如

$$(\ ,\ ),\ [\ ,\ ],\ \{\ ,\ \}$$

等等．但事实上，即令把括号写成一种左括号和右括号的形状，例如都写成[和]的形状，我们也能通过一种机械的能行的方法，来识别哪个左括号和右括号是互为配偶的．也就是说，对于任意的左括号和右括号，我们有机械的能行方法来找到它的配偶．这样，即令把括号写成一种左括号和右括号的形状，它们能同样地起到指明数学公式中的各个部分怎样被结合的作用．所说的这种机械的能行方法称为**算法**．求两个自然数的最大公约数的辗转相除法就是大家熟悉的算法的例子．

在讨论数学公式中括号的配对问题时，公式中除括号之外的其他的符号是可以不加考虑的．例如下面两个公式：

13) $$a-\underset{1}{[}b+c\underset{1}{]}\div\underset{2}{[}\underset{3}{[}a+b\underset{3}{]}\times\underset{4}{[}b-c\underset{4}{]}\underset{2}{]}$$

14) $$\underset{1}{[}b-c\underset{1}{]}\times\underset{2}{[}\underset{3}{[}c-a\underset{3}{]}\div\underset{4}{[}a-b\underset{4}{]}\underset{2}{]}-a$$

这两个公式中括号的配对方法是相同的，括号下面的编号表示配有相同数的括号是互为配偶的．我们可以擦去13）和14）中除括号之外的符号，这样它们就都成为

15) $$\underset{1}{[}\ \underset{1}{]}\ \underset{2}{[}\ \underset{3}{[}\ \underset{3}{]}\ \underset{4}{[}\ \underset{4}{]}\ \underset{2}{]}$$

显然，13）或14）中括号的配对问题，同15）中括号的配对问题是同一个问题．在数学公式中擦去除括号以外的符号之后，所剩下的（例如15））就是一个括号的序列．

数学公式中的括号的序列具有以下两个性质：第一，左括号和右括号的数目相同，并且在一定的配对方法之下每个左括号与一个出现在它右方的右括号互为配偶；第二，任何两对配偶都不是互相分隔的，就是说，一对配偶或者出现在另一对之内，或者出现在另一对之外．

具有上述性质的括号的序列称为**适当配对**．数学公式中的括号的序列都是适当配对．

根据以上的说明，当讲到某个括号的序列是适当配对时，我们

就已经假定其中的括号有了配对的方法．下面要证明在适当配对中括号的配对方法是唯一的，并且要给出寻找括号的配偶的算法，也就是给出上面所说的寻找数学公式中括号的配偶的算法．

在本节中，我们临时以

$$\alpha, \beta, \alpha_i, \beta_i \ (i = 1, 2, 3, \cdots)$$

表示左括号或右括号，以

$$\Sigma, \Sigma'$$

表示括号的序列．

引理 04.1 在适当配对中，任何一对配偶之间的括号序列（如果不空）在原来的配对方法之下是适当配对的．

证 设 Σ 是一个适当配对，α 和 β 是 Σ 中的一对配偶．令 Σ' 是在 α 和 β 之间的括号序列．Σ' 中的括号在 Σ 中（即作为 Σ 中的括号）不能与在 α 和 β 之外的括号相配，否则这样的配偶就与 α，β 这一对配偶互相分隔，从而使得 Σ 不成为适当配对．这样，按照 Σ 中的配对方法，Σ' 就是适当配对的．‖

引理 04.2 在适当配对中去掉任意一对配偶，那么其余的括号序列（如果不空）在原来的配对方法之下是适当配对的．

证 因为所去掉的括号是一对配偶，所以其余的左括号和右括号的数目仍然是相同的，并且，如果按照原来的配对方法，就显然使得其余的括号序列是适当配对的．‖

引理 04.3 任何适当配对有最内层的（即在它们之间没有括号）配偶．

证 设 $\alpha_1\cdots\alpha_{2n}$ 是任何一个适当配对，其中有 n 对配偶（$n > 0$）．我们要证明 $\alpha_1\cdots\alpha_{2n}$ 有最内层的配偶，就是要证明任何有 n 对配偶的适当配对都有最内层的配偶．证明用串值归纳法，施归纳于 n．

基始：$n = 1$．这时适当配对 $\alpha_1\cdots\alpha_{2n}$ 中有一对配偶，即有 α_1 和 α_2 两个括号，它们就组成最内层的配偶，因此引理 04.3 成立．

归纳：设引理 04.3 当 $n \leqslant k$ 时成立，即任何至多有 k 对配偶的适当配对都有最内层的配偶．令 $n = k + 1$，就是说令

$$\Sigma = \alpha_1 \cdots \alpha_{2(k+1)}$$

是任何一个有 $k+1$ 对配偶的适当配对，要由此证明引理 04.3 对于 Σ 也成立.

如果在 Σ 中 α_1 和 α_2 互为配偶，那么这就是 Σ 中的最内层的配偶. 如果在 Σ 中 α_1 不是和 α_2，而是和 $\alpha_i(i>2)$ 互为配偶，那么在 α_1 和 α_i 之间有不空的括号序列，令这个括号序列是 Σ'. 由引理 04.1，Σ' 在 Σ 中原来配对方法之下是适当配对的. Σ' 至多有 k 对配偶；由归纳假设，Σ' 有最内层的配偶. 这对配偶也是 Σ 中的最内层的配偶. 因此引理 04.3 对于 Σ 成立.

由基始和归纳，就证明了本引理. ‖

定理 04.4 适当配对中的括号的配对方法是唯一的，即其中任何括号的配偶都是唯一确定的.

证 设 $\alpha_1 \cdots \alpha_{2n}$ 是任何一个适当配对. 我们用归纳法，施归纳于 $n(n>0)$，来证明 $\alpha_1 \cdots \alpha_{2n}$ 中的括号有唯一的配对方法.

基始：$n=1$. 适当配对 $\alpha_1\alpha_2$ 中的括号的配对方法显然是唯一的.

归纳：设定理 04.4 当 $n=k$ 时已经成立，即任何有 k 对配偶的适当配对中的括号都有唯一的配对方法. 令 $n=k+1$，就是令

$$\Sigma = \alpha_1 \cdots \alpha_{2(k+1)}$$

是任何一个有 $k+1$ 对配偶的适当配对，要证明 Σ 中的括号有唯一的配对方法.

由引理 04.3，Σ 有最内层的配偶. 令 Σ' 是在 Σ 中去掉某一对最内层的配偶而得的括号序列. 由引理 04.2，Σ' 是一个适当配对. Σ' 中有 k 对配偶，故由归纳假设，Σ' 中括号的配对方法是唯一的.

在适当配对中，任何最内层配偶中的括号不能与另外的括号配对，否则就造成互相分隔的配偶，而这与适当配对的条件是矛盾的. 因此在 Σ 中，所去掉的最内层配偶中的括号不能与 Σ' 中的括号配对. 而上面已证明 Σ' 中括号的配对方法是唯一的，这样就证明了 Σ 中的括号有唯一的配对方法.

由以上的基始和归纳，就证明了定理 04.4. ||

定理 04.5 在适当配对中，由任何左(右)括号开始，向右(左)数到它的配偶时，左右括号的数目相等；在此以前，左(右)括号的数目大于右(左)括号的数目.

证 本定理包括向右数和向左数两部分. 两部分的证明是类似的，下面只证明向右数的情形.

设 $\alpha_1\cdots\alpha_{2n}$ 是任何一个有 n 对配偶的适当配对 $(n>0)$，我们要证明它有定理 04.5 中所说的性质. 证明用归纳法，施归纳于 n。

基始：$n=1$。这时所给的序列是 $\alpha_1\alpha_2$，它显然有本定理中所说的性质.

归纳：设本定理当 $n=k$ 时已经成立，即任何有 k 对配偶的适当配对都有本定理中所说的性质. 令 $n=k+1$，就是令

$$\Sigma=\alpha_1\cdots\alpha_{2(k+1)}$$

是任何一个有 $k+1$ 对配偶的适当配对，要证明 Σ 也有上面所说的性质. 令 α_i 是 Σ 中的任意一个左括号，α_i 的配偶是右括号 $\alpha_{i'}$，那么所要证明的就是：

(1) 从 α_i 开始，向右数到 $\alpha_{i'}$ 时，左右括号的数目相等，而在此之前，左括号的数目大于右括号的数目.

因 α_i 是左括号，$\alpha_{i'}$ 是右括号，故 $i<i'$. 由此可得 $i+1\leqslant i'$. 如果 $i+1=i'$，则(1)显然成立. 如果 $i+1<i'$，则 α_i 和 $\alpha_{i'}$ 之间有不空的括号序列，它是适当配对的(由引理 04.1)，因此它有最内层的配偶(由引理 04.3). 令左括号 α_j 和右括号 α_{j+1} 是在 α_i 和 $\alpha_{i'}$ 之间的某一对最内层的配偶，那么就有

$$i<j<j+1<i'$$

因此 Σ 可以写成下面的形式：

$$\Sigma=\alpha_1\cdots\alpha_i\cdots\alpha_j\alpha_{j+1}\cdots\alpha_{i'}\cdots\alpha_{2(k+1)}$$

在 Σ 中去掉 α_j 和 α_{j+1}，令其余的序列是 Σ'，则 Σ' 可以写成：

$$\Sigma'=\alpha_1\cdots\alpha_i\cdots\alpha_{j-1}\alpha_{j+2}\cdots\alpha_{i'}\cdots\alpha_{2(k+1)}$$

Σ' 是一个适当配对(由引理 04.2)，并且在 Σ' 中 α_i 和 $\alpha_{i'}$ 互为

配偶(由引理 04.2 和定理 04.4). Σ' 中有 k 对配偶, 故由归纳假设,Σ' 有本定理中所说的性质,就是对于 Σ' 来说(1)是成立的. 比较 Σ 和 Σ', 容易看出,(1) 对于 Σ 也是成立的,这就证明了归纳的部分.

由基始和归纳,就证明了本定理. ||

由定理 04.4 和定理 04.5 可以知道, 在任何适当配对中, 左(右)括号的配偶的位置,是在从这个左(右)括号开始向右(左)数到左右括号的数目第一次相等之处. 此外,在任何适当配对中,如果从一个左(右)括号开始, 向右(左) 数到一个右(左)括号时左右括号的数目第一次相等,那么从这个右(左)括号开始,向左(右)数到这个左括号时左右括号的数目也是第一次相等.

在本节中我们定义了自然数,说明了归纳定义,数学归纳法原理和归纳证明的方法,并且给出了归纳证明的例子,证明了适当配对中括号配对方法的唯一性.

自然数是用归纳定义来定义出的, 因此可以用数学归纳法证明关于所有自然数都有某种性质这样的命题. 实际上, 对于任何归纳地定义出的对象,有关它们都有某种性质这样的命题,都可以用数学归纳法证明,这将在第一章中遇到.

第一章　演绎逻辑的基本规则

我们在绪论中对数理逻辑通过逻辑演算研究推理作了直观的说明．在本章中将构造一系列的逻辑演算，其中每一个都是反映某一方面的推理关系的．

这一系列的逻辑演算分为命题逻辑和谓词逻辑（在本书中是一阶谓词逻辑）两类．在命题逻辑中不分析简单命题内部的逻辑形式，而把简单命题作为整体来考虑，由它们出发经使用命题连接词构成复合命题，研究复合命题的逻辑形式以及复合命题之间的推理关系（§10—§14）．在谓词逻辑中分析简单命题的逻辑形式，研究由命题和命题函数经使用命题连接词和量词构成的命题的逻辑形式，以及它们之间的推理关系（§15—§19）．

本章还要讨论各命题逻辑之间和各谓词逻辑之间的关系．

§10　命题逻辑 P 的形成规则

本书中首先要构造的一类逻辑演算是**命题逻辑**，或称为**命题演算**．它们为什么称为命题逻辑，读过之后就会清楚（见 §14）．

我们要构造的第一个命题逻辑是 **P**．在 **P** 中可以反映出本书中所要构造的各个命题逻辑的性质．在逻辑演算中，命题逻辑是比较简单的，也是比较基本的．关于逻辑演算的许多重要的、深刻的性质，都和命题逻辑有关，甚至要归结为命题逻辑的性质．因此，对于命题逻辑，特别是第一个命题逻辑 **P**，读者是应当首先熟练地掌握的．关于 **P** 的内容（见 §10 和 §11）也写得比较详细．

我们现在来构造 **P**．首先要列出 **P** 的形式符号．**P** 中有三类形式符号．第一类包括一个无穷序列的命题词．**P** 中的命题词都是命题变元（用怎样的符号表示命题词，以及命题变元和命题常元的区别，都见 §01）. 第二类包括两个命题连接词：否定词 $\neg$ 和蕴涵词 $\rightarrow$. 第三类包括两个技术性符号：左括号 [和右括号] . 在绪论中已经讲过，当不至于引起误会时，“形式符号”中的“形式”二字可以省略.

命题词的无穷序列并没有固定的次序. 给它规定一个固定的次序，引用起来有方便之处. 每个命题词在这样一个有固定次序的无穷序列中都有一个确定的位置. 命题词在这个序列中的次序称为命题词的**字母次序**.

P 有以下三条**形成规则**：

10(i) 单独一个命题词是合式公式.

10(ii) 如果 X 是合式公式，则 $\neg$ X 是合式公式.

10(iii) 如果 X 和 Y 是合式公式，则 [X $\rightarrow$ Y] 是合式公式.

10(iii) 中的 X 和 Y，在 §01 中已经讲过，可以是不同的，也可以是相同的.

P 的形成规则可以分为两类. 第一类包括 10(i) 一条，它直接生成一类合式公式，称为**原子合式公式**，简称为**原子公式**. **P** 中的原子公式就是命题词. 第二类包括 10(ii) 和 10(iii) 两条，它们确定一些运算，当对已经生成的合式公式应用这种运算时，就生成新的合式公式. 在 **P** 中，根据 10(ii) 可以由合式公式 X 生成合式公式 $\neg$ X，根据 10(iii)可以由合式公式 X 和 Y 生成合式公式 [X$\rightarrow$Y].

原子公式中不出现命题连接词.

根据 **P** 的形成规则，我们可以一步一步地生成 **P** 的合式公式.

例 1 下面(1)—(6)六个公式，根据右方的说明，都是合式公式：

(1)	p	10(i)
(2)	q	10(i)
(3)	$\neg$ q	(2)10(ii)
(4)	[p $\rightarrow$ $\neg$ q]	(1)(3)10(iii)

(5) $\neg[p\to\neg q]$ (4)10(ii)

(6) $\neg[\neg[p\to\neg q]\to q]$ (5)(2)10(iii)

P 的形成规则只说明由之生成的公式都是合式公式，但并不说明怎样的公式不是合式公式.例如,它们并不说明 $\neg$, pq, p$\neg$q, [pq] 这些公式都不是合式公式. 因此,**P** 的形成规则并没有定义 **P** 的合式公式这一概念.

定义 10.1 (**P** 的**合式公式**) **P** 中公式 X 是**合式公式**，当且仅当, X 能由 **P** 的形成规则生成, 即 X 是 **P** 的原子公式(即命题词), 或者是对已生成的合式公式 B 应用 10(ii) 而得 (即 $X=\neg B$), 或者是对已生成的合式公式 B 和 C 应用 10(iii) 而得 (即 $X=[B\to C]$).

显然,在生成合式公式 A 的过程中,我们得到一系列的合式公式 $A_1, \cdots, A_n$, 其中每个 $A_k(k=1, \cdots, n)$ 或者是原子公式, 或者是 $\neg A_i(i<k)$, 或者是 $[A_i\to A_j](i, j<k)$.

合式公式的定义是一个归纳定义,它说明凡由 **P** 的形成规则生成的公式都是 **P** 的合式公式, 并且只有由 **P** 的形成规则生成的公式是 **P** 的合式公式. 因此我们可以用数学归纳法证明 **P** 中所有合式公式都有某个性质这样的命题. 当要证明这样的命题时,我们只要证明以下的三点:

第一,任何原子公式都有这性质.

第二,任何 B,如果 B 有这性质,则 $\neg B$ 也有这性质.

第三,任何 B 和 C, 如果 B, C 都有这性质, 则 $[B\to C]$ 也有这性质.

根据定义 10.1, 任何合式公式 A 都有一个生成它的过程 $A_1, \cdots, A_n$, 而且 A_n 就是 A. 由以上的三点就可以证明 $A_1, \cdots, A_n$ 都有所说的性质. 首先, A_1 必定是原子公式. 因此, 由第一点, A_1 有这性质. 假设已经证明 $A_1, \cdots, A_{k-1}(k\leqslant n)$ 都有这性质. A_k 或者是原子公式,或者是 $\neg A_i(i<k)$, 或者是 $[A_i\to A_j]$ $(i, j<k)$. 由以上的三点, A_k 有这性质. 因此 $A_1, \cdots, A_n$ 都有这个性质,从而 A 有这性质.

当采用这个方法作出证明时，我们说证明是**施归纳于合式公式的结构**，或简单说证明用**归纳法**．在这样的证明中，第一点的证明是基始，第二点和第三点的证明是归纳．基始就是证由 **P** 的第一类形成规则生成的原子公式都有这性质；归纳就是证由 **P** 的第二类形成规则生成的合式公式都保持这性质．

今后，如果从上下文中明显看出正在讨论关于某个逻辑演算的问题，例如现在正讨论关于 **P** 的问题，那么就可以省略“**P** 中”的字样而不至于引起误会．

应用形成规则可以生成越来越复杂的合式公式．合式公式可以按照复杂的程度给以分类．

定义 10.2 （**P** 的第 n 层合式公式）A 是 **P** 的**第 0 层合式公式**，当且仅当，A 是原子公式即命题词．

A 是 **P** 的**第 $n+1$ 层合式公式**，当且仅当，A 满足以下的[1]和[2]之一：

[1] $A = \neg B$，其中 B 是 **P** 的第 n 层合式公式．

[2] $A = [B \to C]$，其中 B 和 C 分别是 **P** 的第 k 和 l 层合式公式，并且 $\max(k, l) = n$[1]．

显然，由定义 10.2，对于任意的自然数 n，什么是 **P** 的第 n 层合式公式，是完全确定的了．

例 2 p，q 都是 **P** 的第 0 层合式公式．

$\neg p$，$\neg q$，$[p \to q]$ 都是 **P** 的第 1 层合式公式．

$\neg\neg p$，$[\neg p \to q]$，$[p \to \neg q]$，$[\neg p \to \neg q]$，$\neg[p \to q]$，$[p \to [p \to q]]$，$[[p \to q] \to q]$，$[[p \to q] \to \neg q]$，$[[p \to q] \to [q \to p]]$ 都是 **P** 的第 2 层合式公式．

$\neg\neg\neg p$，$[p \to \neg\neg q]$，$\neg\neg[p \to q]$，$\neg[\neg p \to \neg q]$，$[[[p \to q] \to [q \to p]] \to [[p \to q] \to \neg q]]$ 都是 **P** 的第 3 层合式公式．

定理 10.1 任何 A，有 n，使得 A 是 **P** 的第 n 层合式公式．

---

1) $\max(k_1, \cdots, k_n)$ 是 $k_1, \cdots, k_n$ 中的最大数．

证 施归纳于A的结构.

基始：A是原子公式. 由定义10.2，A是 **P** 的第0层合式公式.

归纳：分别两种情形. 第一种情形：A = ¬B. 由归纳假设，有 i，使得B是**P**的第 i 层合式公式. 由定义10.2，A是**P**的第 $i+1$ 层合式公式. 第二种情形：A = [B→C]. 由归纳假设，有 i 和 j，使得B和C分别是 **P** 的第 i 和 j 层合式公式. 由定义10.2，A是 **P** 的第 k 层合式公式，其中的 $k = \max(i,j) + 1$.

由基始和归纳，就证明了本定理. ‖

根据定理10.1，**P** 的合式公式都属于某个层次，**P** 的合式公式可以分为第0层、第1层、第2层等的合式公式. 显然，不同层次的合式公式的集合之间都没有共同的元素. 由于任何合式公式都属于某一个层次，因此当要证明**P**的所有合式公式都有某个性质时，我们只要证明 **P** 的每一层的合式公式都有这个性质，这样就可以施归纳于 **P** 中合式公式的层次 n 而得到证明. 容易看出，施归纳于合式公式的层次，与前面讲过的施归纳于合式公式的结构，所作出的证明是完全相同的.

P 中的合式公式有许多结构方面的性质. **P** 中公式是或者不是合式公式，是有判定的算法的. 建立这个算法与合式公式结构方面的某些性质有关. 下面我们来讨论这些问题.

引理10.2 任何A或者是原子公式，或者有具有 ¬p 形式的子公式，或者有具有 [p→q] 形式的子公式.

证 如果A不是原子公式，则根据合式公式的定义10.1，在生成A的过程中必定使用了形成规则10(ii)或10(iii). 如果首先使用了10(ii)，那么A就有具有 ¬p 形式的子公式. 如果首先使用的是10(iii)，那么A就有具有 [p→q] 形式的子公式. ‖

引理10.3 在任何A中，符号 →，[，]或者都不出现，或者都出现并且出现相同的次数，并且每个→的左方有 [出现，右方有] 出现.

证 如果在生成A的过程中没有使用形成规则10(iii)，那么$\rightarrow$，[和]在A中都不出现．如果使用了10(iii)，那么每使用一次，这三个符号就各出现一次，并且[出现在$\rightarrow$的左方，]出现在$\rightarrow$的右方．‖

在生成合式公式的过程中经过使用10(iii)而同时出现在合式公式之中的左括号和右括号是互为配偶的．

引理 10.4 任何A，如果A中有括号，则A中最右方的符号是]，A中括号是适当配对的，从而（由定理04.4）有唯一的配对方法，并且最左方的[和最右方的]（即最右方的符号）互为配偶．

证 施归纳于A的结构．

基始：A是原子公式．这时A中没有括号，故本引理对于A成立．

归纳：$A = \neg B$ 或者 $A = [B \rightarrow C]$．设 $A = \neg B$．由归纳假设，引理对于B成立，即如果B中有括号，则B有引理中所说的各种情况．显然，如果A即$\neg B$中有括号，则A也有这些情况，故引理对于A成立．

设 $A = [B \rightarrow C]$．由归纳假设，引理对于B和C都是成立的．现在考虑A即$[B \rightarrow C]$．A的最右方的符号是]．由于B和C中的括号（如果有）都是适当配对的，而A中最左方的[和最右方的]（即最右方的符号）互为配偶，所以A中的括号是适当配对的，并且有唯一的配对方法．因此引理对于A成立，这就证明了归纳的部分．

由基始和归纳，就证明了本引理．‖

定理 10.5 任何A或者是原子公式，或者以$\neg$开始因而有$\neg B$的形式，或者以[开始因而有$[B \rightarrow C]$的形式．

如果A有$\neg B$的形式，则A的这种形式是唯一的，这就是说，如果$A = \neg B = \neg B_1$，则 $B = B_1$．

如果A有$[B \rightarrow C]$的形式，则A的这种形式是唯一的，这就是说，如果 $A = [B \rightarrow C] = [B_1 \rightarrow C_1]$，则 $B = B_1$，$C = C_1$．

证 由合式公式的定义10.1，定理的第一部分是显然成立的．

如果A有 $\neg$ B的形式，则A的这种形式显然是唯一的，即其中的B是唯一确定的，B就是由A去掉它最左方的符号$\neg$而得.

如果A有 $[B \to C]$ 的形式，我们来证明这种形式的唯一性.

设

$$A = [B \to C] = [B_1 \to C_1] \tag{1}$$

我们分别考虑两种可能的情形，证明在这两种情形下都有 $B = B_1$, $C = C_1$.

第一种情形，B中没有 → 出现. 由引理10.3，B中没有 [出现. 这样，B_1 中也没有→出现. 这是因为，如果 B_1 中有→出现，那么 B_1 中最左方的→就是 $[B \to C]$ 中B和C之间的→；由引理10.3，在 B_1 中，在它的最左方的→的左方，必有 [出现，这个 [将在B中出现，这与上面已经推出的"B中没有 [出现"相矛盾. 所以 B_1 中没有→出现. 这样，$[B \to C]$ 中B和C之间的→和 $[B_1 \to C_1]$ 中 B_1 和 C_1 之间的→是A中的同一个符号，所以 $B = B_1$, $C = C_1$.

第二种情形，B中有→出现. 类似于上面已经证明的，可以证明：如果 B_1 中没有→出现，则B中也没有→出现. 现在由于B中有→出现，故 B_1 中也有→出现. 由引理10.3和引理10.4，B和 B_1 的最右方的符号都是]，它们在B和 B_1 中都是最左方的 [的配偶. 但这两个 [是A中的同一个符号，故由配偶的唯一性，B和 B_1 的最右方的符号] 是A中的同一个符号，故 $B = B_1$，由此可得 $C=C_1$. ||

根据定理10.5，从一个以 $\neg$ 开始的合式公式去掉这个开始的$\neg$，得到的也是合式公式. 因此，再由 **P** 的形成规则10(ii)，就得到：**$\neg$X** 是合式公式，当且仅当，**X** 是合式公式.

应当说明，只有在证明了 $\neg$ A和 $[A \to B]$ 这两种形式的唯一性之后，才可以说 $\neg$ A是A的否定式，$[A \to B]$ 是A和B的蕴涵式. 如果 $[A \to B] = [A_1 \to B_1]$ 而 $A \neq A_1$, $B \neq B_1$，那就不能说 $[A \to B]$ 是A和B的蕴涵式了.

定义 10.3 （**主蕴涵词，前件，后件**）在蕴涵式 $[A \to B]$ 中，A和B之间的→称为**主蕴涵词**，A称为**前件**，B称为**后件**.

定义 10.4 （辖域） 如果$\neg B$是A的子公式，则B称为紧接在它左方的否定词在A中的**辖域**.

如果 $[B \to C]$ 是A的子公式，则B和C称为 $[B \to C]$ 中的主蕴涵词在A中的**辖域**，B称为它的**左辖域**，C称为它的**右辖域**.

根据已有的规定，定义 10.3 和定义 10.4 中的 A, B, C 都是合式公式.

例 3 $\neg\neg[p \to \neg[p \to \neg q]]$ 是 $\neg[p \to \neg[p \to \neg q]]$ 的否定式；$\neg[p \to \neg[p \to \neg q]]$ 又是 $[p \to \neg[p \to \neg q]]$ 的否定式. $[p \to \neg[p \to \neg q]]$ 是 p 和 $\neg[p \to \neg q]$ 的蕴涵式，在其中 p 是前件，$\neg[p \to \neg q]$ 是后件，p 和 $\neg[p \to \neg q]$ 之间的 $\to$ 是主蕴涵词. $\neg[p \to \neg q]$ 是 $[p \to \neg q]$ 的否定式. $[p \to \neg q]$ 是 p 和 $\neg q$ 的蕴涵式，在其中 p 是前件，$\neg q$ 是后件，$\to$ 是主蕴涵词.

例 4 在 $\neg\neg[p \to \neg[p \to \neg q]]$ 中，第一个$\neg$的辖域是 $\neg[p \to \neg[p \to \neg q]]$，第二个$\neg$的辖域是 $[p \to \neg[p \to \neg q]]$，第三个$\neg$的辖域是 $[p \to \neg q]$，末一个$\neg$的辖域是 q；第一个$\to$的左辖域是 p，右辖域是 $\neg[p \to \neg q]$，第二个$\to$的左辖域是 p，右辖域是 $\neg q$.

下面我们要证明合式公式中的$\neg$都有唯一的辖域，$\to$都有唯一的左辖域和右辖域.

引理 10.6 任何A和不空的X，AX不是合式公式.

证 施归纳于A的结构.

基始：A是原子公式. 由定理 10.5，合式公式或者是命题词，或者以$\neg$开始，或者以 [开始. 由于X不是空公式，故 AX 既不是单独一个命题词，也不以$\neg$开始，也不以 [开始. 因此 AX 不是合式公式.

归纳：$A = \neg B$ 或者 $A = [A \to B]$. 设 $A = \neg B$. 由归纳假设，BX 不是合式公式. 由定理 10.5，$\neg BX$ 即 AX 也不是合式公式. 设 $A = [B \to C]$. 如果 AX 即 $[B \to C]X$ 是合式公式，则由引理 10.4，AX 的最右方的符号是]，AX 中最左方的 [与最右方的] 互为配偶. 又由引理 10.4，A中最左方的 [与最右方

的]（也是A的最右方的符号）互为配偶．所说的这两个 [是 AX 中的同一个符号；但这两个] 却不是 AX 中的同一个符号，因为 X 不是空公式．这样，在 AX 中，最左方的 [与两个不同的] 互为配偶，这与引理 10.4 相矛盾，因此 AX 不是合式公式．

由基始和归纳，就证明了本引理．‖

定理 10.7 任何 A，A中任何 ¬（如果有）都有唯一的辖域，任何→（如果有）都有唯一的左辖域和右辖域．

证 所要证明的是以下的(1)—(3)：

(1) A中任何¬都有辖域，任何→都有左辖域和右辖域．

(2) A中任何¬，如果B和 B_1 都是这个¬在A中的辖域，则 $B=B_1$．

(3) A中任何→，如果B和 B_1 都是这个→在A中的左辖域，C和 C_1 都是它在A中的右辖域，则 $B=B_1$，$C=C_1$．

我们先证(1)．A中任何¬都是由于在生成A的过程中应用了10(ii)而在A中出现的．这就是说，有B，使得¬B是A的子公式，¬B是在上述过程中生成的．B就是这个¬在A中的辖域．

A中任何→都是由于在生成A的过程中应用了10(iii)而在A中出现的．这就是说，有 C_1 和 C_2，使得 $[C_1\to C_2]$ 是A的子公式，$[C_1\to C_2]$ 是在上述过程中生成的．C_1 和 C_2 就分别是这个→在A中的左辖域和右辖域．

这样就证明了(1)．

下面证(2)．考虑A中的任何一个¬，假设它在A中有辖域B，又有辖域 B_1．根据定义10.4，¬B和¬B_1 都是A的子公式，即有 X，Y，X_1 和 Y_1，使得

(4) $$A=X\neg BY$$

(5) $$A=X_1\neg B_1Y_1$$

成立．由于(4)中X与B之间的¬和(5)中 X_1 与 B_1 之间的¬是A中的同一个符号，故B和 B_1 是以A中的同一个符号开始的．这样，如果 $B\neq B_1$，那么就有不空的X使得 $BX=B_1$，或者有不空

的Y使得 $B = B_1Y$. 由于B和 B_1 都是合式公式，故由引理 10.6，$BX = B_1$ 和 $B = B_1Y$ 都是不可能的；因此 $B = B_1$.

最后证(3). 考虑A中的任何一个→，假设它在A中有左辖域B和右辖域C，又有左辖域 B_1 和右辖域 C_1. 根据定义 10.4，有X，Y，X_1 和 Y_1，使得

$$(6) \qquad A = X[B \to C]Y$$

$$(7) \qquad A = X_1[B_1 \to C_1]Y_1$$

成立. 因为(6)中 $[B \to C]$ 的主蕴涵词和(7)中 $[B_1 \to C_1]$ 的主蕴涵词是A中的同一个符号，所以C和 C_1 以A中的同一个符号开始. 这样，由引理 10.6，可以推出 $C = C_1$.

$[B \to C]$ 和 $[B_1 \to C_1]$ 都是合式公式，故它们的最左方的[都和最右方的]互为配偶. 由于 $C = C_1$，故 $[B \to C]$ 和 $[B_1 \to C_1]$ 中的最右方的]是A中的同一个符号，因此它们的最左方的[也是A中的同一个符号(根据适当配对中的配对方法的唯一性)，从而得到 $B = B_1$，这样就证明了(3). ‖

定理 10.8 如果C是¬A的子公式，则 $C = \neg A$ 或者C是A的子公式.

如果C是 $[A \to B]$ 的子公式，则 $C = [A \to B]$ 或者C是A的子公式或者C是B的子公式.

证 定理的第一部分就是说，如果¬A的子公式C包含¬A的最左方的¬，那么 $C = \neg A$. 假设 $C \neq \neg A$. 因为C是¬A的子公式并且包含¬A的最左方的符号，故有不空的X，使得 $CX = \neg A$. 由引理 10.6，这是不可能的，所以 $C = \neg A$. 这就证明了定理的第一部分.

定理的第二部分就是说，如果 $[A \to B]$ 的子公式C包含 $[A \to B]$ 的最左方的[，最右方的]和主蕴涵词这三个符号中的至少一个，那么 $C = [A \to B]$. 下面分别三种情形证明.

第一种情形，C是 $[A \to B]$ 的子公式，并且C包含 $[A \to B]$ 的最左方的[. 如果 $C \neq [A \to B]$，则有不空的X，使得 $CX = [A \to B]$. 由引理 10.6，这是不可能的，故 $C = [A \to B]$.

第二种情形，C是 $[A \to B]$ 的子公式，并且C包含 $[A \to B]$ 的最右方的]．由引理10.4，在 $[A \to B]$ 中，最左方的 [和最右方的] 互为配偶．在C中有某个 [和最右方的]（它就是 $[A \to B]$ 的最右方的]）互为配偶．如果 $C \neq [A \to B]$，则 $[A \to B]$ 的最左方的 [不在C中，因此它和方才所说的C中的某个 [不是同一个符号．这样就使得在 $[A \to B]$ 中最右方的] 和两个 [互为配偶，这与引理 10.4 矛盾．故 $C = [A \to B]$．

第三种情形，C是 $[A \to B]$ 的子公式，并且C包含 $[A \to B]$ 的主蕴涵词．因为C是合式公式，故由定理 10.7，这个主蕴涵词在C中有左辖域 A_1 和右辖域 B_1．这就是说，有 X_1 和 Y_1，使得

(1) $$C = X_1[A_1 \to B_1]Y_1$$

因C是 $[A \to B]$ 的子公式，故有 X_2 和 Y_2，使得

(2) $$[A \to B] = X_2CY_2$$

由(1)和(2)可得

(3) $$[A \to B] = X_2X_1[A_1 \to B_1]Y_1Y_2$$

(3)中A与B之间的→和 A_1 与 B_1 之间的→是同一个符号．由辖域的唯一性（定理 10.7），可得 $A = A_1$ 和 $B = B_1$，从而 X_1，X_2，Y_1 和 Y_2 都是空公式．因此，由(2)，$C = [A \to B]$．这样就完成了定理第二部分的证明．‖

定理 10.9 设在X中把合式的子公式B的一个或几个出现替换为合式公式C而得到Y．那么，X是合式公式，当且仅当，Y是合式公式．

证 我们先证明

（1）如果X是合式公式则Y是合式公式

证明是施归纳于合式公式X的结构．

基始：X是原子公式．这样，换下的B就是X本身，因而换上的C就是 Y，故Y是合式的．

归纳：$X = \neg A_1$ 或 $X = [A_1 \to A_2]$．设 $X = \neg A_1$．当 $B = X$ 时(1)显然成立．我们假设 $B \neq X$ 即 $B \neq \neg A_1$．由定理 10.8，B是 A_1 的子公式．令经过定理中所说的在X中作的替

换由 A_1 得到 Z_1，就有 $Y = \neg Z_1$. 由归纳假设，Z_1 是合式公式；因此，由 10(ii)，Y 是合式公式.

设 $X = [A_1 \to A_2]$. 与上面的情形相同，我们假设 $B \neq X$ 即 $B \neq [A_1 \to A_2]$. 由定理 10.8，B 是 A_1 的子公式或是 A_2 的子公式. 令经过定理中所说的在 X 中作的替换由 A_1 和 A_2 分别得到 Z_1 和 Z_2，就有 $Y = [Z_1 \to Z_2]$. 由归纳假设，Z_1 和 Z_2 都是合式公式；因此，由 10(iii)，Y 是合式公式.

由以上的基始和归纳，就证明了(1).

如果在 Y 中把某些 C 的出现替换为 B，显然就得到 X，因此可以同样地证明

(2) 如果 Y 是合式公式则 X 是合式公式

由(1)和(2)就证明了本定理. ||

下面我们给出一个判定 **P** 中公式是不是合式公式的算法.

首先，空公式显然不是合式公式(由合式公式的定义 10.1). 其次，当 X 不是空公式时，在 X 中把任意的一个或几个有 $\neg p$ 或者 $[p \to q]$ 形式(注意，p 和 q 是任意的命题词，可以相同，也可以不相同)的子公式分别替换为命题词，令得到的公式是 X_1，X_1 显然也不是空公式. 对 X_1 使用同样的做法，得到 X_2. 这样继续下去，由于所得到的公式一个比一个短，而最初所给的 X 的长度是有限的，所以总会在得到某个 X_n 之后，对 X_n 不能再使用以上的做法. 这样，X_n 不是空公式，然而不再有具有 $\neg p$ 形式的子公式，也不再有具有 $[p \to q]$ 形式的子公式(如果所给的 X 已经是这种情形，对它不能使用以上的做法，那么所要得出的 X_n 就是 X 自己). 由定理 10.9，可以得到

$$
\begin{aligned}
X \text{ 是合式公式} &\Leftrightarrow X_1 \text{ 是合式公式} \\
&\Leftrightarrow X_2 \text{ 是合式公式} \\
&\Leftrightarrow \cdots \\
&\Leftrightarrow X_n \text{ 是合式公式}
\end{aligned}
$$

这样，如果 X_n 是单独一个命题词，则由 10(i)，X_n 是合式公式，因而 X 是合式公式；如果 X_n 不是单独一个命题词，则根据引理

10.2，X_n 不是合式公式，从而 X 不是合式公式.

例 5 $X = \neg[[\neg[\neg p \to q] \to \neg p] \to [\neg p \to \neg q]$. 经过以上所说的替换过程，可以逐步得到下面的 $X_1, \cdots, X_6$（或者替换得更快些，而经过较少的公式）：

$$X_1 = \neg[[\neg[p \to q] \to p] \to [\neg p \to \neg q]$$

$$X_2 = \neg[[\neg p \to p] \to [p \to \neg q]$$

$$X_3 = \neg[[\neg p \to p] \to [p \to q]$$

$$X_4 = \neg[[p \to p] \to [p \to q]$$

$$X_5 = \neg[[p \to p] \to p$$

$$X_6 = \neg[p \to p$$

对 X_6 不能再使用以上的做法. 因为 X_6 不是命题词，故 X 不是合式公式.

显然，如果在 X 的右方再加上一个右括号]，那么上面的 $X_1, \cdots, X_6$ 的右方也都要加上一个]；对于添加] 后的 X_6 即 $\neg[p \to p]$，还可以使用以上的做法而继续得到 X_7 和 X_8：

$$X_7 = \neg p$$

$$X_8 = p$$

对 X_8 不能再使用以上的做法. 因 X_8 是命题词，所以在 X 的右方添上一个右括号] 而得到的公式是合式公式.

在本节中我们给出了命题逻辑 **P** 的形成规则，并根据它们定义了 **P** 的合式公式，此外还分析了 **P** 中合式公式的结构，给出了判定 **P** 中公式是不是合式公式的一种算法. 判定 **P** 中公式是不是合式公式，还可以有另外的算法.

在以后要构造的其他的逻辑演算中，合式公式也是根据形成规则来定义的；合式公式也可以按照复杂的程度加以分类，分成不同的层次；合式公式也有类似的结构方面的性质，也有判定公式是不是合式公式的算法. 这些问题在其他的逻辑演算中将说得比较简单了.

在 **P** 的任何有括号的合式公式中，左括号和右括号是成对地出现的，括号的序列是适当配对的，并且有唯一的配对方法. 对于合式公式中的任何括号，有寻找它的配偶的算法.从某一个左(右)括号开始，向右(左)数到一个右(左)括号而左右括号的数目第一次相同时，这个右(左)括号就是所给左(右)括号的配偶. 在有括号的合式公式中，任何一对互为配偶的括号之间的那一段公式(包括这一对括号在内)是合式公式.

合式公式中的括号对是一层一层套起来的. 如果A中没有括号，我们说A中有0层括号.如果A中有n层括号，我们说$\neg A$中也有n层括号. 如果A和B中分别有m和n层括号，我们说$[A\to B]$中有k层括号，其中的$k=\max(m, n)+1$. 每一个A都有n，使得A有n层括号.

例6 $p, \neg\neg\neg p$中都有0层括号.

$[p\to q], \neg\neg\neg[\neg p\to\neg\neg q]$中都有1层括号.

$[p\to[p\to q]], \neg[\neg\neg[\neg p\to q]\to\neg[\neg\neg p\to\neg q]]$中都有2层括号.

$[p\to[[p\to q]\to\neg q]]$中有3层括号.

一个很长的合式公式，特别是一个在其中出现很多蕴涵词的合式公式中，包含很多括号，写起来很不方便，看起来很不清楚醒目. 我们可以按下面的方法用点号来替除括号. 在一个$\neg$的辖域中如果有n层括号，就在紧接它的左方安上n个点. 如果在一个$\to$的左辖域和右辖域中分别有m层和n层括号，就在紧接它的左方和右方分别安上m个点和n个点. 然后把公式中的括号全部省掉. $n(n=1, 2, 3, \cdots)$个点可以写成下面的形式:

., :, .:(:.), ::, .::(::.), ···

其中的.:和.::等是安在命题连接词的左方的，:.和::.等是安在命题连接词的右方的.

例7 在合式公式

$$[[[p\to\neg[q\to p]]\to[[p\to q]\to r]]\to$$
$$[\neg[p\to[p\to q]]\to[p\to[[p\to r]\to q]]]]$$

中按上述方法用点号替除括号后，这个公式可以写成

p → . ¬ .q → p: → :p → q. → r.: → ::

$$\neg : p \rightarrow \cdot p \rightarrow q : \rightarrow :\cdot p \rightarrow : p \rightarrow r \cdot \rightarrow q$$

上面的这个形式是唯一的，因为所安上的点的数目是由辖域中的括号层数决定的.

仍然是为了写起来方便和看起来清楚醒目的目的，我们也不一定要按照上面的方法把合式公式中的括号全部用点号来替除，而可以采用比较灵活的方法. 我们可以使用不同形式的括号，或者把点号和不同形式的括号结合起来使用，并且还可以规定把不在任何命题连接词辖域中的最外层的括号省略不写. 在使用点号时，也不一定要把所安上的点的数目固定起来，而只是利用点的多少来表示出各命题连接词的辖域的大小，表示出哪个连接词在哪个连接词的辖域之中. 我们可以这样规定，在不使用括号的情形下，当比较两个连接词的辖域时，可以比较位于左方的连接词的右侧的点数和位于右方的连接词的左侧的点数. 点数较少的连接词是在点数较多的连接词的辖域之中，或者说点数较少的连接词比点数较多的连接词有更强的连接力. 此外，我们还规定，当有相同的点数时，$\neg$比$\rightarrow$有更强的连接力. 这样，合式公式

$$[A \rightarrow [\neg[B \rightarrow C] \rightarrow B]]$$

可以写成下面任何一个形式(或其他的形式)：

$$A \rightarrow : \neg \cdot B \rightarrow C \cdot \rightarrow B$$

$$A \rightarrow : \neg(B \rightarrow C) \cdot \rightarrow B$$

$$A \rightarrow : \neg(B \rightarrow C) \rightarrow B$$

$$A \rightarrow \cdot \neg(B \rightarrow C) \rightarrow B$$

照此写法，例 7 中的公式可以写成下面的两个形式(或其他形式)：

$$p \rightarrow \neg(q \rightarrow p) \cdot \rightarrow \cdot (p \rightarrow q) \rightarrow r : \rightarrow : \neg[p \rightarrow (p \rightarrow q)] \rightarrow [p \rightarrow \cdot (p \rightarrow r) \rightarrow q]$$

$$p \rightarrow \neg(q \rightarrow p) \cdot \rightarrow \cdot (p \rightarrow q) \rightarrow r : \rightarrow :\cdot \neg \cdot p \rightarrow (p \rightarrow q) : \rightarrow : p \rightarrow \cdot (p \rightarrow r) \rightarrow q$$

不论把合式公式写成例 7 中的唯一的形式，或者写成上面这些形式或其他的形式，我们在理论上总是假定它是没有经过改写的，我们随时可以写出合式公式的原来的形状. 总之，**P** 中的括号

只有 [和] 两个，点号和别种形状的括号都是原来没有的． 它们是经过某种约定而被使用的，使用它们只是为了把合式公式写得清楚醒目．

习　　题

10.1 设 $\mathbf{P}'$ 是一个命题逻辑，它的符号比 $\mathbf{P}$ 的少左括号和右括号，形成规则是以下的三条：

(i)　同 10(i)．

(ii)　同 10(ii)．

(iii)　如果 X 和 Y 是合式公式，则 $\to$XY 是合式公式．

找出 $\mathbf{P}'$ 的合式公式中 $\to$ 和命题词出现的数目的关系，并加以证明．

10.2 如果 XY 是 $\mathbf{P}'$ 中的合式公式，Y 不空，则 X$\neg$Y 也是 $\mathbf{P}'$ 中的合式公式．

10.3 建立判定 $\mathbf{P}'$ 中公式是不是合式公式的算法．

10.4 $\mathbf{P}$ 中任何 A，可以构造合式公式的有穷序列 $A_1, \cdots, A_n$，使得其中的 A_1 是命题词，$A_i(i=2, \cdots, n)$ 是由 A_{i-1} 把其中某一个命题词的所有出现都替换为有 $\neg$p 或 [p$\to$q] 形式的合式公式而得，并且 A_n 就是 A．

10.5 如果 X, Y, Z 是 $\mathbf{P}$ 中的不空的公式，则 XY 和 YZ 不能都是合式公式．

10.6 构造逻辑演算 $\mathbf{A}$，它的符号有命题词和 n 元命题连接词 f^n, f_1^n, f_2^n, $\cdots(n=1, 2, 3, \cdots)$，它的形成规则有以下两条：

(1)　任何单独一个命题词是合式公式．

(2)　如果 $X_1, \cdots, X_n$ 是合式公式，则 $f^n X_1 \cdots X_n$ 是合式公式．

定义一个以 $\mathbf{A}$ 的公式(不一定合式公式)集为定义域，以整数集为值域的一元函数 φ，φ 满足以下四个条件：

1°　$\varphi(p)=-1$．

2°　$\varphi(f^n)=n-1$．

3°　如果 Y 是单独一个符号，则 $\varphi(XY)=\varphi(X)+\varphi(Y)$．

4°　$\varphi(\odot)=0$，其中的 $\odot$ 是空公式．

证明：X 是 $\mathbf{A}$ 中的合式公式，当且仅当，$\varphi(X)=-1$ 并且，如果 Y 是由 X 在它的右端至少去掉一个符号而得，则 $\varphi(Y)\geqslant 0$．

§11　P 的形式推理规则

在上节中我们给出了命题逻辑 **P** 的形成规则，并根据它们定义了 **P** 的合式公式．在本节中我们要给出 **P** 的形式推理规则，并根据它们定义 **P** 的形式推理关系．

形式推理关系是合式公式的有穷序列与合式公式之间的一种关系．如果 **P** 中的合式公式有穷序列 $A_1, \cdots, A_n$ 与合式公式 A 之间存在着形式推理关系，我们记为

1)　　$$\mathbf{P}:\ A_1, \cdots, A_n \vdash A$$

这是说，在 **P** 中 $A_1, \cdots, A_n$ 与 A 之间有形式推理关系．我们也说 1) 是 **P** 中的形式推理关系．1) 可以读作"在 **P** 中由 $A_1, \cdots, A_n$ 可以形式地推出 A"．$A_1, \cdots, A_n$ 是形式前提，是 A 的形式前提；A 是形式结论，是 $A_1, \cdots, A_n$ 的形式结论．

当从上下文可以看出是在 **P** 中能由 $A_1, \cdots, A_n$ 形式地推出 A 时，我们就可以把 1) 简写为

$$A_1, \cdots, A_n \vdash A$$

这个规定对于本书中的各个逻辑演算都是适用的．

形式推理关系是反映前提和结论之间的演绎推理关系的．因此，在形式推理关系中，形式前提中的合式公式应当是可以调换次序的，作为形式前提的合式公式有穷序列实际上是合式公式的有穷集．但是为了写起来方便，我们把形式前提写成序列而不写成集合，因此称之为合式公式的有穷序列．

我们还要规定另外一些写法．

形式推理关系 $\Gamma \vdash A$ 中的形式结论 A 是一个合式公式．我们规定 $\Gamma \vdash \Delta$ 是说由 Γ 能形式地推出 Δ 中的所有合式公式．因此，

$$\Gamma \vdash A_1, \cdots, A_n$$

就是 $\Gamma \vdash A_1, \cdots, \Gamma \vdash A_n$ 的简写．

我们还要令

$$\Gamma_1 \vdash \Gamma_2 \vdash \Gamma_3 =_{df} \Gamma_1 \vdash \Gamma_2 \text{ 并且 } \Gamma_2 \vdash \Gamma_3$$

此外，我们还可以自然地令

$$\vdash A =_{df} \phi \vdash A$$

$$\vdash \Delta =_{df} \phi \vdash \Delta$$

现在我们来陈述 $\mathbb{P}$ 的五条**形式推理规则**:

($\in$) $A_1, \cdots, A_n \vdash A_i$ ($i = 1, \cdots, n$)

(τ) 如果 $\Gamma \vdash \Delta \vdash A$($\Delta$ 不空)

则 $\Gamma \vdash A$

($\neg$) 如果 $\Gamma, \neg A \vdash B, \neg B$

则 $\Gamma \vdash A$

($\rightarrow_-$) $A \rightarrow B, A \vdash B$

($\rightarrow_+$) 如果 $\Gamma, A \vdash B$

则 $\Gamma \vdash A \rightarrow B$

关于这些形式推理规则的涵义，我们可以作下面的说明.

($\in$) 可以称为**肯定前提律**. 它反映演绎推理中的这样的规则：对于任何给定的前提来说，前提中的每个命题都是被肯定的，因此前提中的每个命题都可以作为结论由整个前提推出.

(τ) 可以称为**演绎推理传递律**. 它是说，如果由一定的前提可以推出一些命题，由这些命题又可以推出某个命题，那么由原来的前提可以推出这个命题. 例如，设 $A_1, \cdots, A_n$ (相当于 Δ) 都是几何中的定理，也就是说它们都是能由几何的公理 (相当于 Γ) 推出的；又设 A(相当于 A) 能由 $A_1, \cdots, A_n$ 推出. 那么 A 当然也是几何中的定理.

($\neg$) 称为**反证律**. 它反映演绎推理中的反证法：如果在一定的前提(相当于 Γ) 下，再假设 A 是假的(即“非 A” 是真的，相当于 $\neg A$)，由此就能推出互相矛盾的命题 (相当于 $\Gamma, \neg A \vdash B, \neg B$)，那么由原来的前提能推出 A(相当于 $\Gamma \vdash A$).

($\rightarrow_-$) 称为**蕴涵词消去律**. 它反映演绎推理中的假言推理规则 (modus ponens)，即由“如果 A 则 B”和 A 可以推出 B.

($\rightarrow_+$) 称为**蕴涵词引入律**. 它反映演绎推理中这样的规则：如果在一定的前提 (相当于 Γ) 下，再假设 A 是真的，由此能推出

B（相当于 $\Gamma, A \vdash B$），那么由原来的前提能推出"如果*A*则*B*"（相当于 $\Gamma \vdash A \to B$）.

例如在平面几何中，在一定的前提下要证明"等腰三角形底角相等"即"如果三角形的两边相等，则它们的对角相等"，证法是在原来的前提中加进"三角形的两边相等"，由之证明"它们的对角相等".

由于**P**的形式推理规则中的Γ等都是任意的而不是特定的合式公式有穷序列，其中的A等都是任意的而不是特定的合式公式，所以这五条形式推理规则都不是单独的形式推理规则，而是包括了无穷条形式推理规则．例如，下面的

$$p \to q, p \vdash q$$

$$q \to (p \to r), q \vdash p \to r$$

$$\neg(p \to q) \to r, \neg(p \to q) \vdash r$$

等，就都包括在（$\to_-$）之中．因此，**P**的五条形式推理规则都是形式推理规则的**模式**.

在**P**的五条形式推理规则中，反证律与其他四条不同，它使得**P**具有某种特点．我们要对它在推理中的作用给予特别的注意，我们将在本节末讨论与它有关的问题.

一条形式推理规则称为某个逻辑词的"消去"律，这是说，根据这条规则，我们可以得到某个形式推理关系 $\Gamma \vdash A$，在它的形式结论A中，该逻辑词的某个出现是被消去了．如果是某个逻辑词的"引入"律，那就是在根据它而得到的 $\Gamma \vdash A$ 的形式结论A中，引入了该逻辑词的某个出现．例如，根据（$\to_-$），有

$$A \to B, A \vdash B$$

在它的形式结论B中，原来在 $A \to B$ 中的主蕴涵词被消去了．根据（$\to_+$），由

2) $$\Gamma, A \vdash B$$

得到

3) $$\Gamma \vdash A \to B$$

在3）的形式结论 $A \to B$ 中，主蕴涵词原来在2）中是没有的，它

是新引入的.

设 $A_1, \cdots, A_n \vdash A$ 成立,又设 $(i_1, \cdots, i_n)$ 是 $(1, \cdots, n)$ 的任意一个置换. 由 $(\in)$ 可得

$$A_{i_1}, \cdots, A_{i_n} \vdash A_1, \cdots, A_n$$

由此和 $A_1, \cdots, A_n \vdash A$, 根据 (τ),可得

$$A_{i_1}, \cdots, A_{i_n} \vdash A$$

可见 $A_1, \cdots, A_n \vdash A$ 中的 $A_1, \cdots, A_n$ 是可以调换次序的.

正象 **P** 的形成规则分为两类一样, **P** 的形式推理规则也可以分为两类. 第一类包括 $(\in)$ 和 $(\rightarrow_-)$ 两条,它们直接生成 **P** 的形式推理关系. 第二类包括 (τ), $(\neg)$ 和 $(\rightarrow_+)$ 三条, 它们确定一些运算,当对已经生成的形式推理关系应用这种运算时,就生成新的形式推理关系.

也正象根据 **P** 的形成规则可以一步一步地生成 **P** 的合式公式一样,我们可以根据 **P** 的形式推理规则一步一步地生成 **P** 的形式推理关系.

定理 11.1 **P**:

[1] $A \vdash A$ (**同一律**)

[2] $A \vdash B \rightarrow A$ (**肯定后件律**)

[3] $A \rightarrow B, B \rightarrow C \vdash A \rightarrow C$ (**蕴涵词传递律**)

[4] $A \rightarrow (B \rightarrow C), A \rightarrow B \vdash A \rightarrow C$ (**蕴涵词分配律**)

证[1] 它是 $(\in)$ 的特例.

证[2] (1) $A, B \vdash A$ $(\in)$

(2) $A \vdash B \rightarrow A$ (1)$(\rightarrow_+)$

证[3]

(1) $A \rightarrow B, B \rightarrow C, A \vdash A \rightarrow B$ $(\in)$

(2) $A \rightarrow B, B \rightarrow C, A \vdash A$ $(\in)$

(3) $A \rightarrow B, A \vdash B$ $(\rightarrow_-)$

(4) $A \rightarrow B, B \rightarrow C, A \vdash B$ (1)(2)(3)(τ)

(5) $A \rightarrow B, B \rightarrow C, A \vdash B \rightarrow C$ $(\in)$

(6) $B \rightarrow C, B \vdash C$ $(\rightarrow_-)$

(7) $A \to B, B \to C, A \vdash C$ (5)(4)(6)(τ)

(8) $A \to B, B \to C \vdash A \to C$ (7)($\to_+$)

证[4]

(1) $A \to (B \to C), A \to B, A \vdash A \to (B \to C)$ ($\in$)

(2) $A \to (B \to C), A \to B, A \vdash A \to B$ ($\in$)

(3) $A \to (B \to C), A \to B, A \vdash A$ ($\in$)

(4) $A \to (B \to C), A \vdash B \to C$ ($\to_-$)

(5) $A \to (B \to C), A \to B, A \vdash B \to C$ (1)(3)(4)(τ)

(6) $A \to B, A \vdash B$ ($\to_-$)

(7) $A \to (B \to C), A \to B, A \vdash B$ (2)(3)(6)(τ)

(8) $B \to C, B \vdash C$ ($\to_-$)

(9) $A \to (B \to C), A \to B, A \vdash C$ (5)(7)(8)(τ)

(10) $A \to (B \to C), A \to B \vdash A \to C$ (9)($\to_+$) ||

逻辑演算中的形式推理关系也称为**形式定理**. 在定理 11.1 中我们列举了命题演算 **P** 的四个形式定理. 注意,在定理 11.1 的证明中只用了 **P** 的 ($\in$), (τ), ($\to_-$) 和 ($\to_+$) 四条形式推理规则.

前面说过, **P** 的形式推理规则都不是单独的一条形式推理规则而是形式推理规则的模式. 根据同样的道理, **P** 中的形式推理关系(形式定理)也都不是单独的一个形式推理关系(形式定理), 而是形式推理关系(形式定理)的模式. 例如

$$A \to B, B \to C \vdash A \to C$$

就是一个形式推理关系(形式定理)的模式,象下面的

$$p \to \neg q, \neg q \to \neg\neg r \vdash p \to \neg\neg r$$

$$(p \to q) \to r, r \to (q \to r) \vdash (p \to q) \to (q \to r)$$

$$p \to q, q \to \neg(p \to r) \vdash p \to \neg(p \to r)$$

等就都包括在它里面.

在上节中我们说过，**P** 的形成规则只说明由之生成的公式都是合式公式，但是并不说明怎样的公式不是合式公式；因此 **P** 的形成规则并没有定义 **P** 的合式公式这一概念．类似地，**P** 的形式推理规则只说明由之生成的 Γ 和 A 之间有形式推理关系，即 Γ├─A 成立，但是并不说明怎样的 Γ 和 A 之间没有形式推理关系，即 Γ├─A 不成立；因此 **P** 的形式推理关系并没有定义 **P** 的形式推理关系这一概念．

定义 11.1 （**P 的形式推理关系**） Γ├─A 是 **P** 的**形式推理关系**，当且仅当，它能由 **P** 的形式推理规则生成，即它能由（∈）或（$\rightarrow_-$）直接生成，或者由已生成的形式推理关系经过应用（τ），（¬）或（$\rightarrow_+$）而得．

在 **P** 中生成形式推理关系 Γ├─A 的过程中，我们得到一系列的形式推理关系

$$\Gamma_1 \vdash A_1, \cdots, \Gamma_n \vdash A_n$$

其中每一个 $\Gamma_k \vdash A_k (k = 1, \cdots, n)$ 或者是由第一类的形式推理规则（（∈）或（$\rightarrow_-$））所直接生成，或者是由在它前面已生成的某些形式推理关系经过应用第二类的形式推理规则（（τ），（¬）或（$\rightarrow_+$））而得，并且 Γ_n 就是 Γ，A_n 就是 A．上面这个序列称为 **P** 中的**形式证明**．它是关于形式定理 Γ├─A 的形式证明，因为它的最后一项 $\Gamma_n \vdash A_n$ 就是 Γ├─A．

在前面证明定理 11.1 时，我们就是给出了其中各个形式定理[1]—[4]的形式证明．

形式证明也都是形式证明的模式，而不是单独的形式证明．

在本书中以后还要构造的逻辑演算中，形式推理规则，形式推理关系（形式定理），形式证明也都是模式．

在形式证明中，如果某一步骤是根据了第一类的形式推理规则（在 **P** 中是（∈）或（$\rightarrow_-$）），那么就在这一步的右方写下所根据的规则；如是根据了第二类的形式推理规则（在 **P** 中是（τ），（¬）或（$\rightarrow_+$）），那么建立这一步骤时必定用了形式证明中前面的若干步骤，这样就要在这一步的右方写下所用到的各步的号码以及所根

据的规则．当涉及（τ）或（$\neg$）时，要用到一个以上的前面的步骤．写下这些步骤的号码，可以按照它们在（τ）或（$\neg$）中出现的先后来排次序． 读者可以查看定理 11.1 以及后面各形式定理的形式证明中每个步骤的根据是怎样写出的．

在定理 11.1 的形式证明中，每个步骤都是以某一条形式推理规则作为根据的． 但在以后的形式证明中，可以使用已经证明的形式定理作为根据．

我们在绪论中已经讲过，当不至于引起误会时，“形式推理规则”，“形式推理关系”，“形式前提”，“形式结论”，“形式定理”，“形式证明”中的“形式”二字都可以省略．

形式推理关系的定义，同合式公式的定义一样，是一个归纳定义，它说明凡由 **P** 的形式推理规则生成的 $\Gamma\vdash A$ 都是 **P** 中的形式推理关系，并且只有由 **P** 的形式推理规则生成的 $\Gamma\vdash A$ 是 **P** 中的形式推理关系．因此我们可以用数学归纳法来证明所有的形式推理关系都有某个性质． 当要证明 **P** 中所有形式推理关系都有某个性质时，我们只要证明下面的五点：

第一，任何 $A_1, \cdots, A_n$，由（$\in$）直接生成的形式推理关系 $A_1, \cdots, A_n\vdash A_i$ 都有这性质（$i = 1, \cdots, n$）．

第二，任何 A 和 B，由（$\rightarrow_-$）直接生成的形式推理关系 $A\rightarrow B, A\vdash B$ 都有这性质．

第三，任何 $\Gamma, A_1, \cdots, A_n, A$，如果形式推理关系 $\Gamma\vdash A_1, \cdots, \Gamma\vdash A_n$ 和 $A_1, \cdots, A_n\vdash A$ 都有这性质，那么由它们经应用（τ）而生成的形式推理关系 $\Gamma\vdash A$ 也有这性质．

第四，任何 Γ, A, B，如果形式推理关系 $\Gamma, \neg A\vdash B$ 和 $\Gamma, \neg A\vdash \neg B$ 都有这性质，那么由它们经应用（$\neg$）而生成的形式推理关系 $\Gamma\vdash A$ 也有这性质．

第五，任何 Γ, A, B，如果形式推理关系 $\Gamma, A\vdash B$ 有这性质，那么由它经应用（$\rightarrow_+$）而生成的形式推理关系 $\Gamma\vdash A\rightarrow B$ 也有这性质．

根据定义 11.1，**P** 中的任何形式推理关系 $\Gamma\vdash A$ 都有一个

形式证明

$$\Gamma_1 \vdash A_1, \cdots, \Gamma_n \vdash A_n$$

而且其中的 $\Gamma_n \vdash A_n$ 就是 $\Gamma \vdash A$. 根据以上的五点，显然 $\Gamma_1 \vdash A_1, \cdots, \Gamma_n \vdash A_n$ 都有所说的性质,因此 $\Gamma \vdash A$ 有这性质.

以后当我们用这个方法作出证明时，我们说证明是**施归纳于形式推理关系的结构**，这就是施归纳于形式推理关系的形式证明的结构. 或者简单地说证明用归纳法. 在这样的证明中，第一点和第二点的证明是基始;第三、四、五各点的证明是归纳. 基始是证由 **P** 的第一类形式推理规则所直接生成的形式推理关系都有这性质;归纳是证经过应用 **P** 的第二类形式推理规则而生成的形式推理关系都保持这性质.

下面我们继续证明 **P** 中一些重要的形式推理关系.

定理 11.2 **P**:

[1] $A, \neg A \vdash B$

[2] $\neg A \vdash A \to B$ （**否定前件律**）

[3] $A \vdash \neg A \to B$

[4] $\neg\neg A \vdash A$

[5] $A \vdash \neg\neg A$

[6] 如果 $\Gamma, A \vdash B, \neg B$,

则 $\Gamma \vdash \neg A$ （**归谬律**）

证[1]

(1) $A, \neg A, \neg B \vdash A$ $(\in)$

(2) $A, \neg A, \neg B \vdash \neg A$ $(\in)$

(3) $A, \neg A \vdash B$ (1)(2)$(\neg)$

证[2]和[3] 它们都由[1]根据$(\to_+)$得到[1].

证[4]

(1) $\neg\neg A, \neg A \vdash \neg A$ $(\in)$

(2) $\neg\neg A, \neg A \vdash \neg\neg A$ $(\in)$

---

1) 这里的[1]是指本定理11.2中的[1]. 如果是指别处的[1],就应当加以说明.

(3) $\neg\neg A \vdash A$ (1)(2)($\neg$)

证[5]

(1) $A, \neg\neg\neg A \vdash A$ ($\in$)

(2) $A, \neg\neg\neg A \vdash \neg\neg\neg A$ ($\in$)

(3) $\neg\neg\neg A \vdash \neg A$ [4]

(4) $A, \neg\neg\neg A \vdash \neg A$ (2)(3)(τ)

(5) $A \vdash \neg\neg A$ (1)(4)($\neg$)

证[6]

(1) $\Gamma, \neg\neg A \vdash \Gamma$ ($\in$)

(2) $\Gamma, \neg\neg A \vdash \neg\neg A$ ($\in$)

(3) $\neg\neg A \vdash A$ [4]

(4) $\Gamma, \neg\neg A \vdash A$ (2)(3)(τ)

(5) $\Gamma, A \vdash B$ 假设

(6) $\Gamma, A \vdash \neg B$ 假设

(7) $\Gamma, \neg\neg A \vdash B$ (1)(4)(5)(τ)

(8) $\Gamma, \neg\neg A \vdash \neg B$ (1)(4)(6)(τ)

(9) $\Gamma \vdash \neg A$ (7)(8)($\neg$)||

注意,在定理 11.2 的证明中,我们只用了($\in$),(τ)和($\neg$)三条推理规则.

我们以后在引用定理 11.2 中的推理关系时,把[4]记作"($\neg\neg_-$)",把[5]记作"($\neg\neg_+$)",把[6]即归谬律记作"($\neg_+$)".

归谬律($\neg_+$)和反证律($\neg$),它们看起来相象,但作用是不同的,这将在后面说明.

从上面作出的形式证明可以看出,任意给出了一个形式推理关系和一个形式证明,我们有算法(根据形式推理规则)来判定这个形式证明是否成为一个形式证明,以及它是不是所给的形式推理关系的形式证明.因此,形式证明使证明的概念得到精确化.

然而,从上面的形式证明也可以看出,形式证明写起来往往是比较长而令人厌烦的.我们在下面要介绍一种比较简单醒目的写法.先举一个例子,我们可以把关于定理 11.1[4] 即

$$A \to (B \to C), A \to B \vdash A \to C$$

的形式证明写成下面 5) 的形式:

$$
4)\left\{\begin{array}{llllll}
(1) & A \to (B \to C) & & & & \\
(2) & & A \to B & & & \\
(3) & & & A & & \\
(4) & & & A \to (B \to C) & & (1)(\in) \\
(5) & & & A \to B & & (2)(\in) \\
(6) & & & A & & (3)(\in) \\
(7) & & & B \to C & & (4)(6)(\to_-) \\
(8) & & & B & & (5)(6)(\to_-) \\
(9) & & & C & & (7)(8)(\to_-) \\
(10) & & A \to C & & & (9)(\to_+)
\end{array}\right.
$$

在 4) 中,我们先写下 $A \to (B \to C)$,然后在它的下面写下 $A \to B$, $A \to B$ 的左端比 $A \to (B \to C)$ 的左端要向右移一段明显的距离;又在 $A \to B$ 的下面,右移同样一段距离,写下 A;这样表示它们(即(1),(2),(3))都是形式前提.然后把(4)—(9)这六个公式依次写在(3)中公式 A 的下面,它们的左端都与(3)中 A 的左端对齐,这样表示 (4)—(9) 都是能由 (1),(2),(3) 三个公式推出的.推出(4)—(9)不一定都要用到这三个公式,例如推出(4)只要用到(1),但是我们说(4)能由(1),(2),(3)推出,总是对的.(4),(5),(6)就是分别把(1),(2),(3)作为推出的形式结论重写一遍.(7) 是由(4)和(6)根据$(\to_-)$推出的.因为由(1)—(3)能推出(4)和(6),故根据(τ),由(1)—(3)能推出(7).(8)和(9)有类似的情形.最后,写下(10)中的 $A \to C$ 时,它的左端比(9)中 C 的左端要左移一段距离,和前面右移的距离相同,使得 $A \to C$ 的左端与 (2) 中公式 $A \to B$ 的左端对齐,这样表示(10)可由(1)和(2)推出.在 4) 中,应用(τ)的步骤都自然地省掉了.

显然,把定理 11.1[4]的形式证明写成 4) 的形式,比前面写出的形式要简单醒目得多.而且,4) 这样的形式还可以进一步简化,

因为其中的(4)—(6)是重复的. 我们可以把4)简写为下面5)的形式:

5)

(1)	$A \to (B \to C)$	
(2)	$A \to B$	
(3)	A	
(4)	$B \to C$	(1)(3)($\to_-$)
(5)	B	(2)(3)($\to_-$)
(6)	C	(4)(5)($\to_-$)
(7)	$A \to C$	(6)($\to_+$)

在5)中,所有应用推理规则($\in$)和(τ)的步骤都省掉了,可是由5)我们却很容易写出所要的形式证明.

写成5)这种形式的形式证明可以说是比较直接地反映了数学中的证明的. 例如,我们可以把5)直接地翻译为数学中关于"如果 $A \to (B \to C)$ 和 $A \to B$, 则 $A \to C$"的证明如下:设 $A \to (B \to C)$ 和 $A \to B$, 再设 A, 那么,由 $A \to (B \to C)$ 和 A 可以推出 $B \to C$, 由 $A \to B$ 和 A 可以推出 B, 又由所推得的 $B \to C$ 和 B 可以推出 C;这样,在前提 $A \to (B \to C)$ 和 $A \to B$ 之下,再假设 A, 可以推出 C; 因此,由 $A \to (B \to C)$ 和 $A \to B$ 可以推出 $A \to C$.

按照上面5)的简单写法,我们可以把定理11.2[6](归谬律)的形式证明写成下面的形式:

(1)	Γ	
(2)	$\neg\neg A$	
(3)	A	(2)($\neg\neg_-$)
(4)	B	(1)(3)假设
(5)	$\neg B$	(1)(3)假设
(6)	$\neg A$	(4)(5)($\neg$)

我们不难把上面的形式证明翻译为数学中的证明.

一般地,上面所描述的关于形式证明的简明写法具有以下的形式:

$$
\begin{array}{lllll}
A_1 & & & & \\
 & A_2 & & & \\
 & & A_3 & & \\
 & & & A_4 & \\
 & & & B_{11} & \\
 & & & \vdots & \\
 & & & B_{1k} & \\
 & & B_{21} & & \\
 & & \vdots & & \\
 & & B_{2l} & & \\
 & B_{31} & & & \\
 & \vdots & & & \\
 & B_{3m} & & & \\
 & & A_5 & & \\
 & & & A_6 & \\
 & & & & A_7 \\
 & & & & C_1 \\
 & & & & \vdots \\
 & & & & C_n
\end{array}
$$

它表示下面的形式推理关系成立:

$$A_1, A_2, A_3, A_4 \vdash B_{11}, \cdots, B_{1k}$$

$$A_1, A_2, A_3 \vdash B_{21}, \cdots, B_{2l}$$

$$A_1, A_2 \vdash B_{31}, \cdots, B_{3m}$$

$$A_1, A_2, A_5, A_6, A_7 \vdash C_1, \cdots, C_n$$

形式证明的上述一般形式的写法如下. 先写下 A_1, 再在 A_1 的下面写下 A_2, A_2 的左端比 A_1 的左端向右移一段明显的距离;再依次在下面照样地写下 A_3, 又写下 A_4; 然后在 A_4 的下面依次写下 $B_{11}, \cdots, B_{1k}$. 这样, A_1, A_2, A_3, A_4 都是形式前提, $B_{11}, \cdots, B_{1k}$ 是由它们推出的形式结论. 在 $B_{11}, \cdots, B_{1k}$ 中,例如 B_{1k} 可以是由 B_{11} 和 B_{12} 推出的(假设 $k>2$),这样 B_{1k} 是 B_{11} 和 B_{12} 的形式结论,因而也是 A_1, A_2, A_3, A_4 的形式结论. 然后,在 B_{1k} 的下面,把公式的左端向左移一段距离,使得与 A_3 的左端对齐,依次写下 $B_{21}, \cdots, B_{2l}$,这表示它们都能由 A_1, A_2, A_3 推出.又在 B_{2l}的下面,把公式的左端再向左移一段距离,使得与 A_2 的左端对齐,依次写下 $B_{31}, \cdots, B_{3m}$,这表示它们都能由 A_1 和 A_2 推出.在 B_{3m} 的下面,把公式的左端又逐次向右移,依次写下 A_5, A_6, A_7,这表示它们是形式前提;然后在 A_7 的下面写下 $C_1, \cdots, C_n$,这表示 $C_1, \cdots, C_n$ 是由 A_1, A_2, A_5, A_6, A_7 推出的形式结论.

我们规定,在这样的写法中,每次左移之后(例如由 B_{1k} 左移至 B_{21},又由 B_{2l} 左移至 B_{31}),凡在右方的形式前提就不再起形式前提的作用了,例如 A_4 就不是 $B_{21}, \cdots, B_{2l}$ 的形式前提,又如 A_3 和 A_4 都不是 $B_{31}, \cdots, B_{3m}$ 的形式前提;但是,当在 B_{3m} 的下面依次写下 A_5, A_6, A_7 这些形式前提时,A_1 和 A_2 却仍是形式前提,而 A_3 和 A_4 都不再是形式前提,因此 $C_1, \cdots, C_n$ 的形式前提是 A_1, A_2, A_5, A_6, A_7.

这样写法的形式证明,由于把形式前提写成向右下方倾斜的形状,我们称之为斜形形式证明,简称为**斜形证明**. 我们以后就采用斜形证明的写法来写出形式证明. 在本书中当斜形证明转页时,可根据排印的情况来辨认哪些公式的左端对齐,和公式之间的左右位置关系.

但是,形式证明之可以写成斜形的,也就是说,可以用斜形证明来证明某一对 Γ 和 A 之间有形式推理关系,这一点是有待于证明的. 斜形证明这个概念本身还有待于定义. 我们将在本书下册末的附录(二)中定义斜形证明的概念,并证明它和原来的形式证明之间的等价关系. 因此斜形证明是一种直观而又严格的形式证明的写法. 它的直观性还对于寻找形式证明的途径很有帮助.

下面继续证明 **P** 中的推理关系.

定理 11.3　P:

[1] $A \to B, \neg B \vdash \neg A$

[2] $A \to B \vdash \neg B \to \neg A$ **（换位律）**

[3] $\neg A \to \neg B, B \vdash A$

[4] $\neg A \to \neg B \vdash B \to A$ **（换位律）**

[5] $A \to \neg B, B \vdash \neg A$

[6] $A \to \neg B \vdash B \to \neg A$ **（换位律）**

[7] $\neg A \to B, \neg B \vdash A$

[8] $\neg A \to B \vdash \neg B \to A$ **（换位律）**

证[1]

(1)	$A \to B$	
(2)	$\neg B$	
(3)	A	
(4)	B	(1)(3)($\to_-$)
(5)	$\neg A$	(4)(2)($\neg$)

由 [1] 使用 ($\to_+$) 就得到[2]. 其余的 [3]—[8] 的证明都同[1],[2]的证明类似. ‖

定理 11.3 中的[2],[4],[6],[8]称为换位律,为了引用时的方便,把定理 11.3 中的各个推理关系都称为换位律,并记作"(tr)".

定理 11.4　P:

[1] $\neg A \to A \vdash A$

[2] $A \to \neg A \vdash \neg A$

[3] $A \to B, A \to \neg B \vdash \neg A$

[4] $A \to B, \neg A \to B \vdash B$

[5] $\neg(A \to B) \vdash A$

[6] $\neg(A \to B) \vdash \neg B$

我们选证[1],[3]和[5],其余的证明留给读者.

证[1]

(1)	$\neg A \to A$	
(2)	$\neg A$	
(3)	A	(1)(2)($\to_-$)
(4)	A	(3)(2)($\neg$)

证[3] (1) $A \to B$

(2) $A \to \neg B$

(3) A

(4) B (1)(3)($\to_-$)

(5) $\neg B$ (2)(3)($\to_-$)

(6) $\neg A$ (4)(5)($\neg_+$)

证[5] (1) $\neg(A \to B)$

(2) $\neg A$

(3) $A \to B$ (2)否定前件律

(4) A (3)(1)($\neg$) ||

前面讲过,有算法判定一个形式证明是否成为形式证明,但是寻求形式推理关系的形式证明,并没有确定的方法,只能有大概的考虑. 例如 **P** 中的形式证明, 如果形式结论是 A, 就可以考虑在原有的形式前提后面加上 $\neg A$, 然后设法由此而推出互相矛盾的合式公式. 如果形式结论是 $\neg A$, 就考虑在原有的形式前提后面加上 A, 然后设法由此推出互相矛盾的合式公式. 如果形式结论是一个蕴涵式 $A \to B$, 就可以在原有的形式前提后面加上 A, 然后设法由此而推出 B. 这些当然都是一般的考虑. 当形式结论是 $A \to B$ 时,也可以在原有的形式前提后面加上 $\neg(A \to B)$, 看是否能由此推出互相矛盾的合式公式.

第二类的形式推理规则(在 **P** 中是(τ), ($\neg$)和($\to_+$)三条), 按照数理逻辑文献中的习惯,可以写成以下的形式:

(τ) $$\frac{\Gamma \vdash \Delta \quad \Delta \vdash A}{\Gamma \vdash A}$$

($\neg$) $$\frac{\Gamma, \neg A \vdash B, \neg B}{\Gamma \vdash A}$$

($\to_+$) $$\frac{\Gamma, A \vdash B}{\Gamma \vdash A \to B}$$

其中横线上面的是已有的形式推理关系, 横线下面的是由已有的形式推理关系应用这些规则而生成的形式推理关系．把第二类的形式推理规则写成这种带横线的形式，有它的方便之处，但是我们并不规定采用哪一种写法．

可以证明：如果 $\vdash A$，则任何 Γ，$\Gamma \vdash A$（见本节末的习题 11.13）．反过来，如果任何 Γ，$\Gamma \vdash A$，则显然 $\vdash A$，因为空序列也是合式公式的有穷序列．因此我们有下面的定理．

定理 11.5 在 **P** 中，任何 Γ，$\Gamma \vdash A$，当且仅当，$\vdash A$．||

定义 11.2 **（重言式）** A 是 **P** 中的**重言式**，当且仅当，**P**：任何 Γ，$\Gamma \vdash A$；或者，A 是 **P** 中的**重言式**，当且仅当，**P**：$\vdash A$．

由前面的形式定理容易看出，下面的合式公式都是 **P** 中的重言式：

$$A \to A$$

$$A \to (B \to A)$$

$$\neg\neg A \to A$$

$$A \to B \cdot \to \cdot (B \to C) \to (A \to C)$$

$$A \to (B \to C) \cdot \to \cdot (A \to B) \to (A \to C)$$

$$\neg A \to (A \to B)$$

$$A \to B \cdot \to \cdot \neg B \to \neg A$$

$$A \to B \cdot \to \cdot (A \to \neg B) \to \neg A$$

$$A \to B \cdot \to \cdot (\neg A \to B) \to B$$

我们证明其中的两个作为例子．

证 $A \to B \cdot \to \cdot (B \to C) \to (A \to C)$ 是重言式：

(1)	$A \to B$	
(2)	$B \to C$	
(3)	A	
(4)	B	(1)(3)($\to_-$)
(5)	C	(2)(4)($\to_-$)
(6)	$A \to C$	(5)($\to_+$)
(7)	$(B \to C) \to (A \to C)$	(6)($\to_+$)
(8)	$A \to B \cdot \to \cdot (B \to C) \to (A \to C)$	(7)($\to_+$) ||

证 $A \to B \cdot \to \cdot (\neg A \to B) \to B$ 是重言式:

(1)	$A \to B$	
(2)	$\neg A \to B$	
(3)	$\neg B$	
(4)	$\neg A$	(1)(3)(tr)
(5)	A	(2)(3)(tr)
(6)	B	(5)(4)($\neg$)
(7)	$(\neg A \to B) \to B$	(6)($\to_+$)
(8)	$A \to B \cdot \to \cdot (\neg A \to B) \to B$	(7)($\to_+$) ‖

我们注意,在上面的两个证明中,最后一步的合式公式:

$$A \to B \cdot \to \cdot (B \to C) \to (A \to C)$$

$$A \to B \cdot \to \cdot (\neg A \to B) \to B$$

它们的左端在证明中的位置都比最靠左的形式前提的左端还要左移一段距离,因此它们的左端都不与任何形式前提的左端上下对齐,这表示它们是能从空前提(即不要任何形式前提)推出的.

在本书所要构造的各个逻辑演算中,定理 11.5 都是成立的,重言式也都是象定义 11.2 中那样定义的. 重言式是一类在技术上有特殊重要意义的合式公式,这将在以后各章中阐明.

由于 **P** 的形式推理规则直接而自然地反映了演绎推理规则,**P** 的形式推理关系直接而自然地反映了演绎推理关系,**P** 中的形式证明直接而自然地反映了演绎推理中的证明,所以我们称 **P** 为**自然推理系统**.

我们在本章中所要构造的一系列逻辑演算都具有上面所说的特点,所以都是逻辑演算的自然推理系统. 逻辑演算可以用别种形式系统来构造,那就是逻辑演算的重言式系统. 我们将在第三章中专门研究重言式系统以及它与自然推理系统的关系.

如果把 **P** 的推理规则($\to_-$)改为

$$[\to_-] \qquad \frac{\Gamma \vdash A \to B,\ A}{\Gamma \vdash B}$$

那么 (τ) 就可以省略. 令 $\mathbf{P}_0$ 是由 **P** 把($\to_-$)改为 [$\to_-$] 并省

略 (τ) 而得的命题逻辑，可以证明 **P** 和 $\mathbf{P}_0$ 有相同的推理关系(即下面的定理 11.6). 我们说 **P** 和 $\mathbf{P}_0$ 是等价的.

定理 11.6 $\mathbf{P}$: $\Gamma \vdash A$，当且仅当，$\mathbf{P}_0$: $\Gamma \vdash A$. ||

$\mathbf{P}_0$ 的特点是没有 (τ). 本章中所要构造的逻辑演算都包含 (τ)，也都可以仿照上面的由 **P** 构造 $\mathbf{P}_0$ 的方法构造等价的不包含 (τ) 的逻辑演算. 这种不包含 (τ) 的逻辑演算在第三章 §34 (见下册)中讨论逻辑演算的自然推理系统和重言式系统之间的关系时用起来比较方便.

P 是一个包含否定词和蕴涵词这两个连接词的命题逻辑. **P** 所包含的五条推理规则中，($\in$) 和 (τ) 是我们将要构造的各个逻辑演算中都有的，($\rightarrow_-$)和 ($\rightarrow_+$) 是我们将要构造的各个包含蕴涵词的逻辑演算中都有的;因此，这四条都是一般性的推理规则. 此外，这四条形式推理规则所反映的演绎推理中的规则，在数学基础和数理逻辑的发展中，都是没有争议的. 可是，**P** 中涉及否定词的 ($\neg$) 这一条推理规则就不同了. 反证律 ($\neg$) 是反映演绎推理中的反证法的. 现在西方国家有一种称为直觉主义的数学基础学思潮. 直觉主义者否认反证法可以无条件地作为一种演绎推理的方法，作为一种证明数学定理的方法而予以采用. 他们认为，象反证法这样的推理规则是太强了，这样的推理规则是不能无条件地使用的. 因之，由数理逻辑学者海丁[1]开始，另外构造起各种不同的逻辑演算，这些逻辑演算都可以看作是把反证律(或者象反证律这样的形式推理规则) 减弱而得. 由于不同的学者对于应当把反证律减弱到什么程度持有不同的看法，因之构造了强弱程度不同的逻辑演算. 从此，在数理逻辑文献中，把包含象($\neg$)这样规则的，承认反证律的逻辑演算称为**古典逻辑演算**，如**古典命题逻辑**，**古典谓词逻辑**等. 其他较弱的，反证律在其中不一般成立的逻辑演算则称为**非古典逻辑演算**.

本书并不讨论数学基础学的问题. 本书中也并不着重研究非

1) A. Heyting.

古典逻辑演算，只是介绍几个有关的非古典逻辑演算．我们要介绍的非古典系统有两种，一种是**海丁系统**，另一种是**极小系统**．在构造了某一逻辑演算之后，我们在它的名字右下角分别以“H”和“M”为添标，用以表示与这个系统相应的海丁系统和极小系统[1]．例如，$\mathbf{P}_H$ 和 $\mathbf{P}_M$ 就分别是与 $\mathbf{P}$ 相应的海丁系统和极小系统．下面我们来构造 $\mathbf{P}_H$ 和 $\mathbf{P}_M$．

在 $\mathbf{P}$ 中我们证明了($\neg_+$)和($\neg\neg_-$)两条推理规则：

($\neg_+$) $$\frac{\Gamma, A \vdash B, \neg B}{\Gamma \vdash \neg A}$$

($\neg\neg_-$) $$\neg\neg A \vdash A$$

其中的($\neg_+$)即归谬律与($\neg$)有些相似．它反映通常推理中的归谬法，但它比($\neg$)弱．如果在 $\mathbf{P}$ 的推理规则中把($\neg$)换为($\neg_+$)，就不能证明($\neg$)（这是独立性问题，将在第四章中研究）．但如果再加上($\neg\neg_-$)，就能证明($\neg$)了．设 $\mathbf{P}_1$ 是由 $\mathbf{P}$ 把($\neg$)换为($\neg_+$)和($\neg\neg_-$)而得，则 $\mathbf{P}$ 与 $\mathbf{P}_1$ 是等价的．$\mathbf{P}_1$ 是 $\mathbf{P}$ 的另一种构造形式．

由 $\mathbf{P}$ 把($\neg$)改为($\neg_+$)，或者由 $\mathbf{P}_1$ 去掉($\neg\neg_-$)，就得到极小系统 $\mathbf{P}_M$．由 $\mathbf{P}_1$ 把($\neg\neg_-$)改为

$$A, \neg A \vdash B$$

或者由 $\mathbf{P}_M$ 加上这条推理规则，就得到海丁系统 $\mathbf{P}_H$．显然，在这些逻辑演算中，$\mathbf{P}$（也就是 $\mathbf{P}_1$）最强，其次是 $\mathbf{P}_H$，而 $\mathbf{P}_M$ 最弱．这就是说，有

$$\mathbf{P}_M: \Gamma \vdash A \Longrightarrow \mathbf{P}_H: \Gamma \vdash A$$

$$\mathbf{P}_H: \Gamma \vdash A \Longrightarrow \mathbf{P}: \Gamma \vdash A$$

它们的区别，可以看出，都是在于对关于否定词的推理规则($\neg$)的减弱程度的不同．它们都有各种不同的等价形式．下面我们再各举一个与 $\mathbf{P}$, $\mathbf{P}_H$, $\mathbf{P}_M$ 等价的系统，其中各有两条关于否定词的推理规则，我们把各系统的两条推理规则列举如下，以便对照：

---

1) “H”是“Heyting”（海丁）的第一个字母，“M”是“minimus”（极小）的第一个字母．

$\mathbb{P}$	$\mathbb{P}_H$	$\mathbb{P}_M$
$\neg A\to A\vdash A$	$A\to\neg A\vdash\neg A$	$A\to\neg A\vdash\neg A$
$A,\ \neg A\vdash B$	$A,\neg A\vdash B$	$A,\ \neg A\vdash\neg B$

在上节和本节中,我们对于$\mathbb{P}$作了比较详细的讲述和讨论.以后构造别的逻辑演算时,类似的内容将讲得比较简略,或者完全留给读者去陈述和说明.

习　　题

11.1　证明 $\mathbb{P}$ 中的以下推理关系(用两种方式写出证明):

[1]　$A\to(A\to B)\vdash A\to B$

[2]　$(A\to B)\to C\vdash B\to C$

[3]　$A\vdash(A\to B)\to(C\to B)$

[4]　$(A\to B)\to B\blacksquare\to C\vdash A\to C$

[5]　$A\to(B\to C)\vdash A\to\blacksquare(C\to A_1)\to(B\to A_1)$

[6]　$A\to(B\to C),C\to A_1\vdash A\to(B\to A_1)$

[7]　$(A\to B)\to(B\to A)\vdash B\to A$

11.2　证明 $\mathbb{P}$ 中的以下推理关系(用两种方式写出证明):

[1]　$A\to\neg(B\to B)\vdash\neg A$

[2]　$\neg B\to(A\to C),B\to\neg A,\ C\to\neg A_1\vdash A_1\to\neg A$

[3]　$\neg B\to A,\ C\to(B\to\neg A_1),\ \neg(A_1\to A)\vdash\neg(\neg A\to C)$

[4]　$(A\to\neg A)\to B\vdash(A\to B)\to B$

[5]　$(A\to B)\to B\vdash(B\to A)\to A$

[6]　$(A\to B)\to C\vdash(A\to C)\to C$

11.3　证明 $\mathbb{P}$ 中的以下推理关系:

[1]　$C\to\blacksquare B\to(\neg A\to A_1),\ (B\to\neg C)\to A\vdash\neg A\to A_1$

[2]　$A\to\blacksquare\neg B\to(\neg A_1\to C),\ B\to\neg A,\ C\to\neg A\vdash A\to A_1$

[3]　$C\to\blacksquare\neg A\to(\neg A_1\to A),\ B\to A,\ \neg B\to C\vdash\neg A\to A_1$

[4]　$\neg[\neg(A\to\neg B)\to\neg C]\vdash A\to\neg(B\to\neg C)$

[5]　$\neg[\neg(A\to\neg B)\to\neg C]\vdash\neg[A\to(B\to\neg C)]$

[6]　$\neg A_1\to A_2,\ \ A_2\to(\neg A_3\to A_1),\ \ \neg\ (\neg B_2\to B_3)\to B_1,\ \ B_2\to B_1,$
$A_3\to\neg B_1\vdash(B_3\to A_1)\to A_1$

[7]　$A_2\to\blacksquare\neg A_1\to(A_4\to\neg A_3),\ \neg A_3\to A_1,\ B_1\to\neg B_2,\ B_3\to B_1,(B_2\to$
$\neg B_3)\to(\neg A_1\to A_2)\vdash A_4\to A_1$

[8] $B \to (\neg A \to C)$, $C \to \neg C_1$, $A \to \neg B$, $B_1 \to A_1$, $\neg B_1 \to B_1 \neg C_1 \to (\neg A \to B_1) \vdash A_1$

[9] $\neg(\neg A_1 \to \neg A) \to (\neg B \to \neg C)$, $A \to C \vdash \neg(A \to B) \to A_1$

[10] $(A \to B) \to C \vdash (C \to A) \to (A_1 \to A)$

11.4 设 P_1 是由 P 把$(\neg)$改为$(\neg_+)$和$(\neg\neg_-)$而得. 证明 P 与 P_1 等价.

11.5 设 P_2 是由 P 把$(\neg)$改为$(\neg\neg_-)$,$(\neg\neg_+)$和

$$A \to B,\ \neg B \vdash \neg A$$

三条而得. 证明 P 与 P_2 等价。

11.6 设 P_3 是由 P 把$(\neg)$改为$(\neg\neg_+)$和

$$\neg A \to B,\ \neg B \vdash A$$

两条而得. 证明 P 与 P_3 等价.

11.7 设 P_4 是由 P 把$(\neg)$改为$(\neg\neg_-)$和

$$A \to \neg A \vdash \neg A$$

$$A,\ \neg A \vdash B$$

三条而得. 证明 P 与 P_4 等价.

11.8 设 P_5 是由 P 把$(\neg)$改为

$$\neg A \to A \vdash A$$

$$A,\ \neg A \vdash B$$

两条而得. 证明 P 与 P_5 等价.

11.9 设 P_6 是由 P 把$(\neg)$改为

$$A,\ \neg A \vdash B$$

如果 $\Gamma, A \vdash B$

$\Gamma, \neg A \vdash B$

则 $\Gamma \vdash B$

两条而得. 证明 P 与 P_6 等价.

11.10 设 P_{H_1} 是由 P_H 把$(\neg_+)$改为

$$A \to \neg A \vdash \neg A$$

而得. 证明 P_H 与 P_{H_1} 等价.

11.11 设 P_{M_1} 是由 P_M 把$(\neg_+)$改为

$$A \to \neg A \vdash \neg A$$

$$A, \neg A \vdash \neg B$$

两条而得. 证明 P_M 与 P_{M_1} 等价.

11.12 证明在 P 中如果 $\Gamma\vdash A$, 则 $\Gamma, \Delta\vdash A$(特别要考虑 Γ 是空序列的情形,这时就是要证: 如果 $\vdash A$, 则 $\Delta\vdash A$).

11.13 证明 P 与 P_0 等价(定理 11.6).

§12 命题逻辑 P*

P 的形式符号中有两个命题连接词: 否定词¬和蕴涵词→. 本节中我们要构造另一个命题逻辑 P*. P* 的形式符号比 P 的多三个命题连接词,即合取词∧,析取词∨和等值词↔. 因此,P* 的形式符号包括五个命题连接词 ¬,→,∧,∨ 和↔,一个无穷序列的命题词,以及左括号[和右括号].

P* 中的命题词也都是命题变元.

"P*" 可以读如"P 星".

P* 有以下三条**形成规则**:

12(i) 单独一个命题词是合式公式.

12(ii) 如果X是合式公式,则¬X 是合式公式.

12(iii) 如果X和Y是合式公式,则 [X∧Y], [X∨Y], [X→Y], [X↔Y] 是合式公式.

象在 P 中一样,我们根据 P* 的形成规则定义 P* 的合式公式;并且,也象在 P 中一样,我们可以陈述在 P* 的合式公式中命题连接词的辖域的定义, P* 中合式公式的结构方面的性质,以及判定 P* 中公式是不是合式公式的算法. 所有这些的陈述和证明,都留给读者.

为了把 P* 的合式公式写得简单醒目,我们仍采用在§10中所规定的使用点号,使用不同形状的括号,以及省略括号等方法. 此外,我们还把 P* 中的五个命题连接词按下面的次序

$$\neg, \wedge, \vee, \rightarrow, \leftrightarrow$$

规定其中左方的命题连接词比右方的有更强的连接力,所谓有更强的连接力,就相当于先乘除后加减中的"先". 于是可以有下面那样的省略写法:

把 $(A\wedge B)\vee C$ 写作 $A\wedge B\vee C$;

把 $A\to(B\vee C)$ 写作 $A\to B\vee C$;

把 $[(A\wedge B)\to(B\vee C)]\leftrightarrow[(A\to\neg B)\wedge\neg(A\vee B)]$ 写作 $A\wedge B\to B\vee C\leftrightarrow(A\to\neg B)\wedge\neg(A\vee B)$.

P* 有以下的十一条**形式推理规则**:

($\in$) $A_1,\cdots,A_n\vdash A_i\ (i=1,\cdots,n)$

(τ) 如果 $\Gamma\vdash\Delta\vdash A$ (Δ 不空)

则 $\Gamma\vdash A$

($\neg$) 如果 $\Gamma,\neg A\vdash B,\neg B$

则 $\Gamma\vdash A$

($\wedge_-$) $A\wedge B\vdash A,B$

($\wedge_+$) $A,B\vdash A\wedge B$

($\vee_-$) 如果 $A\vdash C$

$B\vdash C$

则 $A\vee B\vdash C$

($\vee_+$) $A\vdash A\vee B,B\vee A$

($\to_-$) $A\to B,A\vdash B$

($\to_+$) 如果 $\Gamma,A\vdash B$

则 $\Gamma\vdash A\to B$

($\leftrightarrow_-$) $A\leftrightarrow B,A\vdash B$

$A\leftrightarrow B,B\vdash A$

($\leftrightarrow_+$) 如果 $\Gamma,A\vdash B$

$\Gamma,B\vdash A$

则 $\Gamma\vdash A\leftrightarrow B$

这些推理规则中的 ($\in$), (τ), ($\neg$), ($\to_-$) 和 ($\to_+$) 五条与 **P** 中相应的推理规则有相同的形式,名称和记号,但由于 **P*** 比 **P** 包括更多的符号和合式公式,所以这些推理规则各自比 **P** 中同名的推理规则包括更多的内容. 例如 ($\to_-$),在 **P** 和 **P*** 中写出来都有下面的形式:

$$A\to B,A\vdash B$$

但是根据它,在 **P** 中有

$$p \to (q \to r),\ p \vdash q \to r$$

这在 $\mathbf{P}^*$ 中也是成立的;而在 $\mathbf{P}^*$ 中还可以有

$$p \to (q \wedge r),\ p \vdash q \wedge r$$

这在 $\mathbf{P}$ 中却是没有的,因为 $\mathbf{P}$ 中没有 $\wedge$ 这个符号,因而没有 $q \wedge r$ 这样的合式公式.

凡有相同形式的推理规则以及有相同形式的推理关系，它们应当随着所属的逻辑演算有怎样的符号而包括尽可能多的内容.

关于 $(\wedge_-)$,$(\wedge_+)$,$(\vee_-)$,$(\vee_+)$,$(\leftrightarrow_-)$ 和 $(\leftrightarrow_+)$ 这六条新的推理规则的涵义,我们作以下的说明.

$(\wedge_-)$称为**合取词消去律**,$(\wedge_+)$称为**合取词引入律**. 这两条推理规则的涵义是清楚的.

$(\vee_-)$称为**析取词消去律**,它反映演绎推理中分情形证明的规则: 如果由 A 能推出 C, 由 B 也能推出 C, 则由"A 或 B"能推出 C. 例如,假设在平面几何中已经证明了下面的两个定理:

1) 等腰三角形的底角相等.

2) 如果三角形中两边不等,则所对的角不等,大边对大角.

现在要证明

3) 如果三角形中两角不等,则所对的边不等,大角对大边.

我们令三角形 PQR 中角 P, Q, R 所对的边分别是 p, q, r. 那么3)就是"如果角 P 大于 Q,则 p 大于 q". 为了证 3), 只要证"如果 p 不大于 q,则角 P 不大于 Q", 而这就是要证"如果 p 等于 q 或者 p 小于 q, 则角 P 不大于 Q",也就是要证.

4) 由"p 等于 q 或者 p 小于 q"能推出"角 P 不大于 Q".

下面我们来证明 4). 显然,由 1) 和 2) 分别可以证明 5) 和 6):

5) 由"p 等于 q"能推出"角 P 不大于 Q".

6) 由"p 小于 q"能推出"角 P 不大于 Q".

于是,由 5) 和 6), 根据分情形证明的规则,就证明了 4).

$(\vee_+)$称为**析取词引入律**, 它反映演绎推理中这样的规则:由 A 能推出它和任何命题 B 所构成的命题"A 或 B"和"B 或 A".

$(\leftrightarrow_-)$ 称为**等值词消去律**, 它反映演绎推理中这样的规则:

由两个等价的命题中的任何一个能推出另一个命题.

($\leftrightarrow_+$) 称为**等值词引入律**，它反映演绎推理中这样的规则：如果在一定的前提（相当于 Γ）下，加进两个命题中的任何一个作为前提，就能推出另一个作为结论（相当于 $\Gamma, A \vdash B$ 和 $\Gamma, B \vdash A$），那么在原来的前提下，这两个命题是等价的.

P^* 的形式推理规则也同 P 的形式推理规则一样，可以分为两类. 第一类包括 ($\in$), ($\wedge_-$), ($\wedge_+$), ($\vee_+$), ($\rightarrow_-$), ($\leftrightarrow_-$) 六条，它们都直接生成 P^* 中的形式推理关系. 第二类包括 (τ), ($\neg$), ($\vee_-$), ($\rightarrow_+$), ($\leftrightarrow_+$) 五条，应用它们能由已经生成的形式推理关系生成新的形式推理关系.

P^* 中的形式推理关系也是根据形式推理规则定义的，情况和 P 中的相同，我们不再陈述.

我们令

$$\Gamma \vdash\dashv \Delta =_{df} \Gamma \vdash \Delta \text{ 并且 } \Delta \vdash \Gamma$$

当 $A \vdash\dashv B$ 成立时，A 和 B 称为**等值公式**，或者说 A 和 B 是（形式地）等值的.

定理 12.1 在 P^* 中，如果 $\Gamma, A \vdash C$ 并且 $\Gamma, B \vdash C$，则 $\Gamma, A \vee B \vdash C$.

证 如果 Γ 是空序列，则本定理就是 ($\vee_-$)；否则，令 $\Gamma = A_1, \cdots, A_n$，定理可以证明如下：

(1)	$A_1, \cdots, A_n, A \vdash C$	假设
(2)	$A, A_1, \cdots, A_n \vdash C$	由(1)
(3)	$A \vdash A_1 \rightarrow (A_2 \rightarrow (\cdots(A_n \rightarrow C)\cdots))$	(2)多次使用 ($\rightarrow_+$)
(4)	$B \vdash A_1 \rightarrow (A_2 \rightarrow (\cdots(A_n \rightarrow C)\cdots))$	同(3)
(5)	$A \vee B \vdash A_1 \rightarrow (A_2 \rightarrow (\cdots(A_n \rightarrow C)\cdots))$	(3)(4)($\vee_-$)
(6)	$A \vee B, A_1 \vdash A_2 \rightarrow (\cdots(A_n \rightarrow C)\cdots)$	(5)($\in$)($\rightarrow_-$)(τ)
(7)	$A \vee B, A_1, \cdots, A_n \vdash C$	同(6)
(8)	$A_1, \cdots, A_n, A \vee B \vdash C$	由(7) ‖

定理 12.1 包括($\vee_-$)作为特例. 在形式证明中经常要用到的是定理 12.1 而不是($\vee_-$). 因此当不需要指明它们的区别时，我们也称定理 12.1 为析取词消去律,并记作“($\vee_-$)”.

定理 12.2 P^*:

[1] $A \wedge A \vdash\dashv A$

[2] $A \wedge B \vdash\dashv B \wedge A$ （**合取词交换律**）

[3] $(A \wedge B) \wedge C \vdash\dashv A \wedge (B \wedge C)$ （**合取词结合律**）

[4] $A \wedge B \vdash\dashv \neg(A \to \neg B)$

[5] $\neg(A \wedge B) \vdash\dashv A \to \neg B$

[6] $A \to B \vdash\dashv \neg(A \wedge \neg B)$

[7] $\neg(A \to B) \vdash\dashv A \wedge \neg B$

[8] $\vdash \neg(A \wedge \neg A)$ （**无矛盾律**）

我们选证 [3], [4], [6] 和 [8].

证[3] 先证从左到右部分:

(1)	$(A \wedge B) \wedge C$	
(2)	$A \wedge B$	(1)($\wedge_-$)
(3)	A	(2)($\wedge_-$)
(4)	B	同上
(5)	C	(1)($\wedge_-$)
(6)	$B \wedge C$	(4)(5)($\wedge_+$)
(7)	$A \wedge (B \wedge C)$	(3)(6)($\wedge_+$)

[3]的从右到左部分,证明是类似的.

证[4] 先证从左到右部分:

(1)	$A \wedge B$	
(2)	$A \to \neg B$	
(3)	A	(1)($\wedge_-$)
(4)	B	同上
(5)	$\neg B$	(2)(3)($\to_-$)
(6)	$\neg(A \to \neg B)$	(4)(5)($\neg_+$)

其次证从右到左部分.

(7) $\neg(A\to\neg B)$

(8) A (7)定理 11.4[5]

(9) $\neg\neg B$ (7)定理 11.4[6]

(10) B (9)($\neg\neg_-$)

(11) $A\wedge B$ (8)(9)($\wedge_+$)

证[6] 先证从左到右部分:

(1) $A\to B$

(2) $A\wedge\neg B$

(3) A (2)($\wedge_-$)

(4) $\neg B$ (2)($\wedge_-$)

(5) B (1)(3)($\to_-$)

(6) $\neg(A\wedge\neg B)$ (5)(4)($\neg_+$)

其次证从右到左部分:

(7) $\neg(A\wedge\neg B)$

(8) A

(9) $\neg B$

(10) $A\wedge\neg B$ (8)(9)($\wedge_+$)

(11) B (10)(7)($\neg$)

(12) $A\to B$ (11)($\to_+$)

证[8] (1) $A\wedge\neg A$

(2) A (1)$\wedge_-$)

(3) $\neg A$ (1)($\wedge_-$)

(4) $\neg(A\wedge\neg A)$ (2)(3)($\neg_+$) ||

当根据($\vee_-$)证明

$$\Gamma, A\vee B\vdash C$$

时,可以把斜形证明写成下面的形式:

(1) Γ

(2) A

(3) C (1)(2)假设

(4) B

(5) C (1)(4)假设

(6) $A \vee B$

(7) C (3)(5)($\vee_-$)

定理 12.3 P*:

[1] $A \vee A \vdash\dashv A$

[2] $A \vee B \vdash\dashv B \vee A$ (**析取词交换律**)

[3] $(A \vee B) \vee C \vdash\dashv A \vee (B \vee C)$ (**析取词结合律**)

[4] $A \vee B \vdash\dashv \neg A \rightarrow B$

[5] $A \rightarrow B \vdash\dashv \neg A \vee B$

[6] $\vdash A \vee \neg A$ (**排中律**)

我们选证[2],[4]和[6].

证[2] 先证从左到右部分:

(1) A

(2) $B \vee A$ (1)($\vee_+$)

(3) B

(4) $B \vee A$ (3)($\vee_+$)

(5) $A \vee B$

(6) $B \vee A$ (2)(4)($\vee_-$)

[2]的从右到左部分,证明是类似的.

证[4] 先证从左到右部分:

(1) A

(2) $\neg A \rightarrow B$ (1)定理 11.2[3]

(3) B

(4) $\neg A \rightarrow B$ (3)肯定后件律

(5) $A \vee B$

(6) $\neg A \rightarrow B$ (2)(4)($\vee_-$)

其次证从右到左部分:

(7) $\neg A \rightarrow B$

(8) $\neg(A \vee B)$

(9) $\neg A$

(10) B (7)(9)($\rightarrow_-$)

(11) $A \vee B$ (10)($\vee_+$)

(12) A (11)(8)($\neg$)

(13) $A \vee B$ (12)($\vee_+$)

(14) $A \vee B$ (13)(8)($\neg$)

证[6]

(1) $\neg(A \vee \neg A)$

(2) A

(3) $A \vee \neg A$ (2)($\vee_+$)

(4) $\neg A$ (3)(1)($\neg_+$)

(5) $A \vee \neg A$ (4)($\vee_+$)

(6) $A \vee \neg A$ (5)(1)($\neg$) ||

根据合取词结合律(定理 12.2[3]);在合式公式

$$A_1 \wedge \cdots \wedge A_n$$

中,无论怎样规定这些合取词的先后使用的次序(即无论怎样规定它们的连接力的强弱),所得到的合式公式都是等值的. 因此这个合式公式中的括号可以全部省略不写. 又根据合取词交换律(定理 12.2[2]),任意调换 $A_1 \wedge \cdots \wedge A_n$ 中 $A_1, \cdots, A_n$ 的次序而得的公式,都是与原公式等值的.

析取词也满足结合律和交换律(定理 12.3[3]和 [2]),故也有上述情形.

定理 12.4 P*:

[1] $\neg(A \wedge B) \vdash\dashv \neg A \vee \neg B$ } (**德·摩尔根**[1]**律**)

[2] $\neg(A \vee B) \vdash\dashv \neg A \wedge \neg B$ }

[3] $A \vee (B \wedge C) \vdash\dashv (A \vee B) \wedge (A \vee C)$ } (**$\vee$对于$\wedge$的分配律**)

[4] $(A \wedge B) \vee C \vdash\dashv (A \vee C) \wedge (B \vee C)$ }

---

1) A. DeMorgen.

[5] $A\wedge(B\vee C)\vdash\dashv(A\wedge B)\vee(A\wedge C)$ } ($\wedge$ 对于 $\vee$

[6] $(A\forall B)\wedge C\vdash\dashv(A\wedge C)\vee(B\wedge C)$ } 的分配律)

[7] $A\rightarrow B\wedge C\vdash\dashv(A\rightarrow B)\wedge(A\rightarrow C)$ （$\rightarrow$对于$\wedge$的左分配律）

[8] $A\rightarrow B\vee C\vdash\dashv(A\rightarrow B)\vee(A\rightarrow C)$ （$\rightarrow$对于$\vee$的左分配律）

[9] $A\wedge B\rightarrow C\vdash\dashv(A\rightarrow C)\vee(B\rightarrow C)$

[10] $A\vee B\rightarrow C\vdash\dashv(A\rightarrow C)\wedge(B\rightarrow C)$

我们选证[1]，[3]，[7]和[9].

证[1] [1]可由定理 12.2[5]和定理 12.3[5]得到.

证[3] 先证从左到右部分:

(1)	$A\vee(B\wedge C)$	
(2)	$\neg A\rightarrow B\wedge C$	(1)定理 12.3[4]
(3)	$\quad\neg A$	
(4)	$\quad B\wedge C$	(2)(3)($\rightarrow_-$)
(5)	$\quad B$	(4)($\wedge_-$)
(6)	$\neg A\rightarrow B$	(5)($\rightarrow_+$)
(7)	$A\vee B$	(6)定理 12.3[4]
(8)	$A\vee C$	同(7)
(9)	$(A\vee B)\wedge(A\vee C)$	(7)(8)($\wedge_+$)

其次证从右到左部分:

(10)	$(A\vee B)\wedge(A\vee C)$	
(11)	$\quad\neg A$	
(12)	$\quad A\vee B$	(10)($\wedge_-$)
(13)	$\quad\neg A\rightarrow B$	(12)定理 12.3[4]
(14)	$\quad B$	(13)(12)($\rightarrow_-$)
(15)	$\quad C$	同(14)
(16)	$\quad B\wedge C$	(14)(15)($\wedge_+$)
(17)	$\neg A\rightarrow B\wedge C$	(16)($\rightarrow_+$)
(18)	$A\vee(B\wedge C)$	(17)定理 12.3[4]

证[7] 先证从左到右部分:

(1)	$A \to B \wedge C$	
(2)	A	
(3)	$B \wedge C$	(1)(2)($\to_-$)
(4)	B	(3)($\wedge_-$)
(5)	$A \to B$	(4)($\to_+$)
(6)	$A \to C$	同(5)
(7)	$(A \to B) \wedge (A \to C)$	(5)(6)($\wedge_+$)

其次证从右到左部分:

(8)	$(A \to B) \wedge (A \to C)$	
(9)	A	
(10)	$A \to B$	(8)($\wedge_-$)
(11)	B	(10)(9)($\to_-$)
(12)	C	同(11)
(13)	$B \wedge C$	(11)(12)($\wedge_+$)
(14)	$A \to B \wedge C$	(13)($\to_+$)

证[9] 先证从左到右部分:

(1)	$A \wedge B \to C$	
(2)	$\neg(A \to C)$	
(3)	B	
(4)	A	(2)定理 11.4[5]
(5)	$A \wedge B$	(4)(3)($\wedge_+$)
(6)	C	(1)(5)($\to_-$)
(7)	$B \to C$	(6)($\to_+$)
(8)	$\neg(A \to C) \to (B \to C)$	(7)($\to_+$)
(9)	$(A \to C) \vee (B \to C)$	(8)定理 12.3[4]

其次证从右到左部分:

(10)	$A \to C$	
(11)	$A \wedge B$	
(12)	A	(11)($\wedge_-$)

(13) C (10)(12)($\rightarrow_-$)

(14) $A \wedge B \rightarrow C$ (13)($\rightarrow_+$)

(15) $B \rightarrow C$

(16) $A \wedge B \rightarrow C$ 同(14)

(17) $(A \rightarrow C) \vee (B \rightarrow C)$

(18) $A \wedge B \rightarrow C$ (14)(16)($\vee_-$) ||

定理 12.5 $\mathbb{P}^*$:

[1] $A \leftrightarrow B \vdash\dashv A \rightarrow B, B \rightarrow A$

[2] $A, B \vdash A \leftrightarrow B$

[3] $A \leftrightarrow \neg A \vdash B$

[4] $A \leftrightarrow B, B \leftrightarrow C \vdash A \leftrightarrow C$ **(等值词传递律)**

[5] $A \leftrightarrow B \vdash\dashv B \leftrightarrow A$ **(等值词交换律)**

[6] $A \leftrightarrow B \vdash\dashv \neg A \leftrightarrow \neg B$

[7] $A \leftrightarrow \neg B \vdash\dashv \neg A \leftrightarrow B$

[8] $A \leftrightarrow \neg B \vdash\dashv \neg(A \leftrightarrow B)$

[9] $A \leftrightarrow B \vdash\dashv (\neg A \vee B) \wedge (A \vee \neg B)$

[10] $A \leftrightarrow B \vdash\dashv A \wedge B \vee \neg A \wedge \neg B$

[11] $(A \leftrightarrow B) \leftrightarrow C \vdash\dashv A \leftrightarrow (B \leftrightarrow C)$ **(等值词结合律)**

[12] $\vdash (A \leftrightarrow B) \vee (A \leftrightarrow \neg B)$

我们选证 [3], [8] 和 [12].

证[3] (1) $A \leftrightarrow \neg A$

(2) A

(3) $\neg A$ (1)(2)($\leftrightarrow_-$)

(4) $\neg A$ (2)(3)($\neg_+$)

(5) A (1)(4)($\leftrightarrow_-$)

(6) B (5)(4)定理 11.2[1]

证[8] 先证从左到右部分:

(1) $A \leftrightarrow \neg B$

(2) $A \leftrightarrow B$

(3) $\neg B$

(4)	A	(1)(3)($\leftrightarrow_-$)
(5)	B	(2)(4)($\leftrightarrow_-$)
(6)	B	(5)(3)($\neg$)
(7)	A	(2)(6)($\leftrightarrow_-$)
(8)	$\neg B$	(1)(7)($\leftrightarrow_-$)
(9)	$\neg(A\leftrightarrow B)$	(6)(8)($\neg_+$)

其次证从右到左部分:

(10)	$\neg(A\leftrightarrow B)$	
(11)	A	
(12)	B	
(13)	$A\leftrightarrow B$	(11)(12)[2]
(14)	$\neg B$	(13)(10)($\neg_+$)
(15)	$\neg B$	
(16)	$\neg A$	
(17)	$\neg A\leftrightarrow\neg B$	(16)(15)[2]
(18)	$A\leftrightarrow B$	(17)[6]
(19)	A	(18)(10)($\neg$)
(20)	$A\leftrightarrow\neg B$	(14)(19)($\leftrightarrow_+$)

证[12]

(1)	$A\leftrightarrow B$	
(2)	$(A\leftrightarrow B)\vee(A\leftrightarrow\neg B)$	(1)($\vee_+$)
(3)	$\neg(A\leftrightarrow B)$	
(4)	$A\leftrightarrow\neg B$	(3)[8]
(5)	$(A\leftrightarrow B)\vee(A\leftrightarrow\neg B)$	(4)($\vee_+$)
(6)	$(A\leftrightarrow B)\vee\neg(A\leftrightarrow B)$	排中律
(7)	$(A\leftrightarrow B)\vee(A\leftrightarrow\neg B)$	(2)(5)($\vee_-$) ‖

如何寻找本节以及以后的形式定理的形式证明，都是可以有大概的考虑的，我们不再详述.

类似于由 **P** 改为 $\mathbf{P}_0$，$\mathbf{P}^*$ 也可以改为 $\mathbf{P}_0^*$，它是由 $\mathbf{P}^*$ 把其中的 ($\wedge_-$)，($\wedge_+$)，($\vee_+$)，($\rightarrow_-$)，($\leftrightarrow_-$) 五条分别改为下面

的五条：

$$[\wedge_-]\quad \frac{\Gamma\vdash A\wedge B}{\Gamma\vdash A,\ B}$$

$$[\wedge_+]\quad \frac{\Gamma\vdash A,\ B}{\Gamma\vdash A\wedge B}$$

$$[\vee_+]\quad \frac{\Gamma\vdash A}{\Gamma\vdash A\vee B,\ B\vee A}$$

$$[\to_-]\quad \frac{\Gamma\vdash A\to B,\ A}{\Gamma\vdash B}$$

$$[\leftrightarrow_-]\quad \frac{\Gamma\vdash A\leftrightarrow B,\ A}{\Gamma\vdash B};\ \frac{\Gamma\vdash A\leftrightarrow B,\ B}{\Gamma\vdash A}$$

并省去（τ）而得．$\mathbf{P}^*$ 和 $\mathbf{P}_0^*$ 有相同的符号，形成规则，和合式公式．$\mathbf{P}^*$ 和 $\mathbf{P}_0^*$ 是等价的．

定理 12.6 $\mathbf{P}^*$:$\Gamma\vdash A$，当且仅当，$\mathbf{P}_0^*$:$\Gamma\vdash A$．||

与 $\mathbf{P}^*$ 相应的海丁系统 $\mathbf{P}_H^*$ 和极小系统 $\mathbf{P}_M^*$，也是由 $\mathbf{P}^*$ 把其中的($\neg$)这一条推理规则改为相应的较弱规则而得，做法完全与由 $\mathbf{P}$ 构造 $\mathbf{P}_H$ 和 $\mathbf{P}_M$ 时的做法相同，即由 $\mathbf{P}^*$ 把（$\neg$）改为（$\neg_+$）和

$$A,\ \neg A\vdash B$$

得到 $\mathbf{P}_H^*$，由 $\mathbf{P}^*$ 把($\neg$)改为（$\neg_+$)得到 $\mathbf{P}_M^*$．$\mathbf{P}^*$ 的其他推理规则在 $\mathbf{P}_H^*$ 和 $\mathbf{P}_M^*$ 中都不改变．于是就有

$$\mathbf{P}_H^*:\ \Gamma\vdash A\Longrightarrow \mathbf{P}^*:\ \Gamma\vdash A$$

$$\mathbf{P}_M^*:\ \Gamma\vdash A\Longrightarrow \mathbf{P}_H^*:\ \Gamma\vdash A$$

像我们在 § 11 中已经讲过的，非古典命题逻辑与古典命题逻辑的不同之处在于把反证律($\neg$)作程度不同的减弱．在非古典系统中，是不许可重反律($\neg\neg_-$)：

$$\neg\neg A\vdash A$$

的无限制使用的．在 $\mathbf{P}_H$ 和 $\mathbf{P}_M$ 中，这里是在 $\mathbf{P}_H^*$ 和 $\mathbf{P}_M^*$ 中，（$\neg\neg_-$）都是不成立的．这是对于否定词作用的限制．除此之外，在非古典系统中也否认排中律：

$$\vdash A\vee\neg A$$

的无限制使用. P^* 与 P_H^* 的关系可以看作正好表现在 P^* 比 P_H^* 多了一条排中律. 这一事实可以表述为下面的定理.

定理 12.7 设 P_I^* 是由 P_H^* 添上排中律而得. 那么 P^* 和 P_I^* 等价. ||

习 题

12.1 证定理 12.3[5] 和定理 12.4[5], [8], [10].

12.2 证定理 12.4[3] 和[5],使得证明中不出现蕴涵词.

12.3 证定理 12.5[2], [4], [5], [7], [9], [10], [11].

12.4 证明 P^* 的以下推理关系:

[1] $A \vee B \vdash (A \rightarrow B) \rightarrow B$

[2] $C \rightarrow A \vee (\neg A_1 \rightarrow A), \neg(B \wedge \neg A), B \vee C \vdash \neg A \rightarrow A_1$

[3] $B \vee (A \rightarrow C), B \rightarrow \neg A, \neg(C \wedge A_1) \vdash \neg A \vee \neg A_1$

[4] $A \leftrightarrow B, C \leftrightarrow A_1 \vdash A \wedge C \leftrightarrow B \wedge A_1$

[5] $A \vdash A \wedge B \leftrightarrow B$

[6] $A \rightarrow (B \rightarrow C) \vdash B \leftrightarrow B \wedge (A \leftrightarrow A \wedge C)$

[7] $A \leftrightarrow (B \rightarrow \neg C) \rightarrow \neg A \vdash C$

12.5 证定理 12.7.

§13 P 和 P^* 的关系

P 和 P^* 的关系,要从两个方面说明.

一方面, P 是 P^* 的子系统. 这是说, P 的形式符号和形成规则在 P^* 中都是有的, 因此 P 的合式公式包含在 P^* 的合式公式之中; P 的形式推理规则在 P^* 中也都是有的, 因此 P 的形式推理关系包含在 P^* 的形式推理关系之中, 这就是

$$P: \Gamma \vdash A \Rightarrow P^*: \Gamma \vdash A$$

另一方面, 虽然在 P 中没有 $\wedge$, $\vee$, $\leftrightarrow$ 这三个连接词, 因此 P^* 中的合式公式 $A \wedge B$, $A \vee B$, $A \leftrightarrow B$ 都不是 P 中的合式公式, 但是我们可以在 P 中引进关于 $A \wedge B$, $A \vee B$, $A \leftrightarrow B$ 的定义, 使得 P^* 中的合式公式都成为 P 的某种合式公式的另一种写法, 并

且能由此证明，P* 中的所有形式推理规则在 P 中都是有的，因此 P* 中的所有形式推理关系，在 P 中也都是有的(见定理 13.1).

在 P 中作以下的定义.

定义 13.1 D(∧) $[A \wedge B] =_{df} \neg[A \to \neg B]$

D(∨) $[A \vee B] =_{df} [\neg A \to B]$

D(↔) $[A \leftrightarrow B] =_{df} [[A \to B] \wedge [B \to A]]$

$=_{df} \neg[[A \to B] \to \neg[B \to A]]$

例 1 在 P 中引进定义 13.1 之后，我们可以根据它把一些公式写成更为简化的形式. 例如

(1) $\neg[\neg[(p \to q) \to \neg(q \to p)] \to \neg\neg[(q \to r) \to \neg(r \to q)]] \cdot\to\cdot \neg r \to p_1$

可以把其中的

$\neg[(p \to q) \to \neg(q \to p)]$ 和 $\neg[(q \to r) \to \neg(r \to q)]$

根据 D(↔) 写成

$p \leftrightarrow q$ 和 $q \leftrightarrow r$

由之(1)可以写成

(2) $\neg[(p \leftrightarrow q) \to \neg(q \leftrightarrow r)] \to (\neg r \to p_1)$

再根据 D(∧)，可以改写(2)的前件，得到

(3) $(p \leftrightarrow q) \wedge (q \leftrightarrow r) \to (\neg r \to p_1)$

(3)又可以根据 D(∨) 改写其后件，得到

(4) $(p \leftrightarrow q) \wedge (q \leftrightarrow r) \to r \vee p_1$

所以，在 P 中使用了定义 13.1 之后，(1)可以简写为(4).

例 2 在 P 中有

$$A \to B \vdash \neg B \to \neg A$$

$$\neg A \to \neg B,\ B \vdash A$$

$$\neg A \to A \vdash A$$

$$A \to B,\ \neg A \to B \vdash B$$

$$\neg[\neg(A \to \neg B) \to \neg C] \vdash A \to \neg(B \to \neg C)$$

若使用定义 13.1，它们可以写成以下的形式:

$$A \rightarrow B \vdash B \vee \neg A$$

$$A \vee \neg B,\ B \vdash A$$

$$A \vee A \vdash A$$

$$A \rightarrow B,\ A \vee B \vdash B$$

$$(A \wedge B) \wedge C \vdash A \rightarrow B \wedge C$$

定理 13.1 在 **P** 中引进定义 D(∧), D(∨), D(↔) 后，可以证明 **P*** 的所有推理规则；因而可以证明 **P*** 的所有推理关系.

证 要求在 **P** 中引进 D(∧), D(∨), D(↔) 后证明的 **P*** 的推理规则是 ($\wedge_-$), ($\wedge_+$), ($\vee_-$), ($\vee_+$), ($\leftrightarrow_-$), ($\leftrightarrow_+$) 六条. 这些推理规则，根据引进的定义，就是下面的[1]—[6]：

[1] $\neg(A \rightarrow \neg B) \vdash A,\ B$ (即($\wedge_-$))

[2] $A,\ B \vdash \neg(A \rightarrow \neg B)$ (即($\wedge_+$))

[3] 如果 $A \vdash C$

$B \vdash C$

则 $\neg A \rightarrow B \vdash C$ (即($\vee_-$))

[4] $A \vdash \neg A \rightarrow B,\ \neg B \rightarrow A$ (即($\vee_+$))

[5] $\neg[(A \rightarrow B) \rightarrow \neg(B \rightarrow A)],\ A \vdash B$

$\neg[(A \rightarrow B) \rightarrow \neg(B \rightarrow A)],\ B \vdash A$ (即($\leftrightarrow_-$))

[6] 如果 $\Gamma,\ A \vdash B$

$\Gamma,\ B \vdash A$

则 $\Gamma \vdash \neg[(A \rightarrow B) \rightarrow \neg(B \rightarrow A)]$ (即($\leftrightarrow_+$))

下面我们分别证明.

证[1] (1) $\neg(A \rightarrow \neg B)$

(2) A (1)定理 11.4[5]

(3) $\neg\neg B$ (1)定理 11.4[6]

(4) B (3)($\neg\neg_-$)

证[2] (1) A

(2) B

(3) $A \rightarrow \neg B$

(4) $\neg B$ (3)(1)($\rightarrow_-$)

(5) $\neg(A\rightarrow\neg B)$ (2)(4)($\neg_+$)

证[3] (1) $\neg A\rightarrow B$

(2) $\neg C$

(3) A

(4) C (3)假设

(5) $\neg A$ (4)(2)($\neg_+$)

(6) B (1)(5)($\rightarrow_-$)

(7) C (6)假设

(8) C (7)(2)($\neg$)

证[4] 由定理 11.2[1] 和定理 11.1[2].

证[5] 先证第一部分:

(1) $\neg[(A\rightarrow B)\rightarrow\neg(B\rightarrow A)]$

(2) A

(3) $A\rightarrow B$ (1)定理 11.4[5]

(4) B (3)(2)($\rightarrow_-$)

其次证第二部分:

(5) $\neg[(A\rightarrow B)\rightarrow\neg(B\rightarrow A)]$

(6) B

(7) $\neg\neg(B\rightarrow A)$ (5)定理 11.4[6]

(8) $B\rightarrow A$ (7)($\neg\neg_-$)

(9) A (8)(6)($\rightarrow_-$)

证[6]

(1) Γ

(2) A

(3) B (1)(2)假设

(4) $A\rightarrow B$ (3)($\rightarrow_+$)

(5) $B\rightarrow A$ 同(4)

(6) $\neg[(A\rightarrow B)\rightarrow\neg(B\rightarrow A)]$ (4)(5)[2] ||

定理 13.1 是说,如果

$$P^*: \Gamma \vdash A$$

并且，在Γ和A中把由 ∧，∨，↔ 构成的部分合式公式根据 D(∧)，D(∨)，D(↔) 予以替除，从而得到 P 中的 Γ_1 和 A_1，那么就有.

$$P: \Gamma_1 \vdash A_1$$

例3 在 P* 中有以下的推理关系：

(1) $$A \wedge B \vdash B \wedge A$$

(2) $$\neg(A \vee B) \vdash \neg A \wedge \neg B$$

(3) $$A \leftrightarrow \neg B \vdash \neg(A \leftrightarrow B)$$

在 P 中，根据 D(∧)，D(∨)，D(↔)，可以把 (1)，(2)，(3) 分别看作

(4) $$\neg(A \to \neg B) \vdash \neg(B \to \neg A)$$

(5) $$\neg(\neg A \to B) \vdash \neg(\neg A \to \neg\neg B)$$

(6) $$\neg[(A \to \neg B) \to \neg(\neg B \to A)] \vdash \neg\neg[(A \to B) \to \neg(B \to A)]$$

而 (4)，(5)，(6) 都是 P 中的推理关系.

P* 的符号中包括 ¬，∧，∨，→，↔ 五个命题连接词. P 的符号中只有¬和→两个命题连接词. 对于 P 来说，∧，∨，↔ 是由¬和→通过定义 D(∧)，D(∨)，D(↔) 引进的，或者简单地说，是由¬和→定义出的. 在逻辑演算中，原来就包括在它的符号之中的逻辑词称为**原始逻辑词**，由定义引进的逻辑词称为**被定义的逻辑词**. 因此，在 P 中，¬和→是原始逻辑词，而 ∧，∨ 和 ↔ 则是被定义的逻辑词.

上面我们说，∧，∨，↔在 P 中是通过定义 D(∧)，D(∨)，D(↔) 被引进的，又说 ∧，∨，↔ 在 P 中是由 ¬ 和 → 定义出的. 这些说法都是为了说话方便的不严格的简单说法. 严格地说，我们应当说，$A \wedge B$，$A \vee B$，$A \leftrightarrow B$ 在 P 中是通过 D(∧)，D(∨)，D(↔) 被引进的，或者说 $A \wedge B$，$A \vee B$，$A \leftrightarrow B$ 在 P 中是由否定式和蕴涵式定义出的.

命题逻辑的原始逻辑词不一定是¬和→. 我们也可以，例如，

选择$\neg$和$\wedge$,或者选择$\neg$和$\vee$,作为原始逻辑词. 下面我们来构造以$\neg$和$\wedge$为原始逻辑词的命题逻辑 $\mathbf{P}^{\wedge}$, 以及以$\neg$和 $\vee$为原始逻辑词的命题逻辑 $\mathbf{P}^{\vee}$.

$\mathbf{P}^{\wedge}$ 的形式符号是由 $\mathbf{P}$ 的形式符号把其中的$\rightarrow$换为$\wedge$而得; $\mathbf{P}^{\wedge}$ 的形成规则也是由 $\mathbf{P}$ 的形成规则把其中的$\rightarrow$换为$\wedge$而得; $\mathbf{P}^{\wedge}$ 的形式推理规则是由 $\mathbf{P}$ 的形式推理规则把其中的 $(\rightarrow_-)$ 和$(\rightarrow_+)$ 两条换为$(\wedge_-)$和$(\wedge_+)$而得.

$\mathbf{P}^{\vee}$ 的形式符号是由 $\mathbf{P}$ 的形式符号把其中的$\rightarrow$换为$\vee$而得; $\mathbf{P}^{\vee}$ 的形成规则也是由 $\mathbf{P}$ 的形成规则把其中的$\rightarrow$换为$\vee$而得; $\mathbf{P}^{\vee}$ 的形式推理规则是由 $\mathbf{P}$ 的形式推理规则把其中的 $(\rightarrow_-)$ 和$(\rightarrow_+)$ 两条换为$(\vee_-)$(注意,它是定理 12.1 而不是原来的$(\vee_-)$, 因为在 $\mathbf{P}^{\vee}$ 中使用原来的$(\vee_-)$作为推理规则是不够的)和$(\vee_+)$而得.

$\mathbf{P}^{\wedge}$ 和 $\mathbf{P}^{\vee}$ 的形式推理规则列出如下.

$\mathbf{P}^{\wedge}$ 的形式推理规则:

$(\in)$ $\quad A_1, \cdots, A_n \vdash A_i \ (i = 1, \cdots, n)$

(τ) $\quad$ 如果 $\Gamma \vdash \Delta \vdash A$ (Δ 不空)

则 $\Gamma \vdash A$

$(\neg)$ $\quad$ 如果 $\Gamma, \neg A \vdash B, \neg B$

则 $\Gamma \vdash A$

$(\wedge_-)$ $\quad A \wedge B \vdash A, B$

$(\wedge_+)$ $\quad A, B \vdash A \wedge B$

$\mathbf{P}^{\vee}$ 的形式推理规则:

$(\in)$ $\quad A_1, \cdots, A_n \vdash A_i \ (i = 1, \cdots, n)$

(τ) $\quad$ 如果 $\Gamma \vdash \Delta \vdash A$ (Δ 不空)

则 $\Gamma \vdash A$

$(\neg)$ $\quad$ 如果 $\Gamma, \neg A \vdash B, \neg B$

则 $\Gamma \vdash A$

$(\vee_-)$ $\quad$ 如果 $\Gamma, A \vdash C$

$\Gamma, B \vdash C$

则 $\Gamma, A \vee B \vdash C$

$(\vee_{+})$ $A \vdash A \vee B, B \vee A$

$\mathbf{P}^{\wedge}$ 和 $\mathbf{P}^{*}$ 以及 $\mathbf{P}^{\vee}$ 和 $\mathbf{P}^{*}$ 的关系,都是同 $\mathbf{P}$ 和 $\mathbf{P}^{*}$ 的关系类似的. 这就是,一方面,$\mathbf{P}^{\wedge}$ 和 $\mathbf{P}^{\vee}$ 都是 $\mathbf{P}^{*}$ 的子系统; 另一方面,在 $\mathbf{P}^{\wedge}$ 和 $\mathbf{P}^{\vee}$ 中分别引进某些定义后,都能证明 $\mathbf{P}^{*}$ 的所有推理关系. 至于 $\mathbf{P}, \mathbf{P}^{\wedge}, \mathbf{P}^{\vee}$ 这三个命题逻辑,它们之中的任何一个都不是其他系统的子系统,但在任何一个系统(例如 $\mathbf{P}^{\wedge}$)中引进某些定义后,可以证明其他系统(例如 $\mathbf{P}$ 和 $\mathbf{P}^{\vee}$)的所有推理关系. 这些将通过以下的一系列定理得到说明.

由定理 13.1 显然有下面两个推论.

推论 13.2 在 $\mathbf{P}$ 中引进 $D(\wedge)$ 后,可以证明 $\mathbf{P}^{\wedge}$ 的所有推理规则,因而可以证明 $\mathbf{P}^{\wedge}$ 的所有推理关系. ||

推论 13.3 在 $\mathbf{P}$ 中引进 $D(\vee)$ 后,可以证明 $\mathbf{P}^{\vee}$ 的所有推理规则,因而可以证明 $\mathbf{P}^{\vee}$ 的所有推理关系. ||

定义 13.2 $D^{\wedge}(\vee)$ $[A \vee B] =_{df} \neg[\neg A \wedge \neg B]$

$D^{\wedge}(\rightarrow)$ $[A \rightarrow B] =_{df} \neg[A \wedge \neg B]$

$D^{\wedge}(\leftrightarrow)$ $[A \leftrightarrow B] =_{df} [[A \rightarrow B] \wedge [B \rightarrow A]]$

$=_{df} [\neg[A \wedge \neg B] \wedge \neg[B \wedge \neg A]]$

定理 13.4 在 $\mathbf{P}^{\wedge}$ 中引进 $D^{\wedge}(\vee), D^{\wedge}(\rightarrow), D^{\wedge}(\leftrightarrow)$ 后,可以证明 $\mathbf{P}^{*}$ 的所有推理规则,因而可以证明 $\mathbf{P}^{*}$ 的所有推理关系.

证 要求在 $\mathbf{P}^{\wedge}$ 中引进 $D^{\wedge}(\vee), D^{\wedge}(\rightarrow), D^{\wedge}(\leftrightarrow)$ 后证明的 $\mathbf{P}^{*}$ 的推理规则是 $(\vee_{-})$, $(\vee_{+})$, $(\rightarrow_{-})$, $(\rightarrow_{+})$, $(\leftrightarrow_{-})$, $(\leftrightarrow_{+})$ 六条. 根据引进的定义,它们就是下面的[1]—[6]:

[1] 如果 $A \vdash C$

$B \vdash C$

则 $\neg(\neg A \wedge \neg B) \vdash C$ (即$(\vee_{-})$)

[2] $A \vdash \neg(\neg A \wedge \neg B), \neg(\neg B \wedge \neg A)$ (即$(\vee_{+})$)

[3] $\neg(A \wedge \neg B), A \vdash B$ (即$(\rightarrow_{-})$)

[4] 如果 $\Gamma, A \vdash B$

则 $\Gamma \vdash \neg(A \wedge \neg B)$ (即$(\rightarrow_{+})$)

[5] $\neg(A\wedge\neg B)\wedge\neg(B\wedge\neg A),A\vdash B$

$\neg(A\wedge\neg B)\wedge\neg(B\wedge\neg A),B\vdash A$ (即$(\leftrightarrow_-)$)

[6] 如果 $\Gamma,A\vdash B$

$\Gamma,B\vdash A$

则 $\Gamma\vdash\neg(A\wedge\neg B)\wedge\neg(B\wedge\neg A)$ (即$(\leftrightarrow_+)$)

下面我们分别证明. 注意, 在下面的证明中用到了归谬律 $(\neg_+)$, 即定理 11.2[5]. 这是容许的, 因为在证明 $(\neg_+)$ 时仅用到 $(\in)$, (τ), $(\neg)$ 三条推理规则(见 § 11 中定理 11.2 后面的说明), 而它们都是 $\mathbf{P}^\wedge$ 中所有的.

证[1]

(1)	$\neg(\neg A\wedge\neg B)$	
(2)	$\neg C$	
(3)	A	
(4)	C	(3)假设
(5)	$\neg A$	(4)(2)$(\neg_+)$
(6)	$\neg B$	同(5)
(7)	$\neg A\wedge\neg B$	(5)(6)$(\wedge_+)$
(8)	C	(7)(1)$(\neg)$

证[2] 先证第一部分:

(1)	A	
(2)	$\neg A\wedge\neg B$	
(3)	$\neg A$	(2)$(\wedge_-)$
(4)	$\neg(\neg A\wedge\neg B)$	(1)(2)$(\neg_+)$

[2]的第二部分,证明是类似的.

证[3]

(1)	$\neg(A\wedge\neg B)$	
(2)	A	
(3)	$\neg B$	
(4)	$A\wedge\neg B$	(2)(3)$(\wedge_+)$
(5)	B	(4)(1)$(\neg)$

证[4]

(1)	Γ	
(2)	$A\wedge\neg B$	

(3) A (2)($\wedge_-$)

(4) $\neg$B (2)($\wedge_-$)

(5) B (1)(3)假设

(6) $\neg$(A$\wedge\neg$B) (5)(4)($\neg_+$)

证[5] 先证第一部分:

(1) $\neg$(A$\wedge\neg$B)$\wedge\neg$(B$\wedge\neg$A)

(2) A

(3) $\neg$(A$\wedge\neg$B) (1)($\wedge_-$)

(4) B (3)(2)[1]

[5]的第二部分,证明是类似的.

证[6]

(1) Γ

(2) A

(3) B (1)(2)假设

(4) $\neg$(A$\wedge\neg$B) (3)[4]

(5) $\neg$(B$\wedge\neg$A) 同(4)

(6) $\neg$(A$\wedge\neg$B)$\wedge\neg$(B$\wedge\neg$A) (4)(5)($\wedge_+$) ||

由定理 13.4 显然有下面的推论.

推论 13.5 在 $\mathbf{P}^{\wedge}$ 中引进 $D^{\wedge}(\rightarrow)$ 后,可以证明 **P** 的所有推理规则,因而可以证明 **P** 的所有推理关系. ||

推论 13.6 在 $\mathbf{P}^{\wedge}$ 中引进 $D^{\wedge}(\vee)$ 后,可以证明 $\mathbf{P}^{\vee}$ 的所有推理规则,因而可以证明 $\mathbf{P}^{\vee}$ 的所有推理关系. ||

定义 13.3 $D^{\vee}(\wedge)$ $[A\wedge B]=_{df}\neg[\neg A\vee\neg B]$

$D^{\vee}(\rightarrow)$ $[A\rightarrow B]=_{df}[\neg A\vee B]$

$D^{\vee}(\leftrightarrow)$ $[A\leftrightarrow B]=_{df}[[A\rightarrow B]\wedge[B\rightarrow A]]$

$=_{df}\neg[\neg[\neg A\vee B]\vee\neg[\neg B\vee A]]$

或$[A\leftrightarrow B]=_{df}[[\neg A\wedge\neg B]\vee[A\wedge B]]$

$=_{df}[\neg[A\vee B]\vee\neg[\neg A\vee\neg B]]$

定理 13.7 在 $P^{\vee}$ 中引进 $D^{\vee}(\wedge)$, $D^{\vee}(\rightarrow)$, $D^{\vee}(\leftrightarrow)$ 后,可以证明 P^* 的所有推理规则,因而可以证明 P^*的所有推理关系. ‖

推论 13.8 在 $P^{\vee}$ 中引进 $D^{\vee}(\rightarrow)$ 后, 可以证明 P 的所有推理规则,因而可以证明 P 的所有推理关系. ‖

推论 13.9 在 $P^{\vee}$ 中引进 $D^{\vee}(\wedge)$ 后,可以证明 $P^{\wedge}$ 的所有推理规则,因而可以证明 $P^{\wedge}$ 的所有推理关系. ‖

习　　题

13.1 证定理 13.7.

13.2 在 $P^{\wedge}$ 中证明

[1] $\neg(A\wedge\neg B), \neg(B\wedge C), \neg(A\wedge\neg C)\vdash\neg A$

[2] $\neg(A\wedge\neg C), \neg[(\neg B\wedge C)\wedge(A\wedge\neg A_1)]$

$\vdash\neg[(A\wedge\neg B)\wedge\neg A_1]$

13.3 在 $P^{\vee}$ 中证明

[1] $A\vee(B\vee C), (A\vee\neg C)\vee A_1\vdash(A\vee B)\vee A_1$

[2] $A\vee B, \neg C\vee(\neg B\vee\neg A_1), \neg(A\vee\neg A_1)$

$\vdash\neg(A\vee C)$

[3] $\neg A\vee\neg B, A\vee(A_1\vee B_1), A_1\vee\neg B_1, \neg C\vee\neg A_1,$

$B\vee B_1\vdash A_1$

§14　命题常元、谢孚竖

前面所构造的命题逻辑都包含否定词. 在本节中我们要构造两个不包含否定词的命题逻辑 P^f 和 $P^|$.

我们先构造 P^f. P^f 不包含否定词, 但包含一个特殊的命题词,即表示假命题的命题常元 f(关于命题常元 t 和 f 的说明,见绪论中的 §01). P^f 的符号包括→, f, 一个无穷序列的命题词(命题变元),以及左括号 [和右括号].

P^f 有下面两条形成规则:

14(i) 单独一个命题词(包括 f)是合式公式.

14(ii) 如果 X, Y 是合式公式,则 $[X\rightarrow Y]$ 是合式公式.

P^f 的推理规则有 $(\in)$, (τ), $(\to_-)$, $(\to_+)$ 以及下面的 (f) 共五条:

(f) $(A \to f) \to f \vdash A$

P^f 的合式公式,形式推理关系等概念,都留给读者去定义. 下面我们来讨论 P 和 P^f 的关系.

P^f 不包含$\neg$, 但在 P^f 中可以定义$\neg$, 即把$\neg A$ 看作 P^f 中某种合式公式的另一种写法. 我们也可以在 P 中定义 t 和 f.

定义 14.1 $D^f(\neg)$　$\neg A =_{df} [A \to f]$

$D^f(t)$　$t =_{df} \neg f$

$=_{df} [f \to f]$

定义 14.2 $D(t)$　$t =_{df} [p \to p]$

$D(f)$　$f =_{df} \neg t$

$=_{df} \neg [p \to p]$

其中 p 是任意特定的命题词.

定理 14.1 在 P^f 中引进 $D^f(\neg)$ 后,可以证明 P 的所有推理规则,因而可以证明 P 的所有推理关系.

在 P 中引进 D(f) 后, 可以证明 P^f 的所有推理规则, 因而可以证明 P^f 的所有推理关系.

证 要求在 P^f 中引进 $D^f(\neg)$ 后证明的 P 的推理规则只有$(\neg)$一条. 根据 $D^f(\neg)$,推理规则$(\neg)$就是

如果 $\Gamma, A \to f \vdash B, B \to f$

则 $\Gamma \vdash A$

它的证明如下:

(1)	Γ	
(2)	$A \to f$	
(3)	B	假设
(4)	$B \to f$	假设
(5)	f	(4)(3)$(\to_-$
(6)	$(A \to f) \to f$	(5)$(\to_+)$
(7)	A	(6)(f)

要求在 $\mathbf{P}$ 中引进 D(f) 后证明的 $\mathbf{P}^f$ 的推理规则只有 (f) 一条. 根据 D(f), 推理规则 (f) 就是

$$A \to \neg(p \to p) \cdot \to \cdot \neg(p \to p) \vdash A$$

它的证明如下:

(8)	$A \to \neg(p \to p) \cdot \to \cdot \neg(p \to p)$	
(9)	$\neg A$	
(10)	$A \to \neg(p \to p)$	(9) 否定前件律
(11)	$\neg(p \to p)$	(8)(10)($\to_-$)
(12)	$p \to p$	由同一律
(13)	A	(12)(11)($\neg$)‖

定理 14.1 说明 $\mathbf{P}$ 和 $\mathbf{P}^f$ 有着类似于 $\mathbf{P}$, $\mathbf{P}^\wedge$, $\mathbf{P}^\vee$ 之间的关系. 我们留给读者去陈述并证明 $\mathbf{P}^f$ 和 $\mathbf{P}^*$, $\mathbf{P}^\wedge$, $\mathbf{P}^\vee$ 之间的关系.

在命题逻辑中如果引进了关于 t 和 f 的定义, 下面的定理 14.2 显然是成立的.

定理 14.2 [1] $\vdash t$ **(肯定真值律)**

[2] $\vdash \neg f$ **(否定假值律)**

[3] $\neg t \dashv\vdash f$

[4] $\neg f \dashv\vdash t$

[5] $t \to f \dashv\vdash t$

[6] $t \to f \dashv\vdash f$

[7] $f \to t \dashv\vdash t$

[8] $f \to f \dashv\vdash t$

[9] $t \wedge t \dashv\vdash t$

[10] $t \wedge f \dashv\vdash f$

[11] $f \wedge t \dashv\vdash f$

[12] $f \wedge f \dashv\vdash f$

[13] $t \vee t \dashv\vdash t$

[14] $t \vee f \dashv\vdash t$

[15] $f \vee t \dashv\vdash t$

[16] $f \vee f \dashv\vdash f$

[17]　$t\leftrightarrow t \dashv\vdash t$

[18]　$t\leftrightarrow f \dashv\vdash f$

[19]　$f\leftrightarrow t \dashv\vdash f$

[20]　$f\leftrightarrow f \dashv\vdash t$　||

定理 14.3　P：$(A\to B)\to A \vdash A$（**皮尔斯**[1]**律**）

证　(1)　$(A\to B)\to A$

(2)　$\neg A$

(3)　$A\to B$　(2)否定前件律

(4)　A　(1)(3)($\to_-$)

(5)　A　(4)(2)($\neg$)||

我们把皮尔斯律记作"($\to_p$)"．这是一条仅涉及蕴涵词的推理规则．在($\to_p$)中可以没有否定词出现(例如 $(p\to q)\to p\vdash p$)，但在 **P** 中证明它时（见定理 14.3 的证明)，却要用到关于否定词的推理规则($\neg$)，这是因为，仅用($\in$)，(τ)，($\to_-$)，($\to_+$)四条规则是不能证明皮尔斯律的，或者说皮尔斯律是独立于这四条规则的(独立性问题见第四章)．由此可见，由这四条规则并不能证明所有仅包含蕴涵词的推理关系．

令 $\mathbf{P}^i$ 是仅包含蕴涵词一个命题连接词，并包含($\in$)，(τ)，($\to_-$)，($\to_+$)，($\to_p$)五条推理规则的命题逻辑．那么，所有能证明的仅包含蕴涵词的推理关系，就都能在 $\mathbf{P}^i$ 中证明(参考第四章的可靠性和完全性)．$\mathbf{P}^i$ 称为**蕴涵命题逻辑**．

下面我们来构造命题逻辑 $\mathbf{P}^|$．$\mathbf{P}^|$ 不包含常用的命题连接词 $\neg$，$\wedge$，$\vee$，$\to$，$\leftrightarrow$，也不包含命题常元 f，而包含一个称为**谢孚**[2]**竖**的命题连接词

$$|$$

由谢孚竖把合式公式 A 和 B 连接起来，得到合式公式

$$[A|B] \text{ 或简写作 } A|B$$

1) C. S. Peirce.

2) H. M. Sheffer.

它的真假值按下面的表由A和B的真假值确定:

A	B	$A\mid B$
t	t	f
t	f	t
f	t	t
f	f	t

P$^{\mid}$ 的符号就是由 **P** 的符号把其中的$\neg$和$\rightarrow$换为$\mid$而得. **P**$^{\mid}$ 有下面两条形成规则:

14(iii) 单独一个命题词是合式公式.

14(iv) 如果 X, Y 是合式公式,则 $X\mid Y$ 是合式公式.

P$^{\mid}$ 有五条推理规则,即 ($\in$), (τ) 和关于谢孚竖的($\mid_1$),($\mid_2$),($\mid_3$)三条:

($\mid_1$) $(A\mid A)\mid B, B\vdash A$

($\mid_2$) $A\mid B, B\vdash A\mid A$

($\mid_3$) 如果 $\Gamma, A\vdash B\mid B$

则 $\Gamma\vdash A\mid B$

P$^{\mid}$ 的合式公式和形式推理关系等概念,都留给读者去定义.下面我们讨论 **P** 和 **P**$^{\mid}$ 的关系.

定义 14.3 $D^{\mid}(\neg)$ $\neg A =_{df} A\mid A$

$D^{\mid}(\rightarrow)$ $A\rightarrow B =_{df} A\mid(B\mid B)$

定义 14.4 $D(\mid)$ $A\mid B =_{df} A\rightarrow\neg B$

定理 14.4 在 **P**$^{\mid}$ 中引进 $D^{\mid}(\neg)$ 和 $D^{\mid}(\rightarrow)$ 后, 可以证明 **P** 的所有推理规则,因而可以证明 **P** 的所有推理关系.

在 **P** 中引进 $D(\mid)$ 后,可以证明 **P**$^{\mid}$ 的所有推理规则, 因而可以证明 **P**$^{\mid}$ 的所有推理关系. ||

在§10—§14 中我们构造了 **P**, **P***, **P**$^{\wedge}$, **P**$^{\vee}$, **P**^{f}, **P**$^{\mid}$ 等一系列的命题逻辑. 这些逻辑系统在前面讲过的一定的意义(即在任何一个系统中引进适当的定义后, 可以证明其他系统中的推理关系)下都是互相等价的, 因此我们可以说, 它们都是命题逻辑的不同的构造形式. 例如,$\mathbf{P}^*$ 虽然比 $\mathbf{P}$ 多包含三个命题连接词,但是实质上 $\mathbf{P}^*$ 并没有比 $\mathbf{P}$ 包含更多的内容. 我们可以在 $\mathbf{P}$ 中定义 $\wedge$, $\vee$, $\leftrightarrow$ 这些命题连接词, 并且证明, 它们在 $\mathbf{P}^*$ 中所具有的性质都能在 $\mathbf{P}$ 中得到反映.

这些命题逻辑中的合式公式都是由命题词出发, 经使用命题连接词构成的. 这些合式公式所表示的复合命题具有怎样的逻辑形式,都是可以分析清楚的. 但是复合命题的最后的支命题,即简单命题,有怎样的内部结构即逻辑形式,这在命题逻辑中是不加以分析的. 在命题逻辑中简单命题是作为不加分析的整体被考虑的. 因此, 命题逻辑研究使用命题连接词构成的复合命题的逻辑形式, 以及复合命题之间的推理关系. 命题逻辑研究命题连接词在构成复合命题以及在推理中的作用.

在后面的几节中我们将要构造另一类逻辑演算即谓词逻辑. 谓词逻辑是不能在命题逻辑中构造的, 它对命题逻辑作了实质性的扩充.

习 题

14.1 在 $\mathbf{P}^t$ 中证明:

[1] $(A \to B) \to C, C \to A \vdash A$

[2] $(A \to B) \to C, A \to C \vdash C$

[3] $(A \to B) \to C \cdot \to A_1, B \leftrightarrow A_1, A \vdash A_1$

[4] $A \to C, B \to C, (A \to B) \to B \vdash C$

[5] $A \to C, B \to C, (B \to A) \to A \vdash C$

[6] $A_1 \to B \cdot \to \cdot (C \to C_1) \to A, B_1 \to \cdot (C \to C_1) \to A, A_1 \to B_1, C_1 \vdash A$

14.2 证明定理 14.4.

§15 谓词逻辑 F 和 F* 的形成规则

由下面的 1) 和 2) 推出 3):

1） 所有自然数都有大于它的素数.

2） 2^{100} 是自然数.

3） 2^{100} 有大于它的素数.

这是一个正确的推理. 我们来研究这个推理中前提和结论之间的形式关系. 为此，要分析 1)，2)，3) 的逻辑形式. 1)，2)，3) 都不是复合命题而是简单命题. 它们是不同的简单命题，我们分别用 p，q，r 表示它们. 于是，在命题逻辑中上述推理表示为

$$p, q \vdash r$$

这在命题逻辑中是不成立的，然而上面的推理却是正确的. 问题在于，上述推理的正确性依赖于其中前提和结论这些简单命题内部的逻辑形式，而这在命题逻辑中是得不到反映的. 因此，必须进一步分析简单命题的逻辑形式，才能研究上面这种推理以及其他推理中的形式关系.

从本节起我们要构造**谓词逻辑**，或称为**谓词演算**，在本书中是**一阶谓词逻辑**或**一阶谓词演算**，简称为**一阶逻辑**或**一阶演算**. 谓词逻辑还有其他的各种名称，如**狭谓词逻辑**，**初等逻辑**，**量词理论**等. 谓词逻辑所研究的推理关系是依赖于简单命题的逻辑形式的.

我们在绪论(§ 02) 中讲过一类具有主语和谓语的逻辑形式的命题. 例如以下的命题：

4） 3 是素数

5） $3<4$

6） $3^2 + 4^2 = 5^2$

在 4) 中 3 是主语，“是素数” 是谓语；在 5) 中 3 和 4 是主语，“小于”是谓语；在6)中 3，4，5 是主语，“两数平方和等于第三数平方”是谓语.

如果在以上这些命题中把个体全部或部分地换为变元，例如得到

x 是素数

$$x < y$$

$$x < 4$$

$$3 < y$$
$$x^2 + y^2 = z^2$$
$$x^2 + y^2 = 5^2$$
$$3^2 + y^2 = 5^2$$

等,这些就都不是命题,它们含有变元,它们没有真假值. 它们是**命题函数**. 命题函数是这样一种函数,当以个体代入其中的变元时,就得到有真值或假值的命题. 真值和假值是命题函数的两个可能的值.

如果对命题函数关于其中的变元加上表示论域中全部个体的全称量词或表示论域中部分个体的存在量词(关于量词的说明见绪论中的§01和§02),例如由上面的命题函数得到

凡 x, x 是素数

有 x, x 是素数

凡 x, 凡 y, $x < y$

有 x, 有 y, $x < y$

凡 x, 有 y, $x < y$

有 x, 凡 y, $x < y$

凡 x, $x < 4$

有 y, $3 < y$

凡 x, 凡 y, 凡 z, $x^2 + y^2 = z^2$

凡 x, 有 y, 有 z, $x^2 + y^2 = z^2$

有 x, 凡 y, $x^2 + y^2 = 5^2$

凡 y, $3^2 + y^2 = 5^2$

有 y, $3^2 + y^2 = 5^2$

等,这些就又都是命题,都有真假值了. 这些命题中的变元,由于有了关于它们的量词,就已经被约束了. 原来命题函数中的没有被约束的变元是可以用个体来代入的. 被量词约束的变元就失去了这种性质,因而可以说不再是变元了. 如果对命题函数只加上关于其中一部分变元的量词,例如得到

凡 x, $x < y$

$$有\ y,\ x < y$$
$$凡\ x,\ 凡\ y,\ x^2 + y^2 = z^2$$
$$有\ z,\ x^2 + y^2 = z^2$$
$$有\ x,\ x^2 + y^2 = 5^2$$

等，这些仍然都是命题函数，因为它们仍含有原来意义下的没有被约束的变元.

谓词逻辑研究由命题和命题函数经使用命题连接词和量词构成的命题的逻辑形式，以及它们之间的推理关系. 谓词逻辑是以命题逻辑为基础，并包括命题逻辑的.

现在我们来构造谓词逻辑 **F** 和 **F***.

F* 有以下五类形式符号. 第一类形式符号包括七个逻辑词

$$\neg,\ \wedge,\ \vee,\ \rightarrow,\ \leftrightarrow,\ \forall,\ \exists$$

第二类形式符号是个体词，第三类形式符号是谓词，第四类形式符号是约束变元，第五类形式符号包括五个技术性符号

$$[\ ,\ ],(\ ,\ ),\quad ,$$

用怎样的符号表示个体词，谓词和约束变元，见绪论（§ 01）中的说明.

个体词，谓词和约束变元都有各自的字母次序.

在陈述 **F*** 的形成规则之前，先要作一些关于使用符号的规定. 我们使用由德文花体大写字母 $\mathfrak{S}$ 构成的记号

$$\mathfrak{S}\ |$$

表示代人运算. 设 u 是一个符号，我们令

$$\mathfrak{S}^{\mathrm{u}}_{\mathrm{Y}}\mathrm{X}|$$

表示在公式 X 中以公式 Y 代入 u 的所有出现之处而得的公式. u 不一定在 X 中出现. 当 u 不在 X 中出现，或者 Y 就是 u 时，显然有

$$\mathfrak{S}^{\mathrm{u}}_{\mathrm{Y}}\ \mathrm{X}\ | = \mathrm{X}$$

设 $u_1, \cdots, u_n$ 是互不相同的符号，我们令

$$\mathfrak{S}^{\mathrm{u}_1 \cdots \mathrm{u}_n}_{\mathrm{Y}_1 \cdots \mathrm{Y}_n}\ \mathrm{X}|$$

表示在 X 中以 $Y_1, \cdots, Y_n$ 同时（注意要同时代入，不能先作某个代入，再作其他代入）、分别地代入 $u_1, \cdots, u_n$ 的所有出现之处而

得的公式．$u_1, \cdots, u_n$ 不一定在X中出现．当 $u_i (i = 1, \cdots, n)$ 不在X中出现时，

$$\mathfrak{S}^{u_1 \cdots u_n}_{Y_1 \cdots Y_n} X| = \mathfrak{S}^{u_1 \cdots u_{i-1} u_{i+1} \cdots u_n}_{Y_1 \cdots Y_{i-1} Y_{i+1} \cdots Y_n} X|$$

例如，若

$$A = p \to (\neg p \to \neg q)$$
$$B = p \to q$$
$$C = q \to r$$

则有

$$\mathfrak{S}^{pqr}_{BCC} A| = p \to q \centerdot \to \centerdot \neg (p \to q) \to \neg (q \to r)$$
$$\mathfrak{S}^{\neg \to \leftrightarrow}_{\odot \leftrightarrow \to} A| = p \leftrightarrow (p \leftrightarrow q)$$

我们规定，可以把公式X写作

$$X(u_1, \cdots, u_n)$$

以表示 $u_1, \cdots, u_n$ 是 n 个不同的符号，它们都在X 即 $X(u_1, \cdots, u_n)$ 中出现．于是，我们又规定，如果在上下文中先出现了 $X(u_1, \cdots, u_n)$，然后出现 $X(Y_1, \cdots, Y_n)$，而没有另作说明，那么

$$X(Y_1, \cdots, Y_n) = \mathfrak{S}^{u_1 \cdots u_n}_{Y_1 \cdots Y_n} X(u_1, \cdots, u_n)|$$

在使用这些规定时，其中的X并不是任意一般的公式，而只包括合式公式和命题形式（谓词逻辑中的合式公式和命题形式将在本节中定义），或者项和项形式（它们将在§17中定义）．规定中的 $u_1, \cdots, u_n$ 将是怎样的符号，$Y_1, \cdots, Y_n$ 将是怎样的公式，这里都暂时不讲，将来具体应用时就会清楚．

另外还需要说明一点．例如 X(a，b)，它就是公式 X，a 和 b 都在其中出现．X并没有具体写出，并不知道X是怎样的公式，只知道X中有 a 和 b 出现．把X写作 X(a, b) 正是为了表明这一点．X(a, b) 不是由X和 (a, b) 并列起来而得到的，X(a, b) 只是为了表明 a 和 b 在X中出现而采用的X的另一种写法．因此 X(a, b) 和具体写出的公式，例如 F(a, b)，是不同的．F(a, b) 是由F和 (a, b) 并列而得到的公式，它是一个具体写出的有六个符号的公式．X(a, b) 可以就是 F(a, b)，也可以是 G(a, b, c)，或者是 $F(a, b) \vee G(a, b, c)$ 等．这样，根据上面的规定，X(y, z) 就

分别是 $F(y, z)$, $G(y, z, c)$, $F(y, z) \vee G(y, z, c)$。

在第二章 § 23 中，我们将进一步规定，当把公式 X 写成 $X(u_1, \cdots, u_n)$ 时，$u_i(i = 1, \cdots, n)$ 可以在 X 即 $X(u_1, \cdots, u_n)$ 中出现，也可以不在其中出现.

F^* 有以下四条**形成规则**:

15(i) $F^n(a_1, \cdots, a_n)$ 是合式公式.

15(ii) 如果 X 是合式公式，则 $\neg X$ 是合式公式.

15(iii) 如果 X 和 Y 是合式公式，则 $[X \wedge Y]$, $[X \vee Y]$, $[X \rightarrow Y]$, $[X \leftrightarrow Y]$ 是合式公式.

15(iv) 如果 $X(a)$ 是合式公式，a 在其中出现，x 不在其中出现，则 $\forall x X(x)$, $\exists x X(x)$ 是合式公式.

在 F^* 的形式符号和形成规则中去掉 $\wedge$, $\vee$, $\leftrightarrow$, $\exists$ 四个逻辑词以及有关它们的部分，就得到 F 的形式符号和形成规则.

例 1 下面的(1)—(6)六个公式，根据右方的说明，都是合式公式:

(1)	$F(a, b)$	15(i)
(2)	$\neg F(a, b)$	(1)15(ii)
(3)	$\exists y \neg F(a, y)$	(2)15(iv)
(4)	$G(a)$	15(i)
(5)	$[\exists y \neg F(a, y) \rightarrow G(a)]$	(3)(4)15(iii)
(6)	$\forall x[\exists y \neg F(x,y) \rightarrow G(x)]$	(5)15(iv)

15(iv) 中的两个条件“a 在其中出现”和“x 不在其中出现”都是不可缺少的. 若没有“a 在其中出现”，则由合式公式 $F(b)$(a 不在其中出现) 使用 15(iv) 可得到 $\exists x F(b)$; 若没有“x 不在其中出现”，则由合式公式 $\exists x F(a, x)$ (x 在其中出现)使用 15(iv) 可得到 $\exists x \exists x F(x, x)$; 若这两个条件都没有，则由合式公式 $F(b)$ 可得到 $\exists x F(b)$, 再由 $\exists x F(b)$ 可得到 $\forall x \exists x F(x)$; 然而 $\exists x F(b)$, $\exists x \exists x F(x, x)$, $\forall x \exists x F(x)$ 都不是合式公式.

前面已经讲过，本书中的谓词逻辑是一阶逻辑. 一阶逻辑中只包含一阶谓词即表示个体的性质或个体之间关系的谓词，一阶函数词即表示对个体的运算的函数词（带函数词的谓词逻辑见§17)，以及一阶量词即 ∀x（所有个体）和 ∃x（存在个体）这样的个体量词. 在二阶逻辑里，除此之外还包含二阶谓词、二阶函数词以及相应的二阶量词. 更高阶的逻辑则包含更高阶的谓词、函数词和量词.

在本书中，我们往往在不包含 ∧，∨，↔ 和 ∃ 的谓词逻辑的名字右上角添加“*”号，以表示加进这四个逻辑词而得到的谓词逻辑，例如由 **F** 得到 **F***. 后面还有这种情况. 在命题逻辑中，**P*** 是在 **P** 中加进 ∧，∨ 和↔三个逻辑词(命题逻辑中没有量词符号)而构成的.

正像“**P***”可以读作“**P** 星”一样，“**F***”等可以读作“**F** 星”等.

根据 **F** 和 **F*** 的形成规则，可以定义它们的合式公式. 可以用归纳法，施归纳于合式公式的结构，证明 **F** 和 **F*** 中的合式公式都有某个性质.

F 和 **F*** 的原子公式 $F(a_1, \cdots, a_n)$ 中的 $a_1, \cdots, a_n$ 不一定是互不相同的.

前面说过的关于省略括号的各种规定，今后仍要使用. 当使用不同形式的括号时，我们仍可使用括弧，但不能在规定使用括弧的地方改用其他括号. 例如，不能把原子公式 $F^n(a_1, \cdots, a_n)$写成 $F^n[a_1, \cdots, a_n]$，也不能把 $\forall xA(x)$ 写成 $\forall xA[x]$.

F 和 **F*** 的合式公式也可以按照复杂的程度加以分类，下面我们来定义 **F** 和 **F*** 的第 n 层合式公式.

为简单起见，我们在本节中还要陈述的定义和定理等都是关于 **F** 的. 读者很容易根据它们来陈述 **F*** 中的有关内容.

定义 15.1(第 n 层合式公式) A 是 **F** 中的**第 0 层合式公式**，当且仅当，A 是原子公式.

A 是 **F** 的**第 $n+1$ 层合式公式**，当且仅当，A 满足以下的[1]—[3]之一:

[1] 有第 n 层合式公式 B，使得 $A = \neg B$.

[2] 有第k层合式公式B和第l层合式公式C，使得 $A=[B\to C]$，并且 $\max(k, l)=n$.

[3] 有第n层合式公式 $B(a)$，使得，a 在其中出现，x 不在其中出现，并且 $A=\forall xB(x)$.

定理 15.1 在 **F** 中，任何 A，有n，使得A是第n层合式公式. ‖

定义 15.2 **（命题形式）** 如果不同的个体词$a_1,\cdots,a_n$在合式公式 $A(a_1,\cdots,a_n)$ 中出现，不同的约束变元 $x_1,\cdots,x_n$ 不在其中出现，则 $A(x_1,\cdots,x_n)$ 是n元命题形式.

任何n元命题形式统称为**命题形式**.

零元命题形式就是合式公式.

如果 $A(a_1,\cdots,a_n)$ 是原子公式，则命题形式 $A(x_1,\cdots,x_n)$ 称为**原子命题形式**. 原子命题形式也称为原子公式. 因此 **F** 和 **F*** 中的原子公式是有 $F(a_1,\cdots,a_n)$ 形式的公式，其中的 $a_1,\cdots,a_n$ 是个体词或约束变元.

例 2 $F(a_1,a_2)\to G(a_3,a_4,a_5)$ 和 $\exists x[F(a,x)\to\forall yH(b,c,y)]$ 都是零元命题形式，即合式公式.

$F(a,x)\to G(a,b,c)$, $F(a,x)\to G(a,b,x)$, $F(x,x)\to G(x,x,x)$ 和 $\exists x[F(x,y)\to\forall zG(a,x,z)]$ 都是一元命题形式.

$F(a,x)\to G(a,y,b)$, $F(x,y)\to G(a,y,y)$ 和 $\exists x[F(x,y)\to\forall x_1G(x,x_1,z)]$ 都是二元命题形式.

$G(a,b,c)$ 是零元原子命题形式.

$G(a,b,x)$, $G(a,x,x)$ 和 $G(x,x,x)$ 都是一元原子命题形式.

$G(a,x,y)$ 和 $G(x,x,y)$ 都是二元原子命题形式.

我们来说明 $\exists x[F(x,y)\to\forall x_1G(x,x_1,z)]$ 是二元命题形式. 考虑合式公式A即 $\exists x[F(x,a)\to\forall x_1G(x,x_1,b)]$，a 和 b 在其中出现，y 和 z 不在其中出现，而 $\mathfrak{S}^{ab}_{yz}A|$ 就是所给的公式. 故所给的公式是二元命题形式.

在合式公式中，如果 x 出现，则必有 $\forall x$ 或 $\exists x$ 出现. 但在命题形式中，可以 x 出现而 ∀x 和 ∃x 都不出现.

定义 15.3 （未经约束的约束变元） 约束变元 x 是命题形式中的**未经约束的约束变元**，当且仅当，x 在这个命题形式中出现而 ∀x 和 ∃x 都不在其中出现.

根据定义 15.2.3，一个命题形式是 n 元的，当且仅当，其中有 n 个不同的未经约束的约束变元. 当 $n=0$ 时，零元命题形式就是合式公式，故合式公式是命题形式的特殊情形.

我们在 § 01 中曾规定令 A, B, C（或加下添标）是任意的合式公式. 现在我们也令 A, B, C 等是任意的命题形式，但是当它们是命题形式时，一般是要加以说明的.

上面我们是先根据形成规则定义合式公式的概念，再由之定义命题形式的概念的. 我们也可以先列出命题形式的形成规则，根据它们定义命题形式，再由之定义合式公式.

我们规定，当说 x 不在某个公式中约束时，那就是说 x 在其中是未经约束的，或者 x 根本不在其中出现.

现在列出 F 中关于命题形式的四条**形成规则**:

15[i] $F^{n}(a_1, \cdots, a_n)$ 是命题形式（原子命题形式），其中的 $a_1, \cdots, a_n$ 是个体词或约束变元.

15[ii] 如果 X 是命题形式，则 ¬X 是命题形式.

15[iii] 如果 X 和 Y 是命题形式，X 中的未经约束的约束变元不在 Y 中约束，Y 中的未经约束的约束变元不在 X 中约束，则 [X → Y] 是命题形式.

15[iv] 如果 X 是命题形式，x 是其中的未经约束的约束变元，则 ∀xX 是命题形式.

定义 15.4 （命题形式、合式公式） X 是 F 中的**命题形式**，当且仅当，X 由命题形式的形成规则 15[i]—15[iv] 生成.

F 中的**合式公式**是 F 中这样的命题形式，在其中不出现未经约束的约束变元.

可以证明，前面根据 15(i)—15(iv) 定义的合式公式和根据定义 15.2 定义的命题形式都可以由命题形式的形成规则生成.

定理 15.2 F 中的任何合式公式(由 15(i)—15(iv) 定义)都可以由命题形式的形成规则 15[i]—15[iv] 生成.

证 施归纳于合式公式 A 的结构.

基始: A 是原子公式. A 即由 15[i] 生成.

归纳: A 是 $\neg B$ 或 $B \to C$ 或 $\forall x B(x)$. 设 $A = \neg B$. 由归纳假设, B 已由命题形式的形成规则生成;由 B 经使用 15[ii] 就生成 $\neg B$. 设 $A = [B \to C]$. 由归纳假设,已生成 B 和 C; 经使用 15[iii] 就生成 $[B \to C]$. 设 a 在 B(a) 中出现, x 不在 B(a) 中出现,而 $A = \forall x B(x)$, 又设 B(a) 已经生成. 在生成 B(a) 的公式序列中以 x 代入 a 的所有出现之处, 这样得到的公式序列就生成 B(x). 由 B(x) 经使用 15[iv] 就生成 $\forall x B(x)$.

由基始和归纳,就证明了本定理. ||

定理 15.3 F 中的任何命题形式(由定义 15.2 定义)都可以由命题形式的形成规则生成.

证 设 $A(x_1, \cdots, x_n)$ 是 n 元命题形式. 根据定义 15.2, 有合式公式 $A(a_1, \cdots, a_n)$, $a_1, \cdots, a_n$ 在其中出现, $x_1, \cdots, x_n$ 不在其中出现,而

$$A(x_1, \cdots, x_n) = \mathfrak{S}_{x_1 \cdots x_n}^{a_1 \cdots a_n} A(a_1, \cdots, a_n)|$$

由定理 15.2, $A(a_1, \cdots, a_n)$ 可由 15[i]—15[iv] 生成. 在生成 $A(a_1, \cdots, a_n)$ 的公式序列中以 $x_1, \cdots, x_n$ 同时分别代入 $a_1, \cdots, a_n$ 的所有出现之处, 这样得到的公式序列就生成 $A(x_1, \cdots, x_n)$. ||

定理 15.2 是定理 15.3 的特例. 但由于原来是先定义合式公式的概念, 然后定义命题形式的, 所以要在证明定理 15.2 之后才能证明定理 15.3.

例 3 合式公式 $\forall x \neg [F(a, x) \to \forall y G(x, y, b)]$ 可以通过下面的 (1)—(6), 由合式公式的形成规则生成:

(1) $G(c, a, b)$

(2) $\forall y G(c, y, b)$

(3) $F(a, c)$

(4) $F(a, c) \to \forall y G(c, y, b)$

(5) $\neg[F(a, c) \to \forall y G(c, y, b)]$

(6) $\forall x \neg[F(a, x) \to \forall y G(x, y, b)]$

也可以通过下面的(7)—(12),由命题形式的形成规则生成:

(7) $G(x, y, b)$

(8) $\forall y G(x, y, b)$

(9) $F(a, x)$

(10) $F(a, x) \to \forall y G(x, y, b)$

(11) $\neg[F(a, x) \to \forall y G(x, y, b)]$

(12) $\forall x \neg[F(a, x) \to \forall y G(x, y, b)]$

上面(1)—(6)中各公式之间的关系与(7)—(12)中相应公式之间的关系是类似的.

由命题形式的形成规则生成命题形式(包括合式公式)是更加直观的;通过例3可以看到,其中的(7)—(11)各公式都是后面某个公式的真子公式.

根据定理15.3,我们可以通过证明以下的四点来证明 **F** 中的所有命题形式(包括合式公式)都有某一性质:(一)所有原子公式都有这性质;(二)如果命题形式A有这性质,则¬A也有这性质;(三)如果命题形式A,B都有这性质,A中的未经约束的约束变元都不在B中约束,B中的未经约束的约束变元都不在A中约束,则[A → B]也有这性质;(四)如果命题形式 A(x) 有这性质,x是其中的未经约束的约束变元,则 ∀xA(x) 也有这性质.当使用这种方法作出证明时,我们说证明用了归纳法,**施归纳于命题形式的结构**.

下面是关于合式公式和命题形式的结构方面性质的一些定理,证明留给读者.

定理15.4 在 **F** 中,任何合式公式或命题形式A或者以F开始而有 $F(a_1, \cdots, a_n)$ 的形式($a_1, \cdots, a_n$ 是个体词或约束变元),或者以¬开始而有¬B的形式,或者以[开始而有[B → C]的形式,或者以 ∀x 开始而有 ∀xB(x) 的形式.

如果A有$\neg B$的形式，则A的这种形式是唯一的，这就是说，如果 $A = \neg B = \neg B_1$，则 $B = B_1$.

如果A有 $[B \to C]$ 的形式，则A的这种形式是唯一的，这就是说，如果 $A = [B \to C] = [B_1 \to C_1]$，则 $B = B_1$，$C = C_1$.

如果A有 $\forall x B(x)$ 的形式，则A的这种形式是唯一的，这就是说，如果 $A = \forall x B(x) = \forall x B_1(x)$，则 $B(x) = B_1(x)$. ‖

定义 15.5 （**主蕴涵词，前件，后件**） 在蕴涵式 $[A \to B]$ 中，A和B之间的→称为**主蕴涵词**，A称为**前件**，B称为**后件**.

定义 15.6 （**辖域**） 设 A，B，C，B(x) 是 **F** 中的命题形式.

如果 $\neg B$ 是A的子公式，则B称为紧接在它左方的否定词在A中的**辖域**. 如果 $[B \to C]$ 是A的子公式，则B和C称为 $[B \to C]$ 中的主蕴涵词在A中的**辖域**，B称为它的**左辖域**，C称为它的**右辖域**. 如果 $\forall x B(x)$ 是A的子公式，则 B(x) 称为紧接在它左方的全称量词在A中的**辖域**.

定义 15.5 和定义 15.6，除了其中的 A，B，C 可以是合式公式或者是命题形式外，与定义 10.3 和定义 10.4 的相应部分完全相同.

根据定义 15.6，$\neg$，$\to$ 和 $\forall x$ 的辖域是合式公式或者是命题形式.

例 4 在合式公式

$$\forall x[F(x) \to \exists y G(x, y)] \to [\forall x F(x) \to \forall x \exists y \neg G(x, y)]$$

中，第一个 $\forall x$ 的辖域是 $[F(x) \to \exists y G(x, y)]$，第二个 $\forall x$ 的辖域是 $F(x)$，第三个 $\forall x$ 的辖域是 $\exists y \neg G(x, y)$；第一个 $\exists y$ 的辖域是 $G(x, y)$，第二个 $\exists y$ 的辖域是 $\neg G(x, y)$.

定理 15.5 在 **F** 中，任何命题形式中的任何$\neg$（如果有）都有唯一的辖域，任何 →（如果有）都有唯一的左辖域和右辖域，任何 $\forall x$（如果有）都有唯一的辖域. ‖

定理 15.6 设 A，B，C，$\forall x A(x)$ 是 **F** 中的命题形式.

如果C是$\neg A$的子公式，则 $C = \neg A$ 或者C是A的子公式.

如果C是 $[A\to B]$ 的子公式，则 $C=[A\to B]$ 或者C是A的子公式或者C是B的子公式.

如果 C 是 $\forall xA(x)$ 的子公式，则 $C=\forall xA(x)$ 或者 C 是 $A(x)$ 的子公式. ‖

定理 15.7 设X是 **F** 中的公式，X中不出现 $\forall$，由X把其中的原子公式都替换为任意的命题词而得到Y. 那么X是 **F** 中的合式公式或命题形式，当且仅当，Y是 **P** 中的合式公式. ‖

F 中的公式是不是合式公式，也是有判定的算法的，我们留给读者.

习　　题

15.1 证定理 15.4.

15.2 证定理 15.5.

15.3 证定理 15.6.

15.4 证定理 15.7.

15.5 建立判定 **F** 中公式是不是合式公式的算法.

15.6 判定以下的公式是不是合式公式:

[1] $\forall x[[F(x,a)\to G(b,x,y)]\to\forall zF(x,z)]$

[2] $\neg[\forall x\neg\forall y\neg[F(x)\to G(a,x,y)]\to\forall x[H(a,x)\to\neg F(a)]]$

[3] $\forall x[[G(a,x)\to H(x)]\to\forall yG(x,y)]$

[4] $[\forall xF(a,x,y)\to\forall yG(y,y)]$

[5] $\neg\forall x\neg\forall xF(x)$

[6] $\neg[\forall x\neg F(a,b,x)\to\forall x[H(a,x)\to F(a,b,x)]$

[7] $\neg[\forall x\neg F(a,b,x)\to[\forall xH(a,x)\to F(a,b,x)]$

§16　F 和 F* 的形式推理规则

在本节中我们要给出 **F** 和 **F*** 的形式推理规则，并且证明 **F** 和 **F*** 的一些重要的形式推理关系.

F* 有下面的十五条**形式推理规则**:

$(\in)$　　$A_1,\cdots,A_n\vdash A_i\ (i=1,\cdots,n)$

(τ)　如果 $\Gamma \vdash \Delta \vdash A$（$\Delta$ 不空）

则 $\Gamma \vdash A$

($\neg$)　如果 $\Gamma, \neg A \vdash B, \neg B$

则 $\Gamma \vdash A$

($\wedge_-$)　$A \wedge B \vdash A, B$

($\wedge_+$)　$A, B \vdash A \wedge B$

($\vee_-$)　如果 $A \vdash C$

$B \vdash C$

则 $A \vee B \vdash C$

($\vee_+$)　$A \vdash A \vee B, B \vee A$

($\rightarrow_-$)　$A \rightarrow B, A \vdash B$

($\rightarrow_+$)　如果 $\Gamma, A \vdash B$

则 $\Gamma \vdash A \rightarrow B$

($\leftrightarrow_-$)　$A \leftrightarrow B, A \vdash B$

$A \leftrightarrow B, B \vdash A$

($\leftrightarrow_+$)　如果 $\Gamma, A \vdash B$

$\Gamma, B \vdash A$

则 $\Gamma \vdash A \leftrightarrow B$

($\forall_-$)　$\forall x A(x) \vdash A(a)$

($\forall_+$)　如果 $\Gamma \vdash A(a)$，a 不在 Γ 中出现

则 $\Gamma \vdash \forall x A(x)$

($\exists_-$)　如果 $A(a) \vdash B$，a 不在 B 中出现

则 $\exists x A(x) \vdash B$

($\exists_+$)　$A(a) \vdash \exists x A(x)$，其中的 $A(x)$ 是由 $A(a)$ 把其中 a 的某些出现替换为 x 而得

在这些规则中去掉关于逻辑词 $\wedge$，$\vee$，$\leftrightarrow$，$\exists$ 的共八条，就得到 **F** 的七条形式推理规则.

上面这些推理规则中，除关于量词的四条外，其余的十一条都是在命题逻辑中已经讲过的. 这十一条规则的形式，名称和记号都与命题逻辑中的相同，但它们应当随着所属形式系统有怎样的

符号而包括尽可能多的内容．下面我们对（$\forall_-$），（$\forall_+$），（$\exists_-$）和（$\exists_+$）这四条推则的涵义作一些说明．

（$\forall_-$）称为**全称量词消去律**，它反映演绎推理中这样的规则：如果论域中的所有个体都有某一性质 A（相当于 $\forall x A(x)$），那么，任取这个论域中的个体 α（相当于 a），α 有性质 A（相当于 A(a)）．例如，所有自然数都是有后继的，因此，任取一自然数 n，可以推知 n 是有后继的．

（$\forall_+$）称为**全称量词引入律**，它反映演绎推理中这样的规则：如果在论域中任意选择个体 α 而由某些前提能推出 α 有某个性质 A（相当于 $\Gamma\vdash A(a)$），那么由同样的前提能够推出这个论域中的所有个体都有 A 性质（相当于 $\Gamma\vdash\forall x A(x)$）．例如要证明线段的垂直平分线上的所有点都与线段的两端距离相等．证明的方法是在垂直平分线上任意取一点，证明这点与线段两端距离相等；因为，如果能证明垂直平分线上的任意一点有此性质，那么就证明了上面的所有点都有此性质．α 是论域中的任意个体，就是说 α 的选择应当与前提无关，这一点在（$\forall_+$）中体现为"a 不在 Γ 中出现"．

（$\exists_-$）称为**存在量词消去律**，它反映演绎推理中这样的规则：如果在论域中任意选择个体 α，设它有某个性质 A（相当于 A(a)），由此能推出命题 B（相当于 $A(a)\vdash B$），那么，只要论域中有个体有 A 性质，就能由此推出 B（相当于 $\exists x A(x)\vdash B$）．例如，令 S 是某些自然数的集合，那么由"有自然数使得 S 中的数都不大于它"能推出"S 是有穷集"．证明是这样的：任取一自然数 k，使得 S 中的数都不大于它，则 S 中最多有 $k+1$ 个数，故 S 是有穷集；这样就证明了由"有自然数使得 S 中的数都不大于它"能推出"S 是有穷集"．上面所说的 α 是论域中的任意个体，就是说 α 的选择应当与 B 无关，这一点在（$\exists_-$）中体现为"a 不在 B 中出现"．

（$\exists_+$）称为**存在量词引入律**，它反映演绎推理中这样的规则：如果论域中的个体 α 有 A 性质（相当于 A(a)），那么论域中当然是有个体有 A 性质的（相当于 $\exists x A(x)$）．例如，2 是素数，因此有自然数是素数.

下面我们举例说明，根据关于量词的推理规则可以得到怎样的推理关系.

前面曾规定,如果在上下文中先出现了 $X(u_1, \cdots, u_n)$,然后出现 $X(Y_1, \cdots, Y_n)$, 那么

$$X(Y_1, \cdots, Y_n) = \mathfrak{S}_{Y_1 \cdots Y_n}^{u_1 \cdots u_n} X(u_1, \cdots, u_n)|$$

在 $(\forall_-)$ 中是先有 $A(x)$, 然后有 $A(a)$ 的,故 $A(a) = \mathfrak{S}_a^x A(x)|$.
因此,根据$(\forall_-)$,可以得到下面的推理关系:

$$\forall x F(x, x, x) \vdash F(a, a, a)$$

$$\forall x F(a, b, x) \vdash F(a, b, a)$$

$$\forall x F(a, b, x) \vdash F(a, b, b)$$

$$\forall x F(a, b, x) \vdash F(a, b, c)$$

但是,不允许根据 $(\forall_-)$ 得到下面的 1) 和 2):

1) $\forall x F(x, x, x) \vdash F(a, a, x)$

2) $\forall x F(x, x, x) \vdash F(a, a, b)$

其中的 a 和 b 假定它们是不同的个体词; 情况是, 在 1) 中没有以 a 代入 x 在左方 $F(x, x, x)$ 中的所有出现之处, 在 2) 中以 a 代入 $F(x, x, x)$ 中 x 的两个出现之处, 又以 b 代入其中 x 的另一个出现之处,而 a 和 b 是不同的个体词.

在 $(\forall_+)$中, 是先有 $A(a)$ 然后有 $A(x)$ 的, 故 $A(x) = \mathfrak{S}_x^a A(a)|$. 在 $(\forall_+)$ 中还要求 a 不在 Γ 中出现. 因此, 根据$(\forall_+)$, 下面的

$$F(a, b) \vdash G(a, b, c) \Longrightarrow F(a, b) \vdash \forall x G(a, b, x)$$

$$F(a, b) \vdash G(c, c, c) \Longrightarrow F(a, b) \vdash \forall x G(x, x, x)$$

都是成立的. 但是,不允许根据$(\forall_+)$得到下面的 3), 4) 和 5):

3) $F(a, b) \vdash G(a, b, c) \Longrightarrow F(a, b) \vdash \forall x G(x, b, c)$

4) $F(a, b) \vdash G(c, c, c) \Longrightarrow F(a, b) \vdash \forall x G(x, x, c)$

5) $F(a, b) \vdash G(a_1, b_1, c) \Longrightarrow F(a, b) \vdash \forall x G(x, x, c)$

其中的 a, b, c, a_1, b_1 是不同的个体词. 这是因为, 在 3) 中 a 在 $F(a, b)$ 中出现了;在 4) 中没有把 $G(c, c, c)$ 中的 c 全部替换为

x，因而得到了 $G(x, x, c)$；在 5) 中把 $G(a_1, b_1, c)$ 中的不同的 a_1 和 b_1 都替换为 x，因而得到了 $G(x, x, c)$.

关于 $(\exists_-)$，所要注意的情况同关于 $(\forall_+)$ 的情况是类似的．根据 $(\exists_-)$，下面的

$$G(c, c, c) \vdash F(a, b) \Longrightarrow \exists x G(x, x, x) \vdash F(a, b)$$
$$G(a, b, c) \vdash F(a, b) \Longrightarrow \exists x G(a, b, x) \vdash F(a, b)$$

都是成立的；但是，不许可根据 $(\exists_-)$ 得到下面的 6)，7) 和 8)：

6) $$G(a, b, c) \vdash F(a, b) \Longrightarrow \exists x G(x, b, c) \vdash F(a, b)$$

7) $$G(c, c, c) \vdash F(a, b) \Longrightarrow \exists x G(x, x, c) \vdash F(a, b)$$

8) $$G(a_1, b_1, c) \vdash F(a, b) \Longrightarrow \exists x G(x, x, c) \vdash F(a, b)$$

这与前面不允许根据 $(\forall_+)$ 得到 3)，4) 和 5) 是类似的.

最后我们来考虑 $(\exists_+)$．在 $(\exists_+)$ 中是先出现 A (a) 然后出现 $\exists x A(x)$ 的．按照上节中的规定，如果没有另外的说明，那么

$$A(x) = \mathfrak{S}_x^a A(x) |$$

就是说，A(x) 是在 A(a) 中以 x 代入 a 的所有出现之处而得．但是在 $(\exists_+)$ 中我们说明了 A(x) 是由 A(a) 把其中 a 的某些出现替换为 x 而得，因此在使用 $(\exists_+)$ 由 A(a) 得到 A(x) 时，可以把 A(a) 中出现的 a 全部替换为 x，从而得到象

$$F(a,a) \vdash \exists x F(x,x)$$

这样的推理关系，也可以把 A(a) 中出现的 a 部分地替换为 x，从而得到

$$F(a,a) \vdash \exists x F(x,a)$$
$$F(a,a) \vdash \exists x F(a,x)$$

这样的推理关系.

注意，在 $(\exists_+)$ 中所作的关于可以全部或部分替换的说明，以后在本书中还会遇到.

F 和 **F*** 中的形式推理规则也可以分为两类．我们只需要说，$(\forall_-)$ 和 $(\exists_+)$ 属于第一类，它们直接生成形式推理关系；$(\forall_+)$ 和

($\exists_-$)属于第二类，应用它们可以由已经生成的形式推理关系生成新的形式推理关系．其余的十一条形式推理规则在命题逻辑中已经讲过了．

F 和 **F***中的形式推理关系也是根据形式推理规则定义的，我们不再陈述．

下面我们来证明**F**和**F***中的一些重要的推理关系，其中那些仅涉及$\neg$，$\rightarrow$，$\forall$三个逻辑词的推理关系既是**F**中的也是**F***中的推理关系；并且，所给出的形式证明既是 **F** 中的证明，也是 **F*** 中的证明．那种在其中出现了 $\wedge$，$\vee$，$\leftrightarrow$ 或$\exists$的推理关系则是 **F*** 中而不是 **F** 中的推理关系．

定义 16.1 [1] $\forall x_1\cdots x_n A =_{df} \forall x_1\cdots\forall x_n A$

[2] $\exists x_1\cdots x_n A =_{df} \exists x_1\cdots\exists x_n A$

定理 16.1 如果Γ，$A(a)\vdash B$，a 不在Γ和B中出现，则 Γ，$\exists x A(x)\vdash B$．||

定理 16.1 的证明同定理 12.1 的相似．定理 16.1 包括($\exists_-$)作为特例．在形式证明中经常用到的是定理 16.1 而不是($\exists_-$)．因此，当不需要指明它们的区别时，我们也称定理 16.1′为存在量词消去律，并把它记作“($\exists_-$)”．

当根据($\exists_-$)证明

$$\Gamma, \exists x A(x)\vdash B$$

时，可以把斜形证明写成下面的形式：

(1) Γ		
(2)	$A(a)$	取 a 不在Γ和B中出现
(3)	B	(1)(2)假设
(4)	$\exists x A(x)$	
(5)	B	(3)($\exists_-$)

这些同使用($\vee_-$)时的斜形证明写法(见 §12)是类似的．

关于量词的推理规则($\forall_-$)，($\forall_+$)，($\exists_-$)，($\exists_+$)可以推广为有多个量词的情形：

($\forall_-$) $\forall x_1\cdots x_n A(x_1,\cdots,x_n)\vdash A(a_1,\cdots,a_n)$

($\forall_+$)　如果 $\Gamma \vdash A(a_1, \cdots, a_n)$, a_i 不在 Γ 中出现

$(i = 1, \cdots, n)$

则 $\Gamma \vdash \forall x_1 \cdots x_n A(x_1, \cdots, x_n)$

($\exists_-$)　如果 $\Gamma, A(a_1, \cdots, a_n) \vdash B$, a_i不在 Γ, B 中出现

$(i = 1, \cdots, n)$

则 $\Gamma, \exists x_1 \cdots x_n A(x_1, \cdots, x_n) \vdash B$

($\exists_+$)　$A(a_1, \cdots, a_n) \vdash \exists x_1 \cdots x_n A(x_1, \cdots, x_n)$, 其中的 $A(x_1, \cdots, x_n)$ 是由 $A(a_1, \cdots, a_n)$ 把其中 $a_i(i=1, \cdots, n)$ 的某些出现同时分别替换为 x_i 而得

上面这些规则中的 $x_1, \cdots, x_n$ 都是各不相同的，否则，例如 $\forall xxA(x, x)$，即 $\forall x \forall x A(x, x)$，就不是合式公式. ($\forall_+$)和($\exists_-$)中的 $a_1, \cdots, a_n$ 也都是各不相同的，否则就会使得 $x_1, \cdots, x_n$ 中有相同的约束变元，因而使得 $\forall x_1 \cdots x_n A(x_1, \cdots, x_n)$ 和 $\exists x_1 \cdots x_n A(x_1, \cdots, x_n)$ 不是合式公式. 但在($\forall_-$) 和 ($\exists_+$)中，$a_1, \cdots, a_n$ 却是可以各不相同，也可以是其中有相同的，例如可以根据它们得到下面的推理关系：

$$\forall xyzF(x, y, z) \vdash F(a, b, c)$$

$$A(a, b, c) \vdash \exists xyzF(x, y, z)$$

也可以得到下面的推理关系：

$$\forall xyzF(x, y, z) \vdash F(a, a, a)$$

$$\forall xyzF(x, y, z) \vdash F(a, a, b)$$

$$F(a, a, a) \vdash \exists xyzF(x, y, z)$$

$$F(a, a, b) \vdash \exists xyzF(x, y, z)$$

定理 16.2　F^*:

[1]　$\forall xA(x) \vdash\dashv \forall yA(y)$

[2]　$\exists xA(x) \vdash\dashv \exists yA(y)$

[3]　$\forall xyA(x, y) \vdash\dashv \forall yxA(x, y)$

[4]　$\exists xyA(x, y) \vdash\dashv \exists yxA(x, y)$

[5]　$\forall xA(x) \vdash \exists xA(x)$

[6]　$\exists x \forall yA(x, y) \vdash \forall y \exists xA(x, y)$

证[1]　先证从左到右部分:

(1)　$\forall xA(x)$

(2)　$A(a)$　　(1) $(\forall_-)$ 取 a 不在(1)中出现

(3)　$\forall yA(y)$　(2) $(\forall_+)$

从右到左部分,证明是相同的.

证[2]　先证从左到右部分:

(1)　　$A(a)$　　取 a 不在 $A(x)$ 中出现

(2)　　$\exists yA(y)$　(1) $(\exists_+)$

(3)　$\exists xA(x)$

(4)　$\exists yA(y)$　　(2) $(\exists_-)$

从右到左部分,证明是相同的.

证[3]　先证从左到右部分:

(1)　$\forall xyA(x, y)$

(2)　$A(a, b)$　　(1) $(\forall_-)$取不同的 a 和 b, 并且都不在(1)中出现

(3)　$\forall yxA(x, y)$　(2) $(\forall_+)$

从右到左部分,证明是相同的.

证[4]　先证从左到右部分:

(1)　　$A(a, b)$　　取不同的 a 和 b,并且都不在 $A(x, y)$ 中出现

(2)　　$\exists yxA(x, y)$　(1) $(\exists_+)$

(3)　$\exists xyA(x, y)$

(4)　$\exists yxA(x, y)$　　(2) $(\exists_-)$

从右到左部分,证明是相同的.

证[5]

(1)　$\forall xA(x)$

(2)　$A(a)$　　(1) $(\forall_-)$

(3)　$\exists xA(x)$　(2) $(\exists_+)$

这里并不要求取 a 不在 $A(x)$ 中出现,因为在使用$(\exists_+)$由(2)得(3)时所得到的 $\exists xA(x)$ 中是可以有 a 出现的.

证[6]

(1) $\forall yA(a, y)$ 取 a 不在 $A(x, y)$ 中出现

(2) $A(a, b)$ (1) ($\forall_-$) 取 b 与 a 不同，且不在 $A(x, y)$ 中出现

(3) $\exists xA(x, b)$ (2) ($\exists_+$)

(4) $\forall y\exists xA(x, y)$ (3) ($\forall_+$)

(5) $\exists x\forall yA(x, y)$

(6) $\forall y\exists xA(x, y)$ (4) ($\exists_-$)||

定理 16.3 F*:

[1] $\forall xA(x) \vdash\dashv \neg\exists x\neg A(x)$

[2] $\exists xA(x) \vdash\dashv \neg\forall x\neg A(x)$

[3] $\forall x\neg A(x) \vdash\dashv \neg\exists xA(x)$

[4] $\exists x\neg A(x) \vdash\dashv \neg\forall xA(x)$

证[1] 先证从左到右部分:

(1) $\forall xA(x)$

(2) $\neg A(a)$ 取 a 不在(1)中出现

(3) $A(a)$ (1) ($\forall_-$)

(4) $\neg\exists x\neg A(x)$ (3)(2)由 **P**

(5) $\exists x\neg A(x)$

(6) $\neg\exists x\neg A(x)$ (4) ($\exists_-$)

(7) $\neg\exists x\neg A(x)$ (5)(6)($\neg_+$)

其次证从右到左部分:

(8) $\neg\exists x\neg A(x)$

(9) $\neg A(a)$ 取 a 不在(8)中出现

(10) $\exists x\neg A(x)$ (9)($\exists_+$)

(11) $A(a)$ (10)(8)($\neg$)

(12) $\forall xA(x)$ (11) ($\forall_+$)

在上面证明的第(4)步，要用到 **P** 中的推理关系定理 11.2 [1]. 由于这是一个显然成立的推理关系，我们可以简单地写“由 **P**”,而不写明用了 **P** 中的哪个推理关系.

证[2] 先证从左到右部分:

(1)	$A(a)$	取 a 不在 $A(x)$ 中出现
(2)	$\forall x \neg A(x)$	
(3)	$\neg A(a)$	(2) ($\forall_-$)
(4)	$\neg \forall x \neg A(x)$	(1)(3)($\neg_+$)
(5)	$\exists x A(x)$	
(6)	$\neg \forall x \neg A(x)$	(4) ($\exists_-$)

其次证从右到左部分:

(7)	$\neg \forall x \neg A(x)$	
(8)	$\neg \exists x A(x)$	
(9)	$A(a)$	取 a 不在(7)中出现
(10)	$\exists x A(x)$	(9) ($\exists_+$)
(11)	$\neg A(a)$	(10)(8)($\neg_+$)
(12)	$\forall x \neg A(x)$	(11) ($\forall_+$)
(13)	$\exists x A(x)$	(12)(7)($\neg$)

[3]和[4]显然可以分别由[1]和[2]得到. ‖

下面我们给出一些在形式证明中发生错误的例子，错误往往是由于在使用($\forall_+$) 和 ($\exists_-$) 时没有满足所要求的条件而产生的. 例如，如果在证明定理 16.3 [1] 的从左到右部分时像下面这样进行:

(1)	$\forall x A(x)$	
(2)	$\neg A(a)$	取 a 不在(1)中出现
(3)	$A(a)$	(1) ($\forall_-$)
(4)	$\neg A(a)$	(2) ($\in$)
(5)	$\exists x \neg A(x)$	
(6)	$A(a)$	(3) ($\exists_-$)
(7)	$\neg A(a)$	(4) ($\exists_-$)
(8)	$\neg \exists x \neg A(x)$	(6) (7)($\neg_+$)

那么,在(6)和(7)两步中关于($\exists_-$)的使用是错误的，因为在(3)和(4) 中有 a 出现. 又如果在证明定理 16.3 [2] 的从右到左部分时

像下面这样进行:

(1) $\neg\forall x\neg A(x)$

(2) $\neg A(a)$

(3) $\neg A(a)$ (2) ($\in$)

(4) $\forall x\neg A(x)$ (3) ($\forall_+$)

(5) $A(a)$ (4)(1)($\neg$)

(6) $\exists xA(x)$ (5) ($\exists_+$)

那么,在第(3)步中($\forall_+$)的使用也是错误的,因为 a 在(2)中出现.

定理 16.4 F^*:

[1] $\forall x[A(x)\to B(x)], \forall xA(x)\vdash\forall xB(x)$

[2] $\forall x[A(x)\to B(x)], \exists xA(x)\vdash\exists xB(x)$

[3] $\forall x[A(x)\to B(x)], \forall x[B(x)\to C(x)]\vdash\forall x[A(x)\to C(x)]$

[4] $A\to\forall xB(x)\dashv\vdash\forall x[A\to B(x)]$, x 不在 A 中出现

[5] $A\to\exists xB(x)\dashv\vdash\exists x[A\to B(x)]$, x 不在 A 中出现

[6] $\forall xA(x)\to B\dashv\vdash\exists x[A(x)\to B]$, x 不在 B 中出现

[7] $\exists xA(x)\to B\dashv\vdash\forall x[A(x)\to B]$, x 不在 B 中出现

在定理 16.4[4] 和 [5]中 x 不能在 A 中出现,在[6]和[7]中 x 不能在 B 中出现,否则[4]—[7]中右方的公式就不是合式公式了.以后遇到类似的情形,不再一一说明.

我们选证定理 16.4 的[1], [4]和[7].

证[1]

(1) $\forall x[A(x)\to B(x)]$

(2) $\forall xA(x)$

(3) $A(a)\to B(a)$ (1) ($\forall_-$)取 a 不在(1)中出现

(4) $A(a)$ (2) ($\forall_-$)

(5) $B(a)$ (3)(4)($\to_-$)

(6) $\forall xB(x)$ (5)($\forall_+$)

证[4] 先证从左到右部分:

(1) $A \to \forall x B(x)$

(2) A

(3) $\forall x B(x)$　(1)(2)($\to_-$)

(4) $B(a)$　(3)($\forall_-$)取 a 不在(1)中出现

(5) $A \to B(a)$　(4) ($\to_+$)

(6) $\forall x[A \to B(x)]$　(5) ($\forall_+$)

其次证从右到左部分:

(7) $\forall x[A \to B(x)]$

(8) A

(9) $A \to B(a)$　(7)($\forall_-$)取 a 不在(7)中出现

(10) $B(a)$　(9)(8)($\to_-$)

(11) $\forall x B(x)$　(10)($\forall_+$)

(12) $A \to \forall x B(x)$　(11) ($\to_+$)

证[7]　先证从左到右部分:

(1) $\exists x A(x) \to B$

(2) $A(a)$　取 a 不在(1)中出现

(3) $\exists x A(x)$　(2) ($\exists_+$)

(4) B　(1)(3)($\to_-$)

(5) $A(a) \to B$　(4)($\to_+$)

(6) $\forall x[A(x) \to B]$　(5) ($\forall_+$)

其次证从右到左部分:

(7) $\forall x[A(x) \to B]$

(8) $A(a)$　取 a 不在(7)中出现

(9) $A(a) \to B$　(7) ($\forall_-$)

(10) B　(9)(8)($\to_-$)

(11) $\exists x A(x)$

(12) B　(10) ($\exists_-$)

(13) $\exists x A(x) \to B$　(12)($\to_+$) ||

我们规定用大写英文字母(或加下添标)

$$Q, Q_1, Q_2, Q_3, \cdots$$

表示量词符号∀或∃.

定理 16.5 F^*:

[1] $A \wedge \forall x B(x) \vdash\dashv \forall x[A \wedge B(x)]$

[2] $A \wedge \exists x B(x) \vdash\dashv \exists x[A \wedge B(x)]$

[3] $\forall x A(x) \wedge \forall x B(x) \vdash\dashv \forall x[A(x) \wedge B(x)]$

[4] $\exists x[A(x) \wedge B(x)] \vdash \exists x A(x) \wedge \exists x B(x)$

[5] $Q_1 x A(x) \wedge Q_2 y B(y) \vdash\dashv Q_1 x Q_2 y[A(x) \wedge B(y)]$ ||

定理 16.6 F^*:

[1] $A \vee \forall x B(x) \vdash\dashv \forall x[A \vee B(x)]$

[2] $A \vee \exists x B(x) \vdash\dashv \exists x[A \vee B(x)]$

[3] $\forall x A(x) \vee \forall x B(x) \vdash \forall x[A(x) \vee B(x)]$

[4] $\exists x A(x) \vee \exists x B(x) \vdash\dashv \exists x[A(x) \vee B(x)]$

[5] $Q_1 x A(x) \vee Q_2 y B(y) \vdash\dashv Q_1 x Q_2 y[A(x) \vee B(y)]$ ||

定理 16.7 F^*:

[1] $\forall x[A(x) \leftrightarrow B(x)] \vdash \forall x A(x) \leftrightarrow \forall x B(x)$

[2] $\forall x[A(x) \leftrightarrow B(x)] \vdash \exists x A(x) \leftrightarrow \exists x B(x)$

[3] $\forall x[A(x) \leftrightarrow B(x)], \forall x[B(x) \leftrightarrow C(x)] \vdash \forall x[A(x) \leftrightarrow C(x)]$

[4] $\forall x[A_1(x) \leftrightarrow B_1(x)], \forall x[A_2(x) \leftrightarrow B_2(x)] \vdash \forall x[A_1(x) \wedge A_2(x) \leftrightarrow B_1(x) \wedge B_2(x)]$

[5] $\forall x[A(x) \leftrightarrow B(x)] \vdash\dashv \forall x[A(x) \rightarrow B(x)], \forall x[B(x) \rightarrow A(x)]$ ||

证 我们选证[1]:

(1) $\forall x[A(x) \leftrightarrow B(x)]$

(2) $\quad\quad \forall x A(x)$

(3) $\quad\quad A(a) \leftrightarrow B(a)$ (1)($\forall_-$)取 a 不在(1)中出现

(4) $\quad\quad A(a)$ (2)($\forall_-$)

(5) $\quad\quad B(a)$ (3)(4)($\leftrightarrow_-$)

(6) $\quad\quad \forall x B(x)$ (5)($\forall_+$)

(7) $\quad \forall x B(x)$

(8) $\forall xA(x)$ 同(6)

(9) $\forall xA(x)\leftrightarrow\forall xB(x)$ (6)(8)($\leftrightarrow_+$)||

正像由 **P** 可以构造同它等价的 $\mathbf{P}_0$，由 **F** 和 $\mathbf{F}^*$ 可以构造分别同它们等价的 $\mathbf{F}_0$ 和 $\mathbf{F}_0^*$，构造的方法也是省掉原来的推理规则(τ)，并把($\wedge_-$)，($\wedge_+$)，($\vee_+$)，($\rightarrow_-$)，($\leftrightarrow_-$)，($\forall_-$)和($\exists_+$)分别改为以下的推理规则：

[$\wedge_-$] $\dfrac{\Gamma\vdash A\wedge B}{\Gamma\vdash A, B}$

[$\wedge_+$] $\dfrac{\Gamma\vdash A, B}{\Gamma\vdash A\wedge B}$

[$\vee_+$] $\dfrac{\Gamma\vdash A}{\Gamma\vdash A\vee B}$; $\dfrac{\Gamma\vdash A}{\Gamma\vdash B\vee A}$

[$\rightarrow_-$] $\dfrac{\Gamma\vdash A\rightarrow B, A}{\Gamma\vdash B}$

[$\leftrightarrow_-$] $\dfrac{\Gamma\vdash A\leftrightarrow B, A}{\Gamma\vdash B}$; $\dfrac{\Gamma\vdash A\leftrightarrow B, B}{\Gamma\vdash A}$

[$\forall_-$] $\dfrac{\Gamma\vdash\forall xA(x)}{\Gamma\vdash A(a)}$

($\exists_+$) $\dfrac{\Gamma\vdash A(a)}{\Gamma\vdash\exists xA(x)}$，其中的 $A(x)$ 是由 $A(a)$ 把其中 a 的某些出现替换为 x 而得

定理 16.8 [1] $\mathbf{F}$: $\Gamma\vdash A\Leftrightarrow\mathbf{F}_0$: $\Gamma\vdash A$

[2] $\mathbf{F}^*$: $\Gamma\vdash A\Leftrightarrow\mathbf{F}_0^*$: $\Gamma\vdash A$ ||

在 §13 和 §14 中我们讨论了 **P** 和 $\mathbf{P}^*$ 的关系，并且选择不同的原始逻辑词构造了各种命题逻辑．**F** 和 $\mathbf{F}^*$ 的关系同 **P** 和 $\mathbf{P}^*$ 的关系是类似的，我们就要在后面陈述和证明．我们也可以选择不同的原始逻辑词以构造各种谓词逻辑，例如：

谓词逻辑	原始逻辑词
$\mathbf{F}^{\wedge}$	$\neg$, $\wedge$, $\forall$
$\mathbf{F}^{\vee}$	$\neg$, $\vee$, $\forall$

$\mathbf{F}^{\exists}$	$\neg, \rightarrow, \exists$
$\mathbf{F}^{\wedge\exists}$	$\neg, \wedge, \exists$
$\mathbf{F}^{\vee\exists}$	$\neg, \vee, \exists$

定义 16.2 D(∧)　$A \wedge B =_{df} \neg(A \rightarrow \neg B)$

D(∨)　$A \vee B =_{df} \neg A \rightarrow B$

D(↔)　$A \leftrightarrow B =_{df} \neg[(A \rightarrow B) \rightarrow \neg(B \rightarrow A)]$

D(∃)　$\exists x A(x) =_{df} \neg \forall x \neg A(x)$

$D^{\exists}(\forall)$　$\forall x A(x) =_{df} \neg \exists x \neg A(x)$

其中的 A, B, ∃xA(x), ∀xA(x) 都是命题形式.

定理 16.9 在 **F** 中引进定义 D(∧), D(∨), D(↔) 和 D(∃) 后，可以证明 $\mathbf{F}^*$ 的所有推理规则，因此可以证明 $\mathbf{F}^*$ 的所有推理关系.

在 $\mathbf{F}^{\exists}$ 中引进定义 D(∧), D(∨), D(↔) 和 $D^{\exists}(\forall)$ 后，可以证明 $\mathbf{F}^*$ 的所有推理规则,因此可以证明 $\mathbf{F}^*$ 的所有推理关系.

证 我们选证定理的第一部分. 要求在 **F** 中引进 D(∧), D(∨), D(↔) 和 D(∃) 后证明的 $\mathbf{F}^*$ 的推理规则是 $(\wedge_-)$, $(\wedge_+)$, $(\vee_-)$, $(\vee_+)$, $(\leftrightarrow_-)$, $(\leftrightarrow_+)$, $(\exists_-)$ 和 $(\exists_+)$ 八条,其中前六条的证明和定理 13.1 的证明相同, 后两条的证明如下.

证 $(\exists_-)$ 如果 $A(a) \vdash B$, a 不在 B 中出现

则 $\exists x A(x) \vdash B$

(1)	$\exists x A(x)$	
(2)	$\neg B$	
(3)	$A(a)$	
(4)	B	(3)假设
(5)	$\neg A(a)$	(4)(2)$(\neg_+)$
(6)	$\forall x \neg A(x)$	(5)$(\forall_+)$
(7)	$\neg \forall x \neg A(x)$	(1)D(∃)
(8)	B	(6)(7)$(\neg)$

证 $(\exists_+)$ $A(a) \vdash \exists x A(x)$, 其中的 A(x) 是由 A(a) 把其中 a

的某些出现替换为 x 而得

(1) $A(a)$

(2) $\forall x\neg A(x)$

(3) $\neg A(a)$ (2)($\forall_-$)

(4) $\neg\forall x\neg A(x)$ (1)(3)($\neg_+$)

(5) $\exists xA(x)$ (4)D($\exists$)||

由定理 16.9 显然可以得到以下的推论.

推论 16.10 在 F 中引进 D($\exists$) 后，可以证明 $F^{\exists}$ 的所有推理规则，因此可以证明 $F^{\exists}$ 的所有推理关系.

在 $F^{\exists}$ 中引进 $D^{\exists}(\forall)$ 后，可以证明 F 的所有推理规则，因此可以证明 F 的所有推理关系. ||

谓词逻辑也有它们的非古典系统. 例如，对于 F，可以构造它的海丁系统 F_H 和极小系统 F_M；也可以构造 F^* 的海丁系统 F_H^* 和极小系统 F_M^*，情况与由 P 构造 P_H 和 P_M 相同，不再详述.

习　题

16.1 证定理 16.4 的 [2], [5], [6].

16.2 证定理 16.5.

16.3 证定理 16.6.

16.4 证定理 16.7[2].

16.5 证定理 16.9 的第二部分.

16.6 证 F^*:

[1] $\forall x[A(x)\to B(x)\cdot\wedge\cdot A(x)\to C(x)]$

$\vdash\dashv\forall x[A(x)\to B(x)\wedge C(x)]$

[2] $\forall x[A(x)\leftrightarrow B(x)]\vdash\forall x[A(x)\wedge C(x)\leftrightarrow B(x)\wedge C(x)]$

[3] $\forall x[A(x)\to B(x)], \exists xA(x)\vdash\exists x[A(x)\wedge B(x)]$

[4] $\forall x[A(x)\to B(x)\vee C(x)]$

$\vdash\forall x[A(x)\to B(x)]\vee\exists x[A(x)\wedge C(x)]$

[5] $\exists xy[A(x)\wedge B(y)]\vdash\exists xA(x)\wedge\exists yB(y)$

[6] $\exists xy[A(x)\wedge B(x,y)]\vdash\exists x[A(x)\wedge\exists yB(x,y)]$

[7] $\forall xy[A(x)\wedge B(x,y)\to C(x,y)]$

$\vdash\!\dashv \forall x[A(x)\to\forall y[B(x,y)\to C(x,y)]]$

[8] $\forall xA(x)\vdash\!\dashv\forall xy[A(x)\wedge A(y)]$

[9] $\exists xA(x)\vdash\!\dashv\exists xy[A(x)\wedge A(y)]$

[10] $\forall x[A(x)\to B(x)]\vdash\!\dashv\forall xy[A(x)\wedge A(y)\to B(x)\wedge B(y)]$

§17 函数词、等词

函数词是表示函数的形式符号(见 §01). 在本节中我们来构造带函数词的谓词逻辑 $\mathbf{F}^{f}$ 和 $\mathbf{F}^{f*}$. 下面我们构造 $\mathbf{F}^{f*}$,在 $\mathbf{F}^{f*}$ 中去掉逻辑词 $\wedge$, $\vee$, $\leftrightarrow$, $\exists$ 以及有关的部分,就得到 $\mathbf{F}^{f}$.

$\mathbf{F}^{f*}$ 的形式符号是在 $\mathbf{F}^{*}$ 的形式符号中加进函数词而得. $\mathbf{F}^{f*}$ 中的函数词都是函数变元. 用怎样的符号表示函数词, 见 §01 中的说明.

函数词有它的字母次序.

下面的 17(i) 和 17(ii) 两条是关于 $\mathbf{F}^{f*}$ 中项形式的形成规则:

17(i) 单独一个个体词或约束变元是项形式.

17(ii) 如果 $X_1, \cdots, X_n$ 是项形式,则 $f^n(X_1, \cdots, X_n)$ 是项形式.

由项形式的形成规则可以定义项形式,再由项形式定义项.

定义 17.1 (项形式、项) X 是**项形式**, 当且仅当, X 由项形式的形成规则 17(i) 和 17(ii) 生成.

项是这样的项形式,在其中不出现约束变元.

n 元项形式是其中出现 n 个不同的约束变元的项形式. 因此,零元项形式就是项.

显然,项形式中的约束变元都是未经约束的.

我们规定令英文斜体小写字母(或加下添标):

$$a, b, c, a_i, b_i, c_i \ (i=1, 2, 3, \cdots)$$

表示任意的项. 我们也令它们表示任意的项形式, 但这样做时一般是要加以说明的, 正像令 A, B, C 等是命题形式时一般要加以说明一样.

例 1　$f^2(g^1(f^2(g^1(a), g^1(b))), f^2(a, c))$ 是项; $f(g(f(g(x), g(x))), f(a, c))$ 是一元项形式; $f(g(f(g(x), g(y))), f(a, y))$是二元项形式; $f(g(f(g(x), g(y))), f(a, z))$ 是三元项形式.

可以用归纳法,**施归纳于项形式的结构**,证明所有项形式(包括项)都有某一性质,因为项形式(包括项)是归纳地定义出的.

下面的 17(iii)—17(vi) 四条是关于 $\mathbf{F}^{f*}$ 中命题形式的形成规则:

17(iii)　$F^n(a_1, \cdots, a_n)$ 是命题形式(原子命题形式).

17(iv)　如果 X 是命题形式,则 $\neg X$ 是命题形式.

17(v)　如果 X 和 Y 是命题形式, X 中的未经约束的约束变元都不在 Y 中约束, Y 中的未经约束的约束变元都不在 X 中约束,则$[X\wedge Y]$,$[X\vee Y]$,$[X\rightarrow Y]$和$[X\leftrightarrow Y]$是命题形式.

17(vi)　如果 X 是命题形式, x 是其中的未经约束的约束变元,则 $\forall xX$ 和 $\exists xX$ 是命题形式.

和定义 15.4 中所做的一样,我们可以由命题形式的形成规则定义命题形式,再由命题形式定义合式公式.

我们当然也可以先定义项和合式公式,再由项定义项形式,由合式公式定义命题形式.

原子命题形式仍然称为原子公式. 因此在带函数词的谓词逻辑中,原子公式是有$F(a_1, \cdots, a_n)$形式的公式,其中的 $a_1, \cdots, a_n$ 是项形式(包括项).

$\mathbf{F}^{f*}$ 的形式推理规则有 $(\in)$, (τ), $(\neg)$, $(\wedge_-)$, $(\wedge_+)$, $(\vee_-)$, $(\vee_+)$, $(\rightarrow_-)$, $(\rightarrow_+)$, $(\leftrightarrow_-)$, $(\leftrightarrow_+)$, $(\forall_-)$, $(\forall_+)$, $(\exists_-)$, $(\exists_+)$ 共十五条,其中除$(\forall_-)$和$(\exists_+)$外, 其他十三条都和 $\mathbf{F}^*$ 中相应的推理规则有相同的形式,名称,和记号. 当然它们在 $\mathbf{F}^{f*}$ 中比在 $\mathbf{F}^*$ 中包含更多的内容.

$\mathbf{F}^{f*}$ 中的全称量词消去律和存在量词引入律是

$(\forall_-)$　$\forall xA(x)\vdash A(a)$

$(\exists_+)$　$A(a)\vdash \exists xA(x)$,其中的 $A(x)$ 是由 $A(a)$ 把其中 a 的

某些出现替换为 x 而得

当其中的 a 是个体词时，它们就分别是 $\mathbf{F}^*$ 中的($\forall_-$)和($\exists_+$).

不难验证，在 $\mathbf{F}^{f*}$ 中可以把($\forall_-$)减弱为

$$\forall x A(x) \vdash A(a)$$

或者把($\exists_+$)减弱为

$A(a) \vdash \exists x A(x)$，其中的 $A(x)$ 是由 $A(a)$ 把其中 a 的某些出现替换为 x 而得

但不能同时两条都减弱. 虽然如此，我们还是像前面那样列出 $\mathbf{F}^{f*}$ 的推理规则，那样比较整齐清楚.

在 $\mathbf{F}^{f*}$ 中可以证明

($\forall_-$)　$\forall x_1 \cdots x_n A(x_1, \cdots, x_n) \vdash A(a_1, \cdots, a_n)$

($\exists_+$)　$A(a_1, \cdots, a_n) \vdash \exists x_1 \cdots x_n A(x_1, \cdots, x_n)$，其中的 $A(x_1, \cdots, x_n)$ 是由 $A(a_1, \cdots, a_n)$ 把其中 a_i 的某些出现同时分别地替换为 $x_i (i = 1, \cdots, n)$ 而得

其中的 $a_1, \cdots, a_n$ 中可以有相同的项. 它们仍记作“($\forall_-$)”和“($\exists_+$)”.

我们来说明 $\mathbf{F}^{f*}$ 中的推理规则($\forall_-$) 和 ($\exists_+$)的涵义. 项是表示由论域中个体经过函数的运算而得到的对象的. 所以 $\mathbf{F}^{f*}$ 中的($\forall_-$) 反映这样的演绎推理规则: 如果论域中的所有个体都有某性质 (相当于 $\forall x A(x)$)，那么任一由论域中个体经过函数的运算而得到的对象有这性质(相当于 $A(a)$).

$\mathbf{F}^{f*}$ 中的 ($\exists_+$) 反映这样的演绎推理规则: 如果任一由论域中个体经过函数的运算而得到的对象有某一性质(相当于 $A(a)$)，那么论域中是有个体有这性质的(相当于 $\exists x A(x)$).

由以上的说明可以看出，$\mathbf{F}^f$ 和 $\mathbf{F}^{f*}$ 中的项所表示的(即由论域中个体经过函数的运算而得到的) 对象，仍然是论域中的个体; 否则，就不能由 $\forall x A(x)$ 推出 $A(a)$，也不能由 $A(a)$ 推出 $\exists x A(x)$ 了.

下面是关于项形式的结构方面性质的定理.

定理 17.1　任何项形式或者是个体词或约束变元，或者有具

有 $f(a_1, \cdots, a_n)$ 形式的子项. ‖

定理 17.2 如果 a 是 $f(b_1, \cdots, b_n)$ 的子项,则 $a = f(b_1, \cdots, b_n)$ 或者 a 是任一 b_i 的子项 $(i = 1, \cdots, n)$. ‖

在谓词逻辑 $\mathbf{F}^*$(包括 $\mathbf{F}$)和 $\mathbf{F}^{f*}$(包括 $\mathbf{F}^f$)中,任意选择一个二元谓词,这个二元谓词,由于它的特殊性(它有怎样的特殊性,随后即将说明),我们记作

$$\mathrm{I}$$

关于 I,有下面两条形式推理规则:

(I_-) $A(a), I(a, b) \vdash A(b)$, 其中的 $A(b)$ 是由 $A(a)$ 把其中 a 的某些出现替换为 b 而得

(I_+) $\vdash I(a, a)$

于是,在 $\mathbf{F}, \mathbf{F}^*, \mathbf{F}^f$ 和 $\mathbf{F}^{f*}$ 中增加 (I_-) 和 (I_+),我们就分别得到谓词逻辑 $\mathbf{F}^I, \mathbf{F}^{I*}, \mathbf{F}^{fI}$ 和 $\mathbf{F}^{fI*}$. 在 $\mathbf{F}^I$ 和 $\mathbf{F}^{I*}$ 中,由于不包含函数词,故 (I_-) 和 (I_+) 就有下面的形式:

(I_-) $A(\mathrm{a}), I(\mathrm{a}, \mathrm{b}) \vdash A(\mathrm{b})$, 其中的 $A(\mathrm{b})$ 是由 $A(\mathrm{a})$ 把其中 a 的某些出现替换为 b 而得

(I_+) $\vdash I(\mathrm{a}, \mathrm{a})$

$\mathbf{F}^I, \mathbf{F}^{I*}, \mathbf{F}^{fI}$ 和 $\mathbf{F}^{fI*}$ 中的 I 称为**等词**. 这些逻辑演算称为带等词的谓词逻辑. (I_-)称为**等词消去律**, (I_+) 称为**等词引入律**. 等词是一个特殊的二元谓词,它表示等同关系, 例如 $1 + 5$ 和 2×3 虽然名称不同,实际上是同一个对象,它们有等同关系, $1+5$ 等同于 2×3. 因此等词是谓语常元而不是谓语变元. $I(\mathrm{a}, \mathrm{b})$ 读作"a 等同于 b".

我们来说明 (I_-) 和 (I_+) 的涵义. 在不带函数词的 $\mathbf{F}^I$ 和 $\mathbf{F}^{I*}$ 中,等词消去律 (I_-) 反映演绎推理中这样的规则: 如果论域中的个体 α 有某性质(相当于 $A(\mathrm{a})$), 而个体 α 与 β 是等同的(相当于 $I(\mathrm{a}, \mathrm{b})$), 那么 β 也有这性质(相当于 $A(\mathrm{b})$). 等词引入律 (I_+) 反映演绎推理中这样的规则, 它肯定论域中的任一个体和它自己总是等同的(相当于 $I(\mathrm{a}, \mathrm{a})$).

在带函数词的 $\mathbf{F}^{fI}$ 和 $\mathbf{F}^{fI*}$ 中, (I_-)反映这样的演绎推理规则:

如果由论域中个体经过函数运算而得到的对象 α 有某性质（相当于 $A(a)$），而 α 与另一个由论域中个体经过函数运算而得到的对象 β 是等同的（相当于 $I(a, b)$），那么 β 也有这性质（相当于 $A(b)$）；(I_+) 反映这样的演绎推理规则，它肯定任一由论域中个体经过函数运算而得到的对象和它自己总是等同的（相当于 $I(a, a)$）. 这是因为，前面已经讲过，这种对象仍然是论域中的个体.

定义 17.2 $a \equiv b =_{df} I(a, b)$

$a \not\equiv b =_{df} \neg(a \equiv b)$

$=_{df} \neg I(a, b)$

如果在 F^{I*} 中作上面的定义，则其中的 a 和 b 自然是个体词或约束变元.

要注意 $\equiv$ 与 $=$ 是不同的. $=$ 是等同，而 $\equiv$ 则是表示等同的谓词 I 的一种带有暗示性的写法. 写成 $\equiv$，是为了暗示这个谓词就是表示等同的. 说 $\equiv$ 是 I 的一种写法，或者说可以把 I 写作 $\equiv$，这是一种简单的不严格的说法. 严格的说法应当是说，可以把 $I(a, b)$ 写作 $a \equiv b$.

定义 17.3 $E!a =_{df} \exists x I(a, x)$，其中的 a 是项或项形式，x 是任意一个特定的不在 a 中出现的约束变元.

定义 17.3 中包含一个规定：如果 $E!a$ 是合式公式或命题形式 A 的子公式，并且出现在 A 中量词 $Q_1x_1, \cdots, Q_nx_n$ 的辖域之中，那么定义 17.3 中的 x 应当与 $x_1, \cdots, x_n$ 都不相同.

在只包含全称量词的谓词逻辑中，可以令

$$E!a =_{df} \neg\forall x \neg I(a, x),$$

$E!a$ 可以读作"a 存在"，它的涵义是，a 所表示的对象在论域中是有个体和它等同的，也就是 a 表示论域中的个体. 由此，$\neg E!a$ 可以读作"a 不存在"，它的涵义是，a 所表示的对象在论域中是没有个体和它等同的. 在这种情形，我们简单地说 a 表示无定义.

定理 17.3 F^{I*}:

[1] $a \equiv b \vdash b \equiv a$

[2]　$a=b, b=c \vdash a=c$

[3]　$A(a), b=a \vdash A(b)$

[4]　$A(a), \neg A(b) \vdash a \neq b$

[5]　$A(a) \dashv\vdash \forall x[a=x \rightarrow A(x)]$

[6]　$A(a) \dashv\vdash \exists x[a=x \wedge A(x)]$

[7]　$\vdash E!a$

以上的 $A(b)$ 是由 $A(a)$ 把其中 a 的某些出现替换为 b 而得，$A(x)$ 是由 $A(a)$ 把其中 a 的某些出现替换为 x 而得.

我们选证[1]，[4]，[6].

证[1]　(1)　$a=b$

(2)　$a=a$　　(I_+)

(3)　$b=a$　　$(2)(1)(I_-)$

在上面的证明中，令给定的一元命题形式 $A(x)$ 是 $x=a$，于是(2)就是 $A(a)$，(3) 就是 $A(b)$.

证[4]　(1)　$A(a)$

(2)　$\neg A(b)$

(3)　$a=b$

(4)　$A(b)$　　$(1)(3)(I_-)$

(5)　$a \neq b$　　$(4)(2)(\neg_+)$

证[6]　先证从左到右部分：

(1)　$A(a)$

(2)　$a=a$　　(I_+)

(3)　$a=a \wedge A(a)$　　$(2)(1)(\wedge_+)$

(4)　$\exists x[a=x \wedge A(x)]$　　$(3)(\exists_+)$

其次证从右到左部分：

(5)　$a=b \wedge A(b)$　　取 b 与 a 不同，且不在 $A(x)$ 中出现

(6)　$A(b)$　　$(5)(\wedge_-)$

(7)　$a=b$　　$(5)(\wedge_-)$

(8)　$A(a)$　　(6)(7)[3]

(9) $\exists x[a \equiv x \wedge A(x)]$

(10) $A(a)$ (8)($\exists_-$) ||

F^{I*} 是 F^{fI*} 的子系统,故定理 17.3 在 F^{fI*} 中是成立的.

定理 17.3 中的[1]—[5]在 F^I 中显然是成立的,[6]和[7]在 F^I 中引进 D(∧) 和 D(∃) 之后也是成立的.

定理 17.4 F^{fI*}:

[1] $a \equiv b \vdash b \equiv a$

[2] $a \equiv b,\ b \equiv c \vdash a \equiv c$

[3] $A(a),\ b \equiv a \vdash A(b)$

[4] $A(a),\ \neg A(b) \vdash a \neq b$

[5] $A(a) \dashv\vdash \forall x[a \equiv x \to A(x)]$

[6] $A(a) \dashv\vdash \exists x[a \equiv x \wedge A(x)]$

[7] $\vdash E!a$

[8] $\vdash \forall x_1 \cdots x_n E!f(x_1, \cdots, x_n)$

以上的 $A(b)$ 是由 $A(a)$ 把其中 a 的某些出现替换为 b 而得,$A(x)$ 是由 $A(a)$ 把其中 a 的某些出现替换为 x 而得.

证 把定理 17.3 中的个体词都改为项,就得到定理 17.4 中的[1]—[7]. 两者的证明是相似的. [8] 的证明如下:

(1) $E!f(a_1, \cdots, a_n)$ [7]取 $a_1, \cdots, a_n$ 各不相同

(2) $\forall x_1 \cdots x_n E!f(x_1, \cdots, x_n)$ (1)($\forall_+$) ||

定理 17.4 中的 [1]—[5] 在 F^{fI} 中成立, [6]—[8] 在 F^{fI} 中引进 D(∧) 和 D(∃) 后也成立.

定理 17.3[3] 和定理 17.4[3] 也记作"(I_-)".

定理 17.4[7] 称为**项存在律**, 记作 "(E)"; 它的涵义是: F^f, F^{f*}, F^{fI} 和 F^{fI*} 中的项都是存在的, 即都表示论域中的个体而不是表示无定义. 这就是说, 这些逻辑演算中的函数词都表示在论域中处处有定义的函数. 这种函数称为**全函数**. 表示全函数的函数词称为**全函数词**. 因此上述各逻辑演算中的函数词都是全函数词.

在论域中并不处处有定义的函数称为**偏函数**[1]． 论域中的个体经过偏函数的运算而得到的结果，可能不再是论域中的个体，即可能是无定义． 在上述这些逻辑演算中如果要表示无定义，或者说表示偏函数，就不能用其中的全函数词，而可以使用摹状词，摹状词将在下节中讨论．

使用等词和全称量词、存在量词，可以定义新的量词．

定义 17.4 $\exists!!xA(x) =_{df} \forall xy[A(x)\wedge A(y) \to x \equiv y]$

$\exists!xA(x) =_{df} \exists x[A(x)\wedge \forall y[A(y) \to x \equiv y]]$

存在量词 $\exists x$ 是“有 x”即“至少有一个 x”的形式化． 这里的 $\exists!!x$ 和 $\exists!x$，则分别是“至多有一个 x”和“恰好有一个 x”的形式化． 应当注意，$\exists!!x$ 并不表示“有 x”．

定理 17.5 F^{I*}：

[1] $\exists!xA(x) \vdash\dashv \exists xA(x),\ \exists!!xA(x)$

[2] $\exists!xA(x) \vdash\dashv \exists x\forall y[A(y) \leftrightarrow x \equiv y]$ ||

习　　题

17.1 证定理 17.1．

17.2 证定理 17.2．

17.3 证定理 17.5．

17.4 在 F^{I*} 中证明：

[1] $a \equiv b \vdash\dashv \forall x[x \equiv a \leftrightarrow x \equiv b]$

[2] $A(a) \vdash\dashv \exists x[A(x)\wedge \forall y[a \equiv y \leftrightarrow x \equiv y]]$

[3] $A(a,b) \vdash\dashv \forall xy[x \equiv a \wedge y \equiv b \to A(x,y)]$

[4] $A(a,b) \vdash\dashv \exists xy[x \equiv a \wedge y \equiv b \wedge A(x,y)]$

17.5 在 F^{I*} 中作以下的定义：

$A_1\wedge\cdots\wedge A_{n+1} =_{df} (A_1\wedge\cdots\wedge A_n)\wedge A_{n+1}$

$A_1\vee\cdots\vee A_{n+1} =_{df} (A_1\vee\cdots\vee A_n)\vee A_{n+1}$

---

1) 偏函数一词与克利尼 (S. C. Kleene) 1952 中的 partial function 是有区别的． 在克利尼 1952 中，处处有定义的和不是处处有定义的函数都称为 partial function，故处处有定义的函数包括在 partial function 之中作为特例． 但在本书中，偏函数和全函数是互不相同的，偏函数集与全函数集没有交．

$$\begin{cases} I_x(x_1) =_{df} x_1 \equiv x \\ I_x(x_1, \cdots, x_{n+1}) =_{df} I_x(x_1, \cdots, x_n) \vee I_x(x_{n+1}) \end{cases}$$

$$I(x_1, \cdots, x_{n+1}) =_{df} I(x_1, \cdots, x_n) \vee I_{x_{n+1}}(x_1, \cdots, x_n)$$

$$\begin{cases} J_x(x_1) =_{df} x_1 \not\equiv x \\ J_x(x_1, \cdots, x_{n+1}) =_{df} J_x(x_1, \cdots, x_n) \wedge J_x(x_{n+1}) \end{cases}$$

$$\begin{cases} J(x_1, x_2) =_{df} x_1 \not\equiv x_2 \\ J(x_1, \cdots, x_{n+1}) =_{df} J(x_1, \cdots, x_n) \wedge J_{x_{n+1}}(x_1, \cdots, x_n) \end{cases}$$

$$\forall_m x A(x) =_{df} \exists x_1 \cdots x_{m-1} \forall x [I_x(x_1, \cdots, x_{m-1}) \vee A(x)]$$

$$\text{或} =_{df} \exists x_1 \cdots x_{m-1} \forall x [J_x(x_1, \cdots, x_{m-1}) \rightarrow A(x)]$$

$$\exists_m x A(x) =_{df} \exists x_1 \cdots x_m [J(x_1, \cdots, x_m) \wedge A(x_1) \wedge \cdots \wedge A(x_m)]$$

$$\exists_m !! x A(x) =_{df} \forall x_1 \cdots x_{m+1} [A(x_1) \wedge \cdots \wedge A(x_{m+1}) \rightarrow I(x_1, \cdots, x_{m+1})]$$

$$\exists_m ! x A(x) =_{df} \exists x_1 \cdots x_m [J(x_1, \cdots, x_m) \wedge A(x_1) \wedge \cdots \wedge A(x_m) \wedge \forall x [A(x) \rightarrow I_x(x_1, \cdots, x_m)]]$$

说明 $I_x(x_1, \cdots, x_n)$, $I(x_1, \cdots, x_n)$, $J_x(x_1, \cdots, x_n)$, $J(x_1, \cdots, x_n)$, $\forall_m x A(x)$, $\exists_m x A(x)$, $\exists_m !! x A(x)$, $\exists_m ! x A(x)$ 的涵义.

17.6 在 F^{I*} 中证明:

[1] $\exists_{m+1} x A(x) \vdash\dashv \forall x_1 \cdots x_m \exists x [J_x(x_1, \cdots, x_m) \wedge A(x)]$

[2] $\exists_m ! x A(x) \vdash\dashv \exists_m x A(x), \exists_m !! x A(x)$

[3] $\neg \forall_m x A(x) \vdash\dashv \exists_m x \neg A(x)$

[4] $\neg \exists_m x A(x) \vdash\dashv \forall_m x \neg A(x)$

§18 摹 状 词

设 P 是一个性质. 我们以"$P(x)$"表示 x 有 P 性质, 以"$\imath x P(x)$"表示那个有 P 性质的 x. 例如, $P(x)$ 是说 x 是大于 7 的最小素数, 那么就有

1) $$\imath x P(x) = 11$$

我们规定, 对于给定的 P, 当有唯一的 x 使得 $P(x)$ 成立时, 我们可以说 $\imath x P(x)$ 是存在的, 并且也可以说 $\imath x P(x)$ 有某种性质. 例

如，对于上面的 P，我们可以说 $\imath xP(x)$ 是存在的，也可以说 1)，还可以说

$$\imath xP(x) > 9$$

等等．但是，如果没有 x 使得 $P(x)$ 成立，或者不止有一个 x 使得 $P(x)$ 成立，即有 P 性质的 x 不是唯一的，那么说 $\imath xP(x)$ 存在，或者说 $\imath xP(x)$ 有某种性质，就都是假命题．例如，如果 $P(x)$ 是说 x 是 7 和 11 之间的素数，那么

$$\imath xP(x) \text{ 存在}$$
$$\imath xP(x) = 11$$
$$\imath xP(x) \neq 11$$

这些命题就都是假命题，因为没有 x 使得 $P(x)$ 成立．如果 $P(x)$ 是说 x 是 7 和 15 之间的素数，那么上面的命题也都是假命题，因为使得 $P(x)$ 成立的 x 不是唯一的，x 可以是 11 或者是 13．

我们说 $\imath xP(x)$ 有性质 Q，就是说有唯一的使得 $P(x)$ 成立的 x 并且这个 x 有性质 Q．

逻辑演算中的一元命题形式 $\mathrm{B(x)}$ 可以表示 x 有某个性质．我们以 $\imath \mathrm{xB(x)}$ 表示那个有某性质的 x．$\imath \mathrm{xB(x)}$ 称为**摹状词**．在本节中我们要使用逻辑演算的工具来研究摹状词的逻辑性质以及关于摹状词的推理关系．

定义 18.1 （摹状词）

$$\mathrm{D}(\imath)\quad (\imath)\mathrm{A}(\imath \mathrm{xB(x)}) =_{\mathrm{df}} \exists y[\forall x[\mathrm{B(x)} \leftrightarrow \mathrm{x} = \mathrm{y}] \wedge \mathrm{A(y)}]$$[1]

其中的 $\imath \mathrm{xB(x)}$称为**摹状词**，$\imath \mathrm{x}$ 称为**摹状算子**，$\mathrm{B(x)}$称为 $\imath \mathrm{x}$ 的**辖域**，$\imath \mathrm{x}$ 中的 $\imath$ 称为**摹状符号**，x 称为**摹状变元**，$\mathrm{A}(\imath \mathrm{xB(x)})$ 称为 $\imath \mathrm{xB(x)}$ 的**辖域**，$(\imath)$ 称为 $\imath \mathrm{xB(x)}$ 的辖域的**标志符**（简称为 $\imath \mathrm{xB(x)}$ 的标志符）．

当 $\imath \mathrm{x}$ 在某一公式中出现时，我们也说 x 在这个公式中约束，

---

1) 这里对摹状词的处理同怀德海 (A. N. Whitehead) 与罗素 (B. Russell) 1910—1913 中的处理不完全相同．按照他们的处理，$\mathrm{D}(\imath)$ 中的标志符写作 $[\imath \mathrm{xB(x)}]$．这里采用了比较简短的形式．

因为根据 D($\imath$) 在公式中把摹状词替除后，x 在其中是约束的.

摹状词可以用来定义项，例如

$$a =_{df} \imath x B(x)$$

$$f(a_1, \cdots, a_n) =_{df} \imath x B(a_1, \cdots, a_n, x)$$

关于定义 18.1，我们要作以下的规定和说明.

（一）在不同的摹状词中往往要使用不同的摹状符号. 我们假定有一个无穷序列的摹状符号，并以 $\imath$ 和加添标的 $\imath_i(i = 1, 2, 3, \cdots)$ 表示任意的摹状符号.

（二）由摹状符号加上括弧构成标志符. 摹状词在它所在公式中的辖域是由它的标志符来标明的. 例如，$\imath xB(x)$ 出现在

2) $$\cdots(\imath)A(\imath xB(x))\cdots$$

中，我们规定它在 2) 中的辖域是紧接在它的标志符 ($\imath$) 右方的命题形式，即 $A(\imath xB(x))$. 由此，当根据 D($\imath$) 在 2) 中替除 $\imath xB(x)$ 时，就是替除其中的 $(\imath)A(\imath xB(x))$，因此有

$$\cdots(\imath)A(\imath xB(x))\cdots$$

$$=_{df} \cdots\exists y[\forall x[B(x)\longleftrightarrow x = y] \land A(y)]\cdots$$

如果不规定用标志符来这样地确定摹状词的辖域，那么替除摹状词的结果就是不确定的.

例 1 在合式公式

(1) $$\neg F(\imath xB(x)) \to G(a)$$

中，没有标明 $\imath xB(x)$ 的辖域. 在(1)中添上标志符有三种可能，即

(2) $$\neg(\imath)F(\imath xB(x)) \to G(a)$$

(3) $$(\imath)\neg F(\imath xB(x)) \to G(a)$$

(4) $$(\imath)[\neg F(\imath xB(x)) \to G(a)]$$

而在 (2)，(3)，(4) 中根据 D($\imath$) 替除摹状词，就分别得到

(5) $$\neg\exists y[\forall x[B(x)\longleftrightarrow x = y] \land F(y)] \to G(a)$$

(6) $$\exists y[\forall x[B(x)\longleftrightarrow x = y] \land \neg F(y)] \to G(a)$$

(7) $$\exists y[\forall x[B(x)\longleftrightarrow x = y] \land [\neg F(y) \to G(a)]]$$

显然，如果像 (1) 中那样写法，则替除摹状词得到怎样的结果就不确定了.

但是,我们规定,当摹状词是以它在其中出现的最短的命题形式为辖域时,它的标志符可以省略不写. 例如 $\exists y(\iota)[\iota xA(x)=y]$ 可以省略其中的标志符而写成 $\exists y[\iota xA(x)=y]$. 但是

3) $$\exists y(\iota)[\iota xA(x)\neq y]$$

却不能省略其中的标志符而写成

4) $$\exists y[\iota xA(x)\neq y]$$

因为 4) 就是 $\exists y\neg[\iota xA(x)=y]$, 而这应当是

5) $$\exists y\neg(\iota)[\iota xA(x)=y]$$

的省略写法,而 5) 和 3) 是不同的.

(三) 关于多个摹状词的替除,要区分替除同一个摹状词和替除不同的摹状词两种情形. 下面先说同一个摹状词的替除. 我们规定相同的摹状词必须有相同的摹状符号,相同的摹状变元,和相同的摹状算子辖域. 因此,$\iota xA(x)$ 和 $\iota_1xA(x)$ 是不同的; $\iota xA(x)$ 和 $\iota yA(y)$ 是不同的; $\iota xA(x)$ 和 $\iota xB(x)$, 当 $A(x)$ 和 $B(x)$ 不同时,也是不同的.

当同一个摹状词 $\iota xB(x)$ 的不同出现有相同的辖域时,就按照 $D(\iota)$ 一次将 $\iota xB(x)$ 替除 (见下面例 2 中的(1)). 如果 $\iota xB(x)$ 的不同出现有不同的辖域, 就要分别在它们各自的辖域中来替除 (见例 2 中的(2)).

例 2 在合式公式

(1) $$(\iota)[F(\iota xB(x))\to G(\iota xB(x))]$$

中,摹状词 $\iota xB(x)$ 的两个出现的辖域是相同的,故摹状词的替除如下:

$$(1)=_{df}\exists y[\forall x[B(x)\leftrightarrow x=y]\wedge\cdot F(y)\to G(y)]$$

合式公式

(2) $$(\iota)F(\iota xB(x))\to(\iota)G(\iota xB(x))$$

中,$\iota xB(x)$ 的两个出现有不同的辖域,故摹状词的替除如下:

$$(2)=_{df}\exists y[\forall x[B(x)\leftrightarrow x=y]\wedge F(y)]$$
$$\to\exists y[\forall x[B(x)\leftrightarrow x=y]\wedge G(y)]$$

（四）两个不同的摹状词可以是套起来的，即一个摹状词出现在另一个摹状词的摹状算子的辖域之中（见下面例 3 中的(1)），也可以不是套起来的（见例 3 中的(2)）．当替除两个套起来的摹状词时，我们规定先替除套在里面的摹状词，后替除外面的摹状词，简单地说，就是先里后外．

至于两个不是套起来的不同的摹状词，先替除哪一个都是可以的．

例 3 在合式公式

(1) $$(\iota_1)(\iota)A(\iota y C(\iota_1 x B(x), y))$$

中，摹状词 $\iota_1 xB(x)$ 出现在另一个摹状词的摹状算子 ιy 的辖域 $C(\iota_1 xB(x), y)$ 之中，因此在(1)中替除摹状词的过程如下：

$$\begin{aligned}(1) &=_{df} \exists x_1[\forall x[B(x)\longleftrightarrow x\equiv x_1]\wedge(\iota)A(\iota yC(x_1, y))]\\ &=_{df} \exists x_1[\forall x[B(x)\longleftrightarrow x\equiv x_1]\wedge\\ &\qquad \exists y_1[\forall y[C(x_1,y)\longleftrightarrow y\equiv y_1]\wedge A(y_1)]]\end{aligned}$$

在合式公式

(2) $$(\iota_1)(\iota_2)A(\iota_1 xB_1(x), \iota_2 xB_2(x))$$

中，两个摹状词 $\iota_1 xB_1(x)$ 和 $\iota_2 xB_2(x)$ 不是套起来的．我们可以先替除 $\iota_1 xB_1(x)$ 而后替除 $\iota_2 xB_2(x)$，得到

$$\begin{aligned}(2) &=_{df} \exists y[\forall x[B_1(x)\longleftrightarrow x\equiv y]\wedge(\iota_2)A(y, \iota_2 xB_2(x))]\\ &=_{df} \exists y[\forall x[B_1(x)\longleftrightarrow x\equiv y]\wedge\exists z[\forall x[B_2(x)\longleftrightarrow x\equiv z]\\ &\qquad \wedge A(y, z)]]\end{aligned}$$

（五）为了保证 $(\iota)A(\iota xB(x))$ 在经过替除摹状词之后是命题形式或合式公式，我们要规定 y 在 $A(y)$ 中是未经约束的，$A(y)$ 中所有未经约束的约束变元都不在 $B(x)$ 中约束；并规定 x 在 $B(x)$ 中是未经约束的，$B(x)$ 中所有未经约束的约束变元都不在 $A(y)$ 中约束．另外，我们还要规定，如果 $(\iota)A(\iota xB(x))$ 在量词 $Q_1x_1, \cdots, Q_nx_n$ 的辖域以及摹状算子 $\iota_1 y_1, \cdots, \iota_m y_m$ 的辖域中出现，那么，使用 $D(\iota)$ 替除摹状词时应这样选择 y，使它和 $x_1, \cdots, x_n, y_1, \cdots, y_m$ 都不相同．读者不难举例说明，如果违反上述规定，则替除摹状词后得到的公式将不是合式公式或命题形式．

定义 18.2 $E!\iota xA(x) =_{df} \exists y[\iota xA(x) = y]$，其中的 y 不在 $A(x)$ 中出现.

设 Γ 和 A 中有摹状词，在 Γ 和 A 中使用 $D(\iota)$ 替除摹状词后分别得到 Γ_1 和 A_1. 那么，说在带等词的谓词演算中引进定义 $D(\iota)$ 后有 $\Gamma\vdash A$ 成立，就是说 $\Gamma_1\vdash A_1$ 成立.

我们规定，如果在引进定义 $D_1, \cdots, D_n$ 后 $\Gamma\vdash A$ 成立，那么记为

$$\Gamma \vdash_{D_1\cdots D_n} A$$

定理 18.1 F^{I*}:

[1] $E!\iota xA(x) \vdash\dashv_{D(\iota)} \exists y\forall x[A(x)\leftrightarrow x=y]$

[2] $E!\iota xA(x) \vdash\dashv_{D(\iota)} \exists! xA(x)$

[3] $(\iota)A(\iota xB(x)) \vdash_{D(\iota)} E!\iota xB(x)$

[4] $\forall xA(x), E!\iota xB(x) \vdash_{D(\iota)} (\iota)A(\iota xB(x))$

[5] $E!\iota xA(x) \vdash\dashv_{D(\iota)} \iota xA(x) = \iota xA(x)$

[6] $\iota xB(x) = a \vdash_{D(\iota)} (\iota)A(\iota xB(x)) \leftrightarrow A(a)$

[7] $\iota xB(x) = \iota_1 xB_1(x) \vdash_{D(\iota)} (\iota)A(\iota xB(x)) \leftrightarrow (\iota_1)A(\iota_1 xB_1(x))$

[8] $\iota xA(x) = a \vdash\dashv_{D(\iota)} \forall x[A(x)\leftrightarrow x=a]$

[9] $(\iota)A(\iota xB(x)) \vdash\dashv_{D(\iota)} \exists y[\iota xB(x) = y \wedge A(y)]$

[10] $E!\iota xA(x) \vdash\dashv_{D(\iota)} (\iota)A(\iota xA(x))$

[11] $E!\iota xA(x, \iota_1 yB(y)) \vdash_{D(\iota)} E!\iota_1 yB(y)$

[12] $\vdash_{D(\iota)} \iota x[a=x] = a$

我们选证[1]—[4].

证[1] 先证从左到右部分：

(1)	$\forall x[A(x)\leftrightarrow x=a]\wedge a=b$	取 a, b 不同，且不在 $A(x)$ 中出现
(2)	$\forall x[A(x)\leftrightarrow x=a]$	(1)($\wedge_-$)
(3)	$\exists y\forall x[A(x)\leftrightarrow x=y]$	(2)($\exists_+$)

(4) $E!\iota xA(x)$

(5) $\exists y[\iota xA(x)\equiv y]$　　(4)定义 18.2

(6) $\exists yz[\forall x[A(x)\longleftrightarrow x\equiv z]\wedge z\equiv y]$　　(5)D(ι)

(7) $\exists y\forall x[A(x)\longleftrightarrow x\equiv y]$　　(3)($\exists_-$)

其次证从右到左部分：

(8) $\forall x[A(x)\longleftrightarrow x\equiv a]$　　取 a 不在 A(x) 中出现

(9) $a\equiv a$　　(I_+)

(10) $\forall x[A(x)\longleftrightarrow x\equiv a]\wedge a\equiv a$　　(8)(9)($\wedge_+$)

(11) $\exists yz[\forall x[A(x)\longleftrightarrow x\equiv z]\wedge z\equiv y]$　　(10)($\exists_+$)

(12) $\exists y[\iota xA(x)\equiv y]$　　(11)D(ι)

(13) $E!\iota xA(x)$　　(12)定义 18.2

(14) $\exists y\forall x[A(x)\longleftrightarrow x\equiv y]$

(15) $E!\iota xA(x)$　　(13)($\exists_-$)

证[2]　它可以由[1]和定理 17.5[2] 得到.

证[3]

(1) $(\iota)A(\iota xB(x))$

(2) $\exists y[\forall x[B(x)\longleftrightarrow x\equiv y]\wedge A(y)]$　　(1) D(ι)

(3) $\exists y\forall x[B(x)\longleftrightarrow x\equiv y]$　　(2) 由 **F***

(4) $E!\iota xB(x)$　　(3) [1]

证[4]

(1) $\forall xA(x)$

(2) $\forall x[B(x)\longleftrightarrow x\equiv a]$　　取 a 不在 A(x) 和 B(x) 中出现

(3) $A(a)$　　(1)($\forall_-$)

(4) $\forall x[B(x)\longleftrightarrow x\equiv a]\wedge A(a)$　　(2)(3)($\wedge_+$)

(5) $\exists y[\forall x[B(x)\longleftrightarrow x\equiv y]\wedge A(y)]$　　(4)($\exists_+$)

(6) $(\iota)A(\iota xB(x))$　　(5)D(ι)

(7) $E!\iota xB(x)$

(8) $\exists y\forall x[B(x)\longleftrightarrow x\equiv y]$　　(7)[1]

(9) $(\iota)A(\iota xB(x))$ (6)(∃₋) ||

$\iota xB(x)$ 是由摹状词定义的项. 如果 $\iota xB(x)$ 是必定存在的(也就是说它必定是表示论域中的个体的),那么就应当有

7) $\forall xA(x) \vdash (\iota)A(\iota xB(x))$

然而 7) 是不成立的 (读过第四章后可以证明); 我们只有 ∗18.1[4]即

$$\forall xA(x), E!\iota xB(x) \vdash (\iota)A(\iota xB(x))$$

可见 $\iota xB(x)$ 是不一定存在的,这就是说,可以用摹状词表示无定义,或者说表示偏函数.

习　　题

18.1 证定理 18.1[5]—[12].

§19 偏 函 数

在上两节中我们说明了 F^{fI*} (包括 F^{fI})中的函数词是全函数词,全函数词表示的函数是全函数;因此,如果要在 F^{fI*}(包括 F^{fI})中表示偏函数,就不能用其中的函数词,而可以使用摹状词. 在本节中我们要构造另外的带函数词的谓词逻辑, 使得其中的函数词所表示的函数可以是全函数,也可以是偏函数.

当函数词表示全函数时, 由函数词生成的项仍表示论域中的个体. 当函数词表示偏函数时, 由函数词生成的项可以表示论域中的个体, 也可以表示无定义. 因此我们在本节中将要构造这样的带函数词的谓词逻辑,其中的项可以表示无定义,因而可以是不存在的. 这种谓词逻辑中的形式推理规则与 F^{fI*}(包括 F^{fI}) 中的自然应当有所不同. 例如, F^{fI*}(包括 F^{fI}) 中的全称量词消去律:

(∀₋) $\forall xA(x) \vdash A(a)$

在将要构造的系统中是不适用的,它应当改为

$$\forall xA(x), E!a \vdash A(a)$$

因为这里的项是不一定存在的. 这条规则同上面的(∀₋) 相比,是

一条较弱的形式推理规则.

先陈述下面四条形式推理规则:

($\forall^!_-$)　$\forall x A(x)$, $E!a \vdash A(a)$,

($\exists^!_+$)　$A(a)$, $E!a \vdash \exists x A(x)$其中的 $A(x)$ 是由 $A(a)$ 把其中 a 的某些出现替换为 x 而得

($I^!_+$)　$E!a \vdash I(a, a)$

($E^!$)　$\vdash E!a$

$F(a_1, \cdots, a_n) \vdash E!a$, 其中 a 是任一 $a_i (i=1, \cdots, n)$ 的子项.

于是, 在 F^{fI} 中把 ($\forall_-$) 和 (I_+) 换为 ($\forall^!_-$) 和 ($I^!_+$), 并且加进 ($E^!$),就得到谓词逻辑 $F^{fI!}$. 在 F^{fI*} 中把 ($\forall_-$), ($\exists_+$), (I_+) 换为 ($\forall^!_-$), ($\exists^!_+$), ($I^!_+$), 并且加进 ($E^!$), 就得到谓词逻辑 $F^{fI*!}$.

上面的 ($\forall^!_-$), ($\exists^!_+$), ($I^!_+$) 和 ($E^!$), 分别同 F^{fI*} 中的 ($\forall_-$), ($\exists_+$), (I_+) 和 (E) 相比,都是较弱的推理规则. 前面这四条推理规则中的函数词可以表示全函数或者表示偏函数, 而后面四条推理规则中的函数词只表示全函数. ($\forall^!_-$), ($\exists^!_+$), ($I^!_+$) 和 ($E^!$)依次称为**全称量词弱消去律**,**存在量词弱引入律**,**等词弱引入律**和**项弱存在律**.由于它们都涉及项的存在性问题,所以在它们的记号中都加上表示存在性的记号"E!"中的"!",以便于识别.

$F^{fI*!}$ (包括 $F^{fI!}$) 包含较弱的推理规则. $F^{fI*!}$ (包括 $F^{fI!}$)同 F^{fI*} (包括 F^{fI}) 相比,是较弱的带函数的谓词逻辑, 因此在它们的名字中也加上了"!".

($E^!$) 包括两条推理规则. 当单独引用时,我们把其中的第一条(即 $\vdash E!a$)记作"($E^!_a$)",把其中的第二条(即 $F(a_1, \cdots, a_n) \vdash E!a$, 其中的 a 是任一 $a_i (i = 1, \cdots, n)$ 的子项)记作"($E^!_a$)". 注意($E^!_a$) 中的 $F(a_1, \cdots, a_n)$ 是原子公式.

下面来说明这些较弱推理规则的涵义.

全称量词弱消去律 ($\forall^!_-$) 反映演绎推理中这样的规则: 如果论域中的所有个体都有某性质(相当于 $\forall x A(x)$),而且某个由论域中个体经过函数的运算而得到的对象 a 仍然是论域中的个体 (相

当于 $E!\alpha$),那么 α 有某性质(相当于 $A(\alpha)$).

存在量词弱引入律 ($\exists^!_+$) 反映演绎推理中这样的规则: 如果某个由论域中个体经过函数的运算而得到的对象 α 有某性质 (相当于 $A(\alpha)$),而且 α 仍然是论域中的个体 (相当于 $E!\alpha$), 那么论域中有个体有某性质(相当于 $\exists xA(x)$).

等词弱引入律 ($I^!_+$) 反映演绎推理中这样的规则: 如果由论域中个体经过函数的运算而得到的对象 α 仍然是论域中的个体(相当于 $E!\alpha$),那么 α 和它自己是等同的(相当于 $I(\alpha, \alpha)$). 这里面包含一层意思, 就是说, 当 α 不再是论域中的个体(即 α 是无定义)时,就不能说它有何种性质,包括不能说它和自己等同.

项的弱存在律 ($E^!$) 包括两条规则. 第一条 ($E^!_1$) 是说个体词都是存在的. 由于个体词是表示论域中的个体的,所以 ($E^!_1$) 就是反映任何个体都在论域之中这样一个明显的事实. 第二条 ($E^!_2$) 是说,一个由论域中个体经过函数的运算而得到的对象 α,如果是处在某个关系之中(相当于 $F(\alpha_1, \cdots, \alpha_n)$), 而 α 是 $\alpha_1, \cdots, \alpha_n$ 中任意一个项的子项),那么 α 是论域中的个体(相当于 $E!\alpha$). 这就是说, 对于不是论域中个体的 α (即 α 是无定义). 它就不处在任何关系之中.

由以上的说明可以看出,$\mathbf{F}^{fI*!}$ (包括 $\mathbf{F}^{fI!}$) 中的项所表示的对象可以是论域中的个体,也可以是无定义. 这就是说, $\mathbf{F}^{fI*!}$ (包括 $\mathbf{F}^{fI!}$) 中的函数词表示全函数或偏函数.

下面我们列出 $\mathbf{F}^{fI}$, $\mathbf{F}^{fI!}$, $\mathbf{F}^{fI*}$, $\mathbf{F}^{fI*!}$ 的推理规则:

$\mathbf{F}^{fI}$: $(\in)$, $(\to_-)$, $(\forall_-)$, (I_-), (I_+)
(τ), $(\neg)$, $(\to_+)$, $(\forall_+)$

$\mathbf{F}^{fI!}$: $(\in)$, $(\to_-)$, $(\forall^!_-)$, (I_-), $(I^!_+)$, $(E^!)$
(τ), $(\neg)$, $(\to_+)$, $(\forall_+)$

$\mathbf{F}^{fI*}$: $(\in)$, $(\wedge_-)$, $(\wedge_+)$, $(\vee_+)$, $(\to_-)$, $(\leftrightarrow_-)$, $(\forall_-)$, $(\exists_+)$,
(I_-), (I_+)
(τ), $(\neg)$, $(\vee_-)$, $(\to_+)$, $(\leftrightarrow_+)$, $(\forall_+)$, $(\exists_-)$

$\mathbf{F}^{fI*!}$: $(\in)$, $(\wedge_-)$, $(\wedge_+)$, $(\vee_+)$, $(\to_-)$, $(\leftrightarrow_-)$, $(\forall^!_-)$, $(\exists^!_+)$,

(I_{-}), $(\mathrm{I}^{!}_{+})$, $(\mathrm{E}^{!})$

(τ), $(\neg)$, $(\vee_{-})$, $(\dot{\rightarrow}_{+})$, $(\leftrightarrow_{+})$, $(\forall_{+})$, $(\exists_{-})$

上面各个谓词逻辑的推理规则都写成两行，上面一行都属于第一类，它们直接生成形式推理关系，下面一行都属于第二类，应用它们能由已经生成的形式推理关系生成新的形式推理关系.

下面我们要作一些有关符号写法的规定. 当“f”，“I”，“*”，“!”在“F”的右上角出现时，关于它们的次序，我们规定“f”出现在所有其他符号的左方，“!”出现在所有其他符号的右方，“I”出现在“*”的左方.

为了书写的方便，我们还规定以

$$✱$$

代替

$$\mathrm{fI}*$$

因而分别以

$$\mathbf{F}^{✱}, \mathbf{F}^{✱!}$$

代替

$$\mathbf{F}^{\mathrm{fI}*}, \mathbf{F}^{\mathrm{fI}*!}$$

其中“✱”与“*”是不同的. 我们可以读“$\mathbf{F}^{✱}$”为“F 大星”，读“$\mathbf{F}^{✱!}$”为“弱 F 大星”. “$\mathbf{F}^{\mathrm{I}*}$”可以读为“$\mathbf{F}^{\mathrm{I}}$ 星”，“$\mathbf{F}^{\mathrm{fI}!}$”可以读为“弱 $\mathbf{F}^{\mathrm{fI}}$”，“$\mathbf{F}^{\mathrm{fI}*}$”和“$\mathbf{F}^{\mathrm{fI}*!}$”可以分别读为“$\mathbf{F}^{\mathrm{fI}}$ 星”和“弱 $\mathbf{F}^{\mathrm{fI}}$ 星”，等等.

如果在谓词逻辑中加进命题词和相应的形成规则，我们就得到带命题词的谓词逻辑. 对于带命题词的谓词逻辑，我们在它的名字右上角的各个符号(如“f”，“I”，“*”，“✱”，“!”)的左方加上“p”. 例如，加进命题词后，我们由 $\mathbf{F}$ 得到 $\mathbf{F}^{\mathrm{p}}$，由 $\mathbf{F}^{\mathrm{f}*}$ 得到 $\mathbf{F}^{\mathrm{pf}*}$，由 $\mathbf{F}^{\mathrm{fI}!}$ 得到 $\mathbf{F}^{\mathrm{pfI}!}$，由 $\mathbf{F}^{✱}$ 得到 $\mathbf{F}^{\mathrm{p}✱}$ 等.

定理 19.1 $\mathbf{F}^{✱!}$:

[1] $a \equiv b \vdash b \equiv a$

[2] $a \equiv b, b \equiv c \vdash a \equiv c$

[3] $\mathrm{A}(a), b \equiv a \vdash \mathrm{A}(b)$

[4] $\mathrm{A}(a), \neg\mathrm{A}(b) \vdash a \not\equiv b$

[5]　$A(a) \vdash \forall x[a \equiv x \to A(x)]$

[6]　$\exists x[a \equiv x \wedge A(x)] \vdash A(a)$

[7]　$\forall x[a \equiv x \to A(x)], E!a \vdash A(a)$

[8]　$A(a), E!a \vdash \exists x[a \equiv x \wedge A(x)]$

[9]　$E!a \vdash E!b$, b 是 a 的子项

以上的 $A(b)$ 是由 $A(a)$ 把 a 的某些出现替换为 b 而得，$A(x)$ 是由 $A(a)$ 把其中 a 的某些出现替换为 x 而得.

证　[1]和定理 17.4[1] 相同，但它们的证明却不同，因为在 $F^{*!}$ 中没有 (I_+) 而只有 $(I^!_+)$. [1]的证明如下:

(1)　$a \equiv b$

(2)　$E!a$　　(1)$(E^!_a)$

(3)　$a \equiv a$　　(2)$(I^!_+)$

(4)　$b \equiv a$　　(3)(1)(I_-)

[2], [3], [4] 分别与定理 17.4 的 [2], [3], [4] 相同，证明方法也相同. [5] 和 [6] 分别与定理 17.4[5] 和 [6] 的从左到右部分相同，证法也相同. 定理 17.4[5] 和 [6] 的从右到左部分在 $F^{*!}$ 中要加强形式前提后才能成立,这就是 [7] 和 [8]. [7]—[9] 的证明如下.

证[7]

(1)　$\forall x[a \equiv x \to A(x)]$

(2)　　$E!a$

(3)　　$a \equiv a \to A(a)$　　(1)(2)$(\forall^!_-)$

(4)　　$a \equiv a$　　(2)$(I^!_+)$

(5)　　$A(a)$　　(3)(4)$(\to_-)$

证[8]　(1)　$A(a)$

(2)　　$E!a$

(3)　　$a \equiv a$　　(2)$(I^!_+)$

(4)　　$a \equiv a \wedge A(a)$　　(3)(2)$(\wedge_+)$

(5)　　$\exists x[a \equiv x \wedge A(x)]$　　(4)(2)$(\exists^!_+)$

证[9]　(1)　　$a \equiv \mathrm{a}$　　取 a 不在 a 中出现

(2) $E!b$ (1)($E^!_a$)

(3) $E!a$

(4) $\exists x[a\equiv x]$ (3)定义 17.3

(5) $E!b$ (2)($\exists_-$)||

定理 19.1 的 [1]—[5] 在 $F^{fI!}$ 中都成立，[6]—[9] 在 $F^{fI!}$ 中引进 D(∧) 和 D(∃) 后也都成立.

定理 19.1[3] 也记作“(I_-)”.

由于 $F^{*!}$($F^{fI!}$) 的推理规则在 F^*(F^{fI}) 中都成立，故可得下面的定理.

定理 19.2 $F^{*!}(F^{fI!}):\Gamma\vdash A \Longrightarrow F^*(F^{fI}):\Gamma\vdash A$||

定理 19.3 设 F^*_1 是由 F^* 把推理规则 ($\forall_-$), ($\exists_+$), (I_+)三条换为 ($\forall^!_-$), ($\exists^!_+$), ($I^!_+$), (E) 四条而得；F^{fI}_1 是由 F^{fI} 把推理规则 ($\forall_-$), (I_+)两条换为($\forall^!_-$), ($I^!_+$), (E) 三条而得. 则有

[1] $F^*: \Gamma\vdash A \Longleftrightarrow F^*_1: \Gamma\vdash A$

[2] $F^{fI}: \Gamma\vdash A \Longleftrightarrow F^{fI}_1: \Gamma\vdash A$||

比较 F^*_1 和 $F^{*!}$ 的推理规则，可以看到它们都是十八条，其中有十七条是共同的，另外的不相同的一条在 F^*_1 中是 (E)，而在$F^{*!}$中则是 ($E^!$). F^{fI}_1 和 $F^{fI!}$ 的推理规则也有上面所说的一条不同而其余各条都相同的情形，不同的一条也是 F^{fI}_1 中的(E)和 $F^{fI!}$ 中的 ($E^!$). 这一情况有助于进一步说明在本节和 §17 中已经说过的事实：F^* 或 F^*_1（包括 F^{fI} 或 F^{fI}_1）以及 F^{f*}（包括 F^f）中的函数词都表示全函数，而 $F^{*!}$（包括 $F^{fI!}$）中的函数词则表示全函数或偏函数.

在下面的定理 19.4 和定理 19.5 中，我们还将把 F^*（包括 F^{fI}）和 $F^{*!}$（包括 $F^{fI!}$）的推理规则写成另一种形式. 为此，先要作一些规定. 我们知道，在不包含函数词的 FI^* 中，($\forall_-$), ($\exists_+$), (I_-), (I_+) 是以下的推理规则：

($\forall_-$) $\forall xA(x)\vdash A(a)$

($\exists_+$) $A(a)\vdash \exists xA(x)$，其中的 $A(x)$ 是由 $A(a)$ 把其中 a 的某些出现替换为 x 而得

(I_-) $A(a), I(a, b) \vdash A(b)$，其中的 $A(b)$ 是由 $A(a)$ 把其中的 a 某些出现替换为 b 而得

(I_+) $\vdash I(a, a)$

但是在包含函数词的谓词逻辑（例如 $\mathbf{F}^*$ 和 $\mathbf{F}^{*!}$）中，$(\forall_-)$，$(\exists_+)$，(I_-)，(I_+) 就不是上面这四条推理规则，例如，$(\forall_-)$ 就是

$$\forall x A(x) \vdash A(a)$$

于是我们规定，在包含函数词的谓词逻辑中如果用到上面四条推理规则，我们依次把它们记作“$(\forall^a_-)$”，“$(\exists^a_+)$”，“(I^a_-)”，“(I^a_+)”，其中所添加的“a”用来表示把这些规则中的项限制为个体词. 由于使用这个规定的机会并不多，我们不再给 $(\forall^a_-)$ 等另起名字.

定理 19.4 设 $\mathbf{F}^*_2$ 是由 $\mathbf{F}^*$ 把推理规则 $(\forall_-)$，$(\exists_+)$，(I_+) 三条换为 $(\forall^a_-)$，$(\exists^a_+)$，(I^a_+)，(E) 四条而得；$\mathbf{F}^{fI}_2$ 是由 $\mathbf{F}^{fI}$ 把推理规则 $(\forall_-)$，(I_+) 两条换为 $(\forall^a_-)$，(I^a_+)，(E) 三条而得. 则

[1] $\mathbf{F}^*: \Gamma \vdash A \Leftrightarrow \mathbf{F}^*_2: \Gamma \vdash A$

[2] $\mathbf{F}^{fI}: \Gamma \vdash A \Leftrightarrow \mathbf{F}^{fI}_2: \Gamma \vdash A$ ||

定理 19.5 设 $\mathbf{F}^{*!}_2$ 是由 $\mathbf{F}^{*!}$ 把推理规则 $(\forall^!_-)$，$(\exists^!_+)$，$(I^!_+)$ 三条换为 $(\forall^a_-)$，$(\exists^a_+)$，(I^a_+) 三条，并去掉 $(E^!)$ 中的 $(E^!_a)$ 而得；$\mathbf{F}^{fI!}_2$ 是由 $\mathbf{F}^{fI!}$ 把推理规则 $(\forall^!_-)$，$(I^!_+)$ 两条换为 $(\forall^a_-)$，(I^a_+) 两条，并去掉 $(E^!_a)$ 而得. 则

[1] $\mathbf{F}^{*!}: \Gamma \vdash A \Leftrightarrow \mathbf{F}^{*!}_2: \Gamma \vdash A$

[2] $\mathbf{F}^{fI!}: \Gamma \vdash A \Leftrightarrow \mathbf{F}^{fI!}_2: \Gamma \vdash A$ ||

将 $\mathbf{F}^*(\mathbf{F}^{fI})$ 和 $\mathbf{F}^{*!}(\mathbf{F}^{fI!})$ 换为 $\mathbf{F}^*_2(\mathbf{F}^{fI}_2)$ 和 $\mathbf{F}^{*!}_2(\mathbf{F}^{fI!}_2)$，可以使得在第二章中讨论无嵌套范式形式证明问题（§27）和函数词的消除问题（§28）时比较方便.

对于带等词的谓词逻辑 $\mathbf{F}^{I*}$，$\mathbf{F}^*$，$\mathbf{F}^{*!}$（包括 $\mathbf{F}^I$，$\mathbf{F}^{fI}$，$\mathbf{F}^{fI!}$），也可以构造分别同它们等价的 $\mathbf{F}^{I*}_0$，$\mathbf{F}^*_0$，$\mathbf{F}^{*!}_0$（包括 $\mathbf{F}^I_0$，$\mathbf{F}^{fI}_0$，$\mathbf{F}^{fI!}_0$），构造的方法与由 $\mathbf{P}$，$\mathbf{F}$ 等构造 $\mathbf{P}_0$，$\mathbf{F}_0$ 等的方法相同，不再详述.

定理 19.6 [1] $\mathbf{F}^{I*}(\mathbf{F}^I): \Gamma \vdash A \Leftrightarrow \mathbf{F}^{I*}_0(\mathbf{F}^I_0): \Gamma \vdash A$

[2] $\mathbf{F}^{*}(\mathbf{F}^{fI}):\Gamma\vdash A \Longleftrightarrow \mathbf{F}_0^{*}(\mathbf{F}_0^{fI}):\Gamma\vdash A$

[3] $\mathbf{F}^{*'}(\mathbf{F}^{fI'}):\Gamma\vdash A \Longleftrightarrow \mathbf{F}_0^{*'}(\mathbf{F}_0^{fI'}):\Gamma\vdash A$ ||

习　　题

19.1 证定理 19.4.

19.2 证定理 19.5.

第二章　逻辑演算的系统特征

我们在第一章中构造了一系列的逻辑演算. 逻辑演算都有作为一个形式系统所具有的某些特征. 这种系统特征往往是几个有关的逻辑演算所共有的（例如范式），甚至是所有的逻辑演算所共有的（例如等值公式的可替换性）. 因此，我们没有在构造了某个逻辑演算之后就研究它的系统特征，而是集中在一章里结合有关的逻辑演算一起加以研究.

本章中将研究逻辑演算的一些主要的系统特征. 还有两个特别重要的特征，可靠性和完全性，我们将在第四章中研究.

§20　等值公式的可替换性

设A是 n 元命题形式，$x_1, \cdots, x_n$ 是A中所有的未经约束的约束变元. 我们令

$$\forall A =_{df} \forall x_1 \cdots x_n A$$

当 $n = 0$ 即A是合式公式时，令

$$\forall A =_{df} A$$

引理 20.1　如果 x 是命题形式A中未经约束的约束变元，则 $\forall A \vdash\!\!\!- \forall \mathfrak{S}_a^x A|$.

证　设 $A = A(x_1, \cdots, x_n)$，$x_1, \cdots, x_n$ 是A中所有未经约束的约束变元，并设 x 就是其中的 x_i. 于是有

$$\forall A = \forall x_1 \cdots x_n A(x_1, \cdots, x_n)$$

$$\forall \mathfrak{S}_a^x A| = \forall x_1 \cdots x_{i-1} x_{i+1} \cdots x_n A(x_1, \cdots, x_{i-1}, a, x_{i+1}, \cdots, x_n)$$

令 $a_1, \cdots, a_{i-1}$ 是互不相同的，不同于 a 的，也不在A中出现的个体词. 使用 $(\forall_-)$，可得

(1)　　$\forall x_1 \cdots x_n A(x_1, \cdots, x_n)$

$$\vdash \forall x_{i+1}\cdots x_n A(a_1, \cdots, a_{i-1}, a, x_{i+1}, \cdots, x_n)$$

由(1)经使用($\forall_+$),可得

$$\forall x_1\cdots x_n A(x_1, \cdots, x_n)$$

$$\vdash \forall x_1\cdots x_{i-1}x_{i+1}\cdots x_n A(x_1, \cdots, x_{i-1}, a, x_{i+1}, \cdots, x_n)$$

这就证明了本引理. ||

引理 20.2 [1] $\forall[A\leftrightarrow A']\vdash\forall[\neg A\leftrightarrow\neg A']$

[2] $\forall[A\leftrightarrow A'], \forall[B\leftrightarrow B']\vdash\forall[A\rightarrow B\leftrightarrow A'\rightarrow B']$

[3] $\forall[A(x)\leftrightarrow A'(x)]\vdash\forall[\forall xA(x)\leftrightarrow\forall xA'(x)]$

证 我们选证[1]和[3]. 设由A和 A' 把其中不同的未经约束的约束变元分别替换为不同的并且不在A中也不在 A' 中出现的个体词,从而分别得到 A_1 和 A_1'. 使用($\forall_-$),有

(1) $$\forall[A\leftrightarrow A']\vdash A_1\leftrightarrow A_1'$$

由(1)显然有

(2) $$\forall[A\leftrightarrow A']\vdash\neg A_1\leftrightarrow\neg A_1'$$

由 A_1 和 A_1' 把经上述替换而出现的个体词替换为原来的约束变元,就得到原来的A和 A'; 由 $\neg A_1\leftrightarrow\neg A_1'$ 就得到 $\neg A\leftrightarrow\neg A'$. 这样,由(2)经使用($\forall_+$),就得到[1].

设由 $A(x)$ 和 $A'(x)$ 把其中除x外的不同的未经约束的约束变元分别替换为不同的并且不在 $A(x)$ 中也不在 $A'(x)$ 中出现的个体词,从而得到 $A_1(x)$ 和 $A_1'(x)$. 根据引理 20.1,有

(3) $$\forall[A(x)\leftrightarrow A'(x)]\vdash\forall x[A_1(x)\leftrightarrow A_1'(x)]$$

由(3)显然可得

(4) $$\forall[A(x)\leftrightarrow A'(x)]\vdash\forall xA_1(x)\leftrightarrow\forall xA_1'(x)$$

由 $A_1(x)$ 和 $A_1'(x)$ 把其中经上述替换而出现的个体词替换为原来的约束变元,就分别得到原来的 $A(x)$ 和 $A'(x)$; 这样,由 $\forall xA_1(x)\leftrightarrow\forall xA_1'(x)$ 就得到 $\forall xA(x)\leftrightarrow\forall xA'(x)$. 于是,由(4)经使用 ($\forall_+$),就得到[3]. ||

前面讲过,使得 $A\dashv\vdash B$ 成立的合式公式A和B是等值公式.

$A \vdash\dashv B$ 就是说 $A \leftrightarrow B$ 是重言式．因此，使得 $A \leftrightarrow B$ 是重言式的 A 和 B 是等值公式．

当 A 和 B 是命题形式时，我们说使得 $\forall[A \leftrightarrow B]$ 是重言式的 A 和 B 是等值公式．

定理 20.3 **（等值公式的可替换性定理）** 设 B 和 C 是等值公式，其中的 B 和 C 是合式公式或命题形式；由 Γ 和 A 把 B 在其中的某些出现替换为 C 而得到 Γ' 和 A'．那么

[1] $A \vdash\dashv A'$

[2] $\vdash A \Leftrightarrow \vdash A'$

[3] $\Gamma \vdash A \Leftrightarrow \Gamma' \vdash A'$

证 我们先证明当 A 和 A' 是命题形式时可得

(1) $$\forall[B \leftrightarrow C] \vdash \forall[A \leftrightarrow A']$$

由(1)，因 B 和 C 是等值的，即 $\forall[B \leftrightarrow C]$ 是重言式，显然可得[1]；由[1]又可得[2]和[3]．我们选择在 **F** 中证明(1)；对于别的逻辑演算，证明是类似的．(1)的证明用归纳法，施归纳于 A 的结构．

基始：A 是原子公式．因 B 是 A 的子公式，故 $B = A$，因而，$C = A'$，因此(1)成立．

归纳：$A = \neg A_1$ 或 $A_1 \to A_2$ 或 $\forall x A_1(x)$．设 $A = \neg A_1$．当 $B = A$ 时(1)显然成立．我们假设 $B \neq A$ 即 $B \neq \neg A_1$．由定理 15.6[1]，B 是 A_1 的子公式．于是 $A' = \neg A_1'$，其中的 A_1' 就是当由 A 经替换而得 A' 时由 A_1 得到的．由归纳假设，有

(2) $$\forall[B \leftrightarrow C] \vdash \forall[A_1 \leftrightarrow A_1']$$

成立．由(2)，根据引理 20.2[1]，可得

$$\forall[B \leftrightarrow C] \vdash \forall[\neg A_1 \leftrightarrow \neg A_1']$$

这就是(1)．

设 $A = A_1 \to A_2$，A_1 中的未经约束的约束变元不在 A_2 中约束，A_2 中的未经约束的约束变元不在 A_1 中约束．与上面的情形相同，我们假设 $B \neq A$ 即 $B \neq [A_1 \to A_2]$．由定理15.6[2]，B 是A_1的子公式或是 A_2 的子公式．于是有 $A' = A_1' \to A_2'$，其中的 A_1' 和 A_2' 就是当由 A 经替换而得 A' 时分别由 A_1 和 A_2 得到的．由归纳

假设,有(2)和

(3) $$\forall[B\longleftrightarrow C]\vdash\forall[A_2\longleftrightarrow A_2']$$

成立. 由(2)和(3),根据引理 20.2[2],可得

$$\forall[B\longleftrightarrow C]\vdash\forall[A_1\rightarrow A_2\longleftrightarrow A_1'\rightarrow A_2']$$

这就是(1).

设 $A=\forall xA_1(x)$, x 是 $A_1(x)$ 中的未经约束的约束变元. 假设 $B\neq A$ 即 $B\neq\forall xA_1(x)$. 由定理1 5.6[3],B 是 $A_1(x)$ 的子公式. 于是 $A'=\forall xA_1'(x)$, 其中的 $A_1'(x)$ 就是当由A经替换而得到 A' 时由 $A_1(x)$ 得到的. 由归纳假设,可得

(4) $$\forall[B\longleftrightarrow C]\vdash\forall[A_1(x)\longleftrightarrow A_1'(x)]$$

由(4),根据引理 20.2[3],可得

$$\forall[B\longleftrightarrow C]\vdash\forall[\forall xA_1(x)\longleftrightarrow\forall xA_1'(x)]$$

这就是(1),到此证完了归纳部分.

由以上的基始和归纳,就证明了(1). ||

例 1 因为

$$\forall[F(x)\rightarrow G(x)\longleftrightarrow\neg F(x)\vee G(x)]$$

$$\forall[\forall yz\neg H(x,y,z)\longleftrightarrow\neg\exists yzH(x,y,z)]$$

都是重言式,所以故可得

$$\forall x[[F(x)\rightarrow G(x)]\vee\forall yz\neg H(x,y,z)]$$
$$\vdash\dashv\forall x[\neg F(x)\vee G(x)\vee\neg\exists yzH(x,y,z)]$$

等值公式可替换性定理是说，在命题中把某些部分命题替换为分别同它们等价的命题之后,所得到的命题同原来的命题等价;并且,命题之间有没有演绎推理关系,在把其中的某些部分命题替换为等价的命题之后,是保持不变的.

下面我们研究项的可替换性问题.

定义 20.1 $a\simeq b=_{df}E!a\vee E!b\rightarrow a\equiv b$

$a\simeq b$ 和 $a\equiv b$ 不同. 但在 $\mathbf{F}^*$ 中,由于项都是存在的,故 $a\simeq b$ 和 $a\equiv b$ 是等值的. $a\simeq b$ 是说, a 和 b 或者都不存在,或者都存在并且等同. 因此,当 $a\simeq b$ 是重言式时,我们也说 a 和 b 是等同的,

并称 a 和 b 为**等项**. 这就是说,两个不存在的项也称为等项. 对于项形式 a 和 b,当 $\forall[a\simeq b]$ 是重言式时,它们也称为等项.

定理 20.4 等项的可替换性定理 设 a 和 b 是等项,其中的 a 和 b 是项或项形式;由 Γ 和 A 把 a 在其中的一个或几个出现替换为 b 而得到 Γ′ 和 A′. 那么有

[1] $A \vdash\dashv A'$

[2] $\vdash A \Leftrightarrow \vdash A'$

[3] $\Gamma \vdash A \Leftrightarrow \Gamma' \vdash A'$

证 我们先证明当 A 和 A′ 是命题形式时可得

(1) $$\forall[a\simeq b] \vdash \forall[A \leftrightarrow A']$$

由(1)就得到[1],[2]和[3]. (1)的证明用归纳法,施归纳于 A 的结构.

基始:A 是原子公式. 在 A 和 A′ 中把所有不同的未经约束的约束变元(包括 a 和 b 中的约束变元)替换为不同的不在 A 和 A′ 中出现因而也不在 a 和 b 中出现的个体词. 假设经这样替换我们由 A 和 A′ 分别得到合式的原子公式 A_1 和 A_1',由 a 和 b 分别得到项 a_1 和 b_1. A_1' 也可以由 A_1 把 a_1 在其中的某些出现替换为 b_1 而得. 根据($\forall_-$),可得

(2) $$\forall[E!a \vee E!b \to a \equiv b] \vdash E!a_1 \vee E!b_1 \to a_1 \equiv b_1$$

由于 A_1 和 A_1' 是原子公式,故由(I_-)和命题逻辑的推理关系,有

(3) $$E!a_1 \vee E!b_1 \to a_1 \equiv b_1 \vdash A_1 \leftrightarrow A_1'$$

由(2)和(3)可得

(4) $$\forall[E!a \vee E!b \to a \equiv b] \vdash A_1 \leftrightarrow A_1'$$

由 A_1 和 A_1' 把其中经过上述替换而出现的个体词又替换为原来的约束变元,就又得到 A 和 A′. 这些个体词都不在 a 和 b 中出现,故由(3)经使用($\forall_+$),就得到(1).

归纳部分的证明同定理 20.3 的证明中归纳部分的证明是类似的.

由以上的基始和归纳,就证明了定理 20.4. ||

定理 20.5 (等项的可替换性定理) 设 a 和 b 是等项,其中

的 a 和 b 是项或项形式；由项或项形式 c 把 a 在其中的某些出现替换为 b 而得到项或项形式 c'. 那么 c 和 c' 也是等项. ‖

定理 20.4 和定理 20.5 中的项或项形式可以包括由摹状词定义的. 在含有摹状词的情形下，定理的证明是类似的.

等项可替换性定理的涵义是明显的.

等值公式的可替换性定理对于第一章中所构造的各个逻辑演算都是成立的；等项的可替换性定理对于各个有关的逻辑演算也都是成立的. 因此在陈述这些定理时，不需要说明它们对于哪些逻辑演算成立.

习　　题

20.1 证定理 20.5.

20.2 给定命题逻辑中的 $A = A(p_1, \cdots, p_n)$，其中 $p_1, \cdots, p_n$ 是在 A 中出现的不同的命题词（不一定是全部）. 设 $B_1, \cdots, B_m$ 是 m 个不同公式的序列，每个 $B_i (i = 1, \cdots, m)$ 是一个 $A(t_1, \cdots, t_n)$，其中 $t_1, \cdots, t_n$ 是 t 或 f. 这样，$m = 2^n$，所有可能的 $A(t_1, \cdots, t_n)$ 都在 $B_1, \cdots, B_m$ 中. $B_1, \cdots, B_m$ 称为 A 的（对于 $p_1, \cdots, p_n$ 的）n 次赋值系. 当 $n = 0$ 时，A 的 0 次赋值系就由 A 本身一个公式组成. Γ 是 A 的赋值系，如果有 n，使得 Γ 是 A 的 n 次赋值系. 证明：如果 Γ 是 A 的赋值系，则 $\Gamma \vdash A$.

§21　逻辑词的可定义性

在第一章中我们研究了命题逻辑 **P** 和 $\mathbf{P}^*$ 的关系（§ 13），谓词逻辑 **F** 和 $\mathbf{F}^*$ 的关系（§ 16），以及其他逻辑演算之间的类似的关系. 以 **F** 和 $\mathbf{F}^*$ 来说，它们有两方面的关系. 一方面，**F** 是 $\mathbf{F}^*$ 的子系统；另一方面，可以在 **F** 中引进定义 D(∧)，D(∨)，D(↔) 和 D(∃)，使得在 **F** 中能反映 $\mathbf{F}^*$ 的合式公式和形式推理关系. 在 **F** 中反映 $\mathbf{F}^*$ 的形式推理关系就是说，如果

1)　　$\mathbf{F}^*$: $A_1, \cdots, A_n \vdash A$

由 $A_1, \cdots, A_n, A$ 经使用上面的定义替除其中的 ∧，∨，↔ 和

∃, 从而得到 F 中的合式公式 $A'_1, \cdots, A'_n, A'$, 那么就有

2) $$\mathbf{F}:\ A'_1, \cdots, A'_n \vdash A'$$

1)⟹2) 的证明见定理 16.9. 这里我们要证明 2)⟹1). 证明了 1) 和 2) 的等价性,我们说, ∧, ∨, ↔ 和 ∃ 在 **F** 中是(经过 ¬, → 和 ∀) 可定义的, 或者说,我们建立了∧, ∨, ↔和 ∃ 在 **F** 中(经过 ¬, → 和 ∀) 的可定义性.

引理 21.1 $\mathbf{F}^*$:

[1] $\vdash \forall[B \land C \leftrightarrow \neg(B \to \neg C)]$

[2] $\vdash \forall[B \lor C \leftrightarrow \neg B \to C]$

[3] $\vdash \forall[B \leftrightarrow C \centerdot\leftrightarrow\centerdot \neg[(B \to C) \to \neg(C \to B)]]$

[4] $\vdash \forall[\exists x B(x) \leftrightarrow \neg\forall x \neg B(x)]$

证 我们选证[4]. 设 $x_1, \cdots, x_n$ 是 B(x) 中所有不同的,也不同于 x 的未经约束的约束变元, $a_1, \cdots, a_n$ 是不同的不在 B(x) 中出现的个体词. 根据定理 16.3[2],可得

$$\mathbf{F}^*: \vdash \exists x \mathfrak{S}^{x_1 \cdots x_n}_{a_1 \cdots a_n} B(x) | \leftrightarrow \neg\forall x \neg \mathfrak{S}^{x_1 \cdots x_n}_{a_1 \cdots a_n} B(x) |$$

由此经使用(∀+),就得到[4]. ||

考虑推理关系

3) $$\mathbf{F}^*: A'_1, \cdots, A'_n \vdash A'$$

由于 **F** 是 $\mathbf{F}^*$ 的子系统,故有 2)⟹3). 又由引理 21.1 和等值公式的可替换性定理,有 1)⟺3). 因此就有 2)⟹1), 从而有下面的定理.

定理 21.2 (∧, ∨, ↔, ∃ 的**可定义性定理**) 设 $A_1, \cdots, A_n$, A 和 $A'_1, \cdots, A'_n, A'$ 如本节开始时所规定. 那么

$\mathbf{F}^*:\ A_1, \cdots, A_n \vdash A \Longleftrightarrow \mathbf{F}:\ A'_1, \cdots, A'_n \vdash A'$ ||

定理 21.2 中的 $A'_1, \cdots, A'_n \vdash A'$ 就是

$$A_1, \cdots, A_n \underset{D(\land)D(\lor)D(\leftrightarrow)D(\exists)}{\vdash} A$$

因此定理 21.2 就是说,**F** 在引进定义 D(∧), D(∨), D(↔) 和 D(∃) 后,是同 $\mathbf{F}^*$ 等价的.

下面我们要进一步说明可定义性定理的涵义, 我们先要一般

地说明，在一个逻辑演算 L 中引进某些定义，就使得 L 得到下面三个方面的扩充，从而成为另一个逻辑演算 L′：

第一，L 的符号表增加被定义者中的符号，扩充为 L′ 的符号表.

第二，L 的形成规则扩充为 L′ 的形成规则，后者比前者增加这样的规则，以保证：如果由 L 中公式 X 把其中某些有定义者形式的子公式替换为相应的有被定义者形式的公式之后，成为 L′ 中的公式 X′，那么，X 是 L 中的合式公式，当且仅当，X′ 是 L′ 中的合式公式.

第三，L 的推理规则扩充为 L′ 的推理规则，后者比前者增加这样的规则：如果由 L 中的 $A_1, \cdots, A_n, A$ 经上述替换而得到 L′ 中的 $A'_1, \cdots, A'_n, A'$，那么，L：$A_1, \cdots, A_n \vdash A$，当且仅当，L′：$A'_1, \cdots, A'_n \vdash A'$.

例如，在 F 中引进 D(∧)，D(∨)，D(↔) 和 D(∃) 后，就得到另一个谓词逻辑 F′，它比 F 有了以下三方面的扩充：

第一，F′ 的符号表是由 F 的符号表增加 ∧，∨，↔ 和 ∃ 四个符号而得，实际上 F′ 的符号表和 F* 的相同.

第二，F′ 的形成规则是由 F 的形成规则按以上的说法扩充而得，实际上和 F* 的形成规则相同.

第三，F′ 的推理规则由 F 的 (∈)，(τ)，(¬)，($\rightarrow_-$)，($\rightarrow_+$)，($\forall_-$) 和 ($\forall_+$) 七条增加以下的记作“(D(∧))”，“(D(∨))”，“(D(↔))”和“(D(∃))”的四条而得：

(D(∧)) 设由 Γ 和 A 把其中有 $\neg(B \rightarrow \neg C)$ 形式的子公式替换为 $B \wedge C$ 而得到 Γ′ 和 A′. 那么，$\Gamma \vdash A$，当且仅当，$\Gamma' \vdash A'$.

(D(∨)) 在 (D(∧)) 中把 $\neg(B \rightarrow \neg C)$ 改为 $\neg B \rightarrow C$，把 $B \wedge C$ 改为 $B \vee C$，就得到 (D(∨)).

(D(↔)) 在 (D(∧)) 中把 $\neg(B \rightarrow \neg C)$ 改为 $\neg[(B \rightarrow C) \rightarrow \neg(C \rightarrow B)]$，把 $B \wedge C$ 改为 $B \leftrightarrow C$，就得到 (D(↔)).

(D(∃))　在 (D(∧)) 中把 $\neg(B\to\neg C)$ 改为 $\neg\forall x\neg B(x)$，把 $B\wedge C$ 改为 $\exists x B(x)$，就得到(D(∃)).

于是,定理 21.2 所说的 **F** 在引进 D(∧), D(∨), D(↔) 和 D(∃) 后同 $\mathbf{F}^*$ 等价,就是由 **F** 经过上述扩充而得到的 $\mathbf{F}'$ 同 $\mathbf{F}^*$ 等价. $\mathbf{F}'$ 和 $\mathbf{F}^*$ 有相同的符号和合式公式. 它们有七条共同的推理规则(即 **F** 的推理规则). $\mathbf{F}'$ 的其余四条推理规则(D(∧)), (D(∨)), (D(↔)) 和 (D(∃)) 在 $\mathbf{F}^*$ 中是可以证明的(根据引理 21.1 和等值公式的可替换性定理). $\mathbf{F}^*$ 的其余八条推理规则 ($\wedge_-$), ($\wedge_+$), ($\vee_-$), ($\vee_+$), ($\leftrightarrow_-$), ($\leftrightarrow_+$), ($\exists_-$) 和 ($\exists_+$) 在 $\mathbf{F}'$ 中也是可以证明的,例如由

$$\mathbf{F}:\ A, B \vdash \neg(A\to\neg B)$$

可得

$$\mathbf{F}':\ A, B \vdash \neg(A\to\neg B)$$

由此根据 (D(∧)), 有

$$\mathbf{F}':\ A, B \vdash A\wedge B$$

这就在 $\mathbf{F}'$ 中证明了($\wedge_+$). 既然在 $\mathbf{F}'$ 和 $\mathbf{F}^*$ 的一个中能证明另一个的所有推理规则,所以它们是等价的.

习　　题

21.1 构造逻辑演算 $\mathbf{F}^J$, 它有→和∨两个原始逻辑词以及表示不等同关系的二元谓词 J. 证明 $\mathbf{F}^I$ 和 $\mathbf{F}^J$ 在各自引进某些定义后是互相等价的.

§22　命题连接词的完全性和独立性

命题连接词的完全性是命题逻辑的一个系统特征. 一组命题连接词具有完全性,就是说由它可以定义出所有的命题连接词. 我们逐步来说明这个问题.

连接词按照它所连接的合式公式的数目 n 而称为 n 元连接词. 因此, 在五个基本的连接词中, ¬是一元连接词, ∧, ∨, →

和$\leftrightarrow$都是二元连接词．谢孚竖也是二元连接词．下面我们给出一个称为**条件析取词**的三元连接词，使用它连接 A，B，C 而构成的合式公式，记作

$$[A, B, C]$$

称为 A，B，C 的**条件析取式**，读作"如果 B 则 A，如果非 B 则 C"．条件析取词的真假值表如下：

A	B	C	[A, B, C]
t	t	t	t
t	t	f	t
t	f	t	t
t	f	f	f
f	t	t	f
f	t	f	f
f	f	t	t
f	f	f	f

在本节中我们以英文斜体小写字母（或加下添标）

$$f, g, f_i, g_i \ (i = 1, 2, 3, \cdots)$$

表示任意的连接词．对于 n 元连接词 f，我们以

$$fp_1\cdots p_n$$

表示以 f 连接 $p_1, \cdots, p_n$ 而构成的合式公式[1]．

对于任意的正整数 n，有 2^{2^n} 个不同的 n 元连接词．例如，当 $n = 1$ 时，有 2^{2^1} 即 4 个不同的一元连接词．令 f_1, f_2, f_3, f_4 是所有不同的一元连接词，它们的真假值表如下：

p	f_1p	f_2p	f_3p	f_4p
t	t	t	f	f
f	t	f	t	f

1）这里的命题词 $p_1, \cdots, p_n$ 换为合式公式 $A_1, \cdots, A_n$ 也是可以的．

其中的 f_3 就是否定词．不同的二元连接词共有 2^{2^2} 即16个．令 $g_1, \cdots, g_{16}$ 是所有不同的二元连接词，它们的真假值表如下：

p	q	$g_1$pq	$g_2$pq	$g_3$pq	$g_4$pq	$g_5$pq	$g_6$pq	$g_7$pq	$g_8$pq
t	t	t	t	t	t	f	t	t	t
t	f	t	t	t	f	t	t	f	f
f	t	t	t	f	t	t	f	t	f
f	f	t	f	t	t	t	f	f	t

$g_9$pq	g_{10}pq	g_{11}pq	g_{12}pq	g_{13}pq	g_{14}pq	g_{15}pq	g_{16}pq
f	f	f	t	f	f	f	f
t	t	f	f	t	f	f	f
t	f	t	f	f	t	f	f
f	t	t	f	f	f	t	f

其中的 g_2 就是析取词，g_4 就是蕴涵词，g_5 就是谢孚竖，g_8 就是等值词，g_{12} 就是合取词．

一个 n 元连接词 f 的真假值表有以下的形式：

	p_1	p_2	$\cdots$	p_n	$fp_1\cdots p_n$
2^{n-1} 行	t	t		t	t_1
	·	⋮		f	·
		t		⋮	·
	·	f		t	·
	·	⋮			
	t	f		f	
2^{n-1} 行	f	t		t	
	·	⋮		f	·
	·	t		⋮	·
	·	f		t	·
		⋮			
	f	f		f	t_{2^n}

其中的 $t_1, \cdots, t_{2^n}$ 是 t 或 f.

一个命题逻辑中的合式公式，当其中的命题词取定了真假值之后，就可以根据连接词的真假值表逐步地算出它的各个子公式的真假值，最后算出整个合式公式本身的真假值. 例如

1) $$(p \to r) \vee (q \to r) \to (p \vee q \to r)$$

如果其中的 p, q, r 分别取 t, f, f 为值，我们可以按以下步骤算出 1) 的值是 f. 先把 p, q, r 的值写在它们的下面，然后把经某个连接词而构成的子公式的值写在这个连接词的下面，例如把 $p \to r$ 的值写在其中的→的下面，又把 $(p \to r) \vee (q \to r)$ 的值写在其中的∨的下面，等等. 最后把 1) 的值写在构成 1) 时所使用的连接词→的下面，就得到下面的:

$$\begin{array}{ccccccccccccc} (p & \to & r) & \vee & (q & \to & r) & \to & (p & \vee & q & \to & r) \\ t & f & f & t & f & t & f & f & t & t & f & f & f \end{array}$$

一个合式公式中的 n 个不同的命题词共有 2^n 种不同的取值方法，例如 1) 中的 p, q, r 就有 2^3 即 8 种取值方法. 在每一种取值的情形下都可以算出 1) 的值. 把所有可能的情形写在一起，就得出下面的表，它是 1) 的真假值表:

p	q	r	(p	→	r)	∨	(q	→	r)	→	(p	∨	q	→	r)
t	t	t	t	t	t	t	t	t	t	t	t	t	t	t	t
t	t	f	t	f	f	f	t	f	f	t	t	t	t	f	f
t	f	t	t	t	t	t	f	t	t	t	t	t	f	t	t
t	f	f	t	f	f	t	f	t	f	f	t	t	f	f	f
f	t	t	f	t	t	t	t	t	t	t	f	t	t	t	t
f	t	f	f	t	f	t	t	f	f	f	f	t	t	f	f
f	f	t	f	t	t	t	f	t	t	t	f	f	f	t	t
f	f	f	f	t	f	t	f	t	f	t	f	f	f	t	f

给定 n 元连接词 f. 如果由连接词 $g_1, \cdots, g_m$ 和 $p_1, \cdots, p_n$ 能够构成合式公式，使得所构成的合式公式和 $fp_1\cdots p_n$ 有相同的真假值表，那么我们说 f 能够由 $g_1, \cdots, g_m$ 定义出.

一组连接词称为**完全的**，如果由它能够定义出所有的连接词.

在一组连接词中，某个连接词称为**独立的**，如果它不能由这组中的其他连接词定义出.

定理 22.1 $\neg$和$\rightarrow$是完全的.

证 施归纳于连接词的元数 n.

基始：$n=1$. 所有的一元连接词 f_1, f_2, f_3, f_4（前面讲过）可以定义如下：

$$f_1\mathrm{p} =_{\mathrm{df}} \mathrm{p}\rightarrow\mathrm{p}$$

$$f_2\mathrm{p} =_{\mathrm{df}} \mathrm{p}$$

$$f_3\mathrm{p} =_{\mathrm{df}} \neg\mathrm{p}$$

$$f_4\mathrm{p} =_{\mathrm{df}} \neg(\mathrm{p}\rightarrow\mathrm{p})$$

归纳：设由$\neg$和$\rightarrow$能定义出所有的 k 元连接词，要证明由它们能定义出所有 $k+1$ 元的连接词. 设 f 是任意一个 $k+1$ 元的连接词，它有下面的真假值表：

	p_1	p_2	$\cdots$	p_{k+1}	$f\mathrm{p}_1\cdots\mathrm{p}_{k+1}$
2^k 行	t	t		t	t_1
	·	⋮		f	·
		t			
	·			⋮	·
		f			
	·	⋮		t	·
	t	f		f	
2^k 行	f	t		t	
	·	⋮		f	·
		t			
	·			⋮	·
		f			
	·	⋮		t	·
	f	f		f	$\mathrm{t}_{2^{k+1}}$

其中的 $\mathrm{t}_1, \cdots, \mathrm{t}_{2^{k+1}}$ 是 t 或 f. 划去表中第一列和 p_1 取值 f 的

2^k 行，剩下的是某个 k 元连接词的真假值表．由归纳假设，这个 k 元连接词可由¬和→定义出；即有由 $p_2, \cdots, p_{k+1}$ 经使用¬和→而构成的 B，使得 B 的真假值表和方才剩下的真假值表相同．类似地，划去表中第一列和 p_1 取值 t 的 2^k 行，剩下的也是某个 k 元连接词的真假值表，这个表也有由 $p_2, \cdots, p_{k+1}$ 经使用¬和→构成的 C 的真假值表和它相同．不难看出，$(p_1 \to B) \wedge (\neg p_1 \to C)$ 的真假值表和 f 的相同，而这个公式和

(1) $$\neg[(p_1 \to B) \to \neg(\neg p_1 \to C)]$$

又有相同的真假值表．(1) 中连接词只有¬和→，故 f 可由¬和→定义出．

由基始和归纳，就证明了定理 22.1．‖

定理 22.2 ¬和∧以及¬和∨都是完全的．‖

在二元连接词中，单独一个 g_5（即谢孚竖）和单独一个 g_{15} 都具有完全性．

可以证明，定理 22.1 和定理 22.2 的各组中的连接词都具有独立性．

一个含有 n 个不同命题词的合式公式，就相当于一个 n 元连接词，它们有相同的真假值表．因此，一组完全的连接词能够定义出所有的合式公式．

习　　题

22.1 证明以下各组命题连接词都具有完全性：

[1] →，f

[2] [A, B, C]，t，f

[3] →，↚（即 g_{14}）

[4] ↔，∨，f

[5] |（即 g_5）

[6] g_{15}

22.2 证明定理 22.1，定理 22.2 以及习题 22.1[1]—[4] 各组中的命题连接词都是独立的．

22.3 证明$\wedge$和$\vee$不具有完全性.

22.4 证明$\leftrightarrow$和$\not\leftrightarrow$(即 g_9)不具有完全性.

22.5 证明单独由$\rightarrow$不能定义$\longleftrightarrow$.

§23 代入定理

在本节中要证明个体词代入定理,谓词代入定理,命题词代入定理,函数词代入定理和约束变元替换定理. 关于约束变元的定理不称为代入定理而称为替换定理,这在读过之后就会清楚.

先要说明一些关于使用符号的规定. 我们在 §15 中曾规定,可以把公式X写成 $X(u_1, \cdots, u_n)$, 这样, $u_1, \cdots, u_n$ 是在X即 $X(u_1, \cdots, u_n)$ 中出现的n个不同的符号. 今后我们进一步规定,当把公式X写成 $X(u_1, \cdots, u_n)$ 时, 不同的符号 $u_i(i=1, \cdots, n)$可以在X即 $X(u_1, \cdots, u_n)$ 中出现, 也可以不在其中出现. 例如令

$$A = F(a, x) \wedge G(y)$$

我们可以把A写成 $A(x, y)$, 也可以把A写成 $A(x, y, z)$. $A(x, y, z)$ 好像是三元命题形式, 但实际上它是二元命题形式, 因为z并不在其中出现. 这和二元函数可以写成三元函数是类似的, 例如 $x+y$ 可以写成 $f(x, y, z)$.

我们仍然规定,如果在上下文中先出现了 $X(u_1, \cdots, u_n)$, 那么

$$X(Y_1, \cdots, Y_n) = \mathfrak{S}_{Y_1 \cdots Y_n}^{u_1 \cdots u_n} X(u_1, \cdots, u_n)|$$

设 $\Gamma = A_1(u_1, \cdots, u_n), \cdots, A_m(u_1, \cdots, u_n)$. 我们可以把$\Gamma$写成 $\Gamma(u_1, \cdots, u_n)$, $u_i(i=1, \cdots, n)$ 可以在 $\Gamma(u_1, \cdots, u_n)$ 中出现,也可以不在 $\Gamma(u_1, \cdots, u_n)$ 中出现. 我们令

$$\begin{aligned}\Gamma(Y_1, \cdots, Y_n) &= \mathfrak{S}_{Y_1 \cdots Y_n}^{u_1 \cdots u_n} \Gamma(u_1, \cdots, u_n)| \\ &= \mathfrak{S}_{Y_1 \cdots Y_n}^{u_1 \cdots u_n} A_1(u_1, \cdots, u_n)|, \cdots, \\ &\quad \mathfrak{S}_{Y_1 \cdots Y_n}^{u_1 \cdots u_n} A_m(u_1, \cdots, u_n)|\end{aligned}$$

$= A_1(Y_1, \cdots, Y_n), \cdots, A_m(Y_1, \cdots, Y_n)$

定理 23.1 （个体词代入定理）

[1] $\Gamma(a) \vdash A(a) \Longrightarrow \Gamma(b) \vdash A(b)$

[2] $\mathbf{F}^*$: $\Gamma(a) \vdash A(a) \Longrightarrow \Gamma(a) \vdash A(a)$

[3] $\mathbf{F}^{*!}$: $\Gamma(a) \vdash A(a) \Longrightarrow \Gamma(a), E!a \vdash A(a)$

[4] $\Gamma(a) \vdash A(a) \Longrightarrow \Gamma(\imath xB(x)), \exists! xB(x) \vdash A(\imath xB(x))$

定理中的[1]在各个谓词逻辑中都是成立的;[2]和[3]涉及函数词,在有关的包含函数词的谓词逻辑中成立; [4] 在带等词因而能定义摹状词的谓词逻辑中都成立.

$E!a$ 在 $\mathbf{F}^{*!}$ 中不是重言式,因此在 [3] 中 $\Longrightarrow$ 右方的推理关系中，要加上 $E!a$ 作为形式前提. $\exists! xB(x)$ 就是 $E!\imath xB(x)$，由于 $E!\imath xB(x)$ 不是重言式,所以在 [4] 中 $\Longrightarrow$ 右方推理关系中，要加上 $\exists! xB(x)$ 作为形式前提.

证 我们只证定理 23.1 中的 [1]，其余 [2]—[4]的证明是类似的. 设 $\Gamma = A_1(a), \cdots, A_n(a)$. 那么 $\Gamma(a) \vdash A(a)$ 就是 $A_1(a), \cdots, A_n(a) \vdash A(a)$. 由此依次可以得到下面的推理关系:

$$\vdash A_1(a) \wedge \cdots \wedge A_n(a) \to A(a)$$

$$\vdash \forall x[A_1(x) \wedge \cdots \wedge A_n(x) \to A(x)]$$

$$\forall x[A_1(x) \wedge \cdots \wedge A_n(x) \to A(x)]$$

$$\vdash A_1(b) \wedge \cdots \wedge A_n(b) \to A(b)$$

$$\vdash A_1(b) \wedge \cdots \wedge A_n(b) \to A(b)$$

$$A_1(b), \cdots, A_n(b) \vdash A(b)$$

其中最后一个推理关系就是 $\Gamma(b) \vdash A(b)$,这就证明了[1]. ||

个体词代入定理有这样的涵义：假设由某些讲到个体 α 的命题能推出某一讲到 α 的命题，又设在以上的命题中把 α 改为任意的另一个体 β,使得以上的命题都成为讲 β 的命题,讲法都与原来讲 α 时相同. 那么,从这些讲 β 的命题也能推出这一讲 β 的命题.

定理 23.2 （约束变元替换定理） 设由 Γ 和 A 把命题形式 $QxB(x)$ 在其中的某些出现替换为 $QyB(y)$ 而得到 Γ' 和 A'. 那么

[1] $A \dashv\vdash A'$

[2] $\vdash A \Leftrightarrow \vdash A'$

[3] $\Gamma \vdash A \Leftrightarrow \Gamma' \vdash A'$

证 我们只要证明 $QxB(x)$ 和 $QyB(y)$ 是等值公式就够了，因为由此根据等值公式的可替换性定理，就得到[1]，[2]和[3].

x 显然不会在 $QyB(y)$ 中出现. 现在要证明 y 不在 $QxB(x)$ 中出现. 设由 A 把其中 $QxB(x)$ 的某些出现替换为 $QyB(y)$ 而得到 A′. 如果 y 在 $QxB(x)$ 中出现,则 A′ 就不是合式公式了. 因此 y 不能在 $QxB(x)$ 中出现. 这样,不仅有 $B(y) = \mathfrak{S}_y^x B(x)|$，而且有 $B(x) = \mathfrak{S}_x^y B(y)|$.

设 $B(x)$ 中除 x 外还有未经约束的约束变元 $x_1, \cdots, x_n$. 令 $B(x) = B(x, x_1, \cdots, x_n)$. 于是 $B(y) = B(y, x_1, \cdots, x_n)$. 令 $a_1, \cdots, a_n$ 是不同的不在 $B(x)$ 中因而也不在 $B(y)$ 中出现的个体词. 根据定理 16.2 中的[1]和[2]，有

(1) $\vdash QxB(x, a_1, \cdots, a_n) \longleftrightarrow QyB(y, a_1, \cdots, a_n)$

由(1)经使用($\forall_+$)可得

$$\vdash \forall x_1 \cdots x_n [QxB(x, x_1, \cdots, x_n) \longleftrightarrow QyB(y, x_1, \cdots, x_n)]$$

因此 $QxB(x)$ 和 $QyB(y)$ 是等值公式. ||

像定理 23.2 中那样由 Γ 和 A 得到 Γ′ 和 A′，我们可以简单地说是由 Γ 和 A 经替换约束变元而得到 Γ 和 A.

替换约束变元是对约束变元作字母的变换. 约束变元替换定理就是说明约束变元单独是不表示什么的，$\forall x$ 和 $\forall y$ 同样表示“凡论域中的个体”，$\exists x$ 和 $\exists y$ 同样表示“有论域中的个体”(见 § 01).

为了陈述谓词代入定理，我们还要作一些使用符号方面的规定.

设 F 是 A 中的 n 元谓词，$B(x_1, \cdots, x_n)$ 是一个最多是 n 元的命题形式(当 $x_1, \cdots, x_n$ 都在其中出现时,它是 n 元命题形式，否则它是小于 n 元的命题形式). 令 $B = B(x_1, \cdots, x_n)$. 又设 F 在 A 中共出现 k 次，它在 A 中的原子公式 $F(a_{11}, \cdots, a_{1n}), \cdots, F(a_{k1}, \cdots, a_{kn})$ 中出现. 在 A 中把

$$F(a_{i1}, \cdots, a_{in}) \qquad (i = 1, \cdots, k)$$

分别替换为

$$\mathfrak{S}^{x_1 \cdots x_n}_{a_{i1} \cdots a_{in}} B| \text{ 即 } B(a_{i1}, \cdots, a_{in}) \qquad (i = 1, \cdots, k)$$

经这样替换而得的公式称为在A中以命题形式B即$B(x_1, \cdots, x_n)$代入谓词F而得,并记作

$$\mathfrak{S}^F_B A|$$

对于 $\Gamma = A_1, \cdots, A_m$, 令

$$\mathfrak{S}^F_B \Gamma| = \mathfrak{S}^F_B A_1|, \cdots, \mathfrak{S}^F_B A_m|$$

例1 假设

$A = \exists x F(a, f(x), b)$

$A_1 = \exists y F(a, f(y), b)$

$A_2 = \exists x[F(a, f(x), b) \to H(x)]$

$A_3 = \exists y[F(a, f(y), b) \to H(y)]$

$A_4 = \exists xz[F(a, f(x), z) \to H(x)]$

$B = B(x_1, x_2, x_3) = \forall y[F(x_1, x_2, y) \wedge G(x_3)]$

$C = C(x_1, x_2, x_3) = \forall y F(x_1, y, x_3)$

那么就有

$B(a, f(x), b) = \forall y[F(a, f(x), y) \wedge G(b)]$

$B(a, f(y), b) = \forall y[F(a, f(y), y) \wedge G(b)]$

$C(a, f(x), b) = \forall y F(a, y, b)$

$C(a, f(y), b) = \forall y F(a, y, b)$

$C(a, f(x), z) = \forall y F(a, y, z)$

因此,根据上面的规定,就得到

$\mathfrak{S}^F_B A| = \exists x \forall y[F(a, f(x), y) \wedge G(b)]$

$\mathfrak{S}^F_B A_1| = \exists y \forall y[F(a, f(y), y) \wedge G(b)]$

$\mathfrak{S}^F_C A| = \exists x \forall y F(a, y, b)$

$\mathfrak{S}^F_C A_3| = \exists y[\forall y F(a, y, b) \to H(y)]$

$\mathfrak{S}^F_C A \to A_1| = \exists x \forall y F(a, y, b) \to \exists y \forall y F(a, y, b)$

$\mathfrak{S}^F_C A_2| = \exists x[\forall y F(a, y, b) \to H(x)]$

$\mathfrak{S}^{F}_{C}A_4| = \exists xz[\forall yF(a,y,z) \to H(x)]$

其中的 $\mathfrak{S}^{F}_{B}A|$，$\mathfrak{S}^{F}_{C}A_2|$，$\mathfrak{S}^{F}_{C}A_4|$ 是合式公式，其余的 $\mathfrak{S}^{F}_{B}A_1|$，$\mathfrak{S}^{F}_{C}A|$，$\mathfrak{S}^{F}_{C}A_3|$，$\mathfrak{S}^{F}_{C}A \to A_1|$ 都不是合式公式.

引理 23.3 设 $A' = \mathfrak{S}^{F}_{B}A|$. 如果 $x_1, \cdots, x_n$ 都在 B 即 $B(x_1, \cdots, x_n)$ 中出现，则 A' 是合式公式，当且仅当，

[1] 任何 x，如果 F 在 A 中量词 Qx 的辖域中出现，则 x 不在 B 中约束.

如果 $x_{i_1}, \cdots, x_{i_r}$ ($i_1 = 1, \cdots, n; \cdots; i_r = 1, \cdots, n$) 不在 B 中出现，则 A' 是合式公式，当且仅当，[1]并且

[2] 任何 x，如果 x 在 A 中某个以 F 开始的原子公式 $F(a_1, \cdots, a_n)$ 中的 $a_{i_1}, \cdots, a_{i_r}$ 中出现，因而这个原子公式在 A 中某个量词 Qx 的辖域中出现，则在这个 Qx 的辖域中，x 除在 $a_{i_1}, \cdots, a_{i_r}$ 中出现外，必有其它的出现.

证 施归纳于 A 的结构. ||

例 2 在例 1 的 B 即 $B(x_1,x_2,x_3)$ 中，x_1,x_2,x_3 都是出现的；但在 C 即 $C(x_1,x_2,x_3)$ 中，只有 x_1 和 x_3 出现，而 x_2 并不出现. 这样，当以 B 代入 F 时，对于 A，F，B 来说，由于[1]成立，故 $\mathfrak{S}^{F}_{B}A|$ 是合式的. 对于 A_1，F，B 来说，由于[1]不成立，故 $\mathfrak{S}^{F}_{B}A_1|$ 不是合式的.

当以 C 代入 F 时，$\mathfrak{S}^{F}_{C}A|$ 由于[2]不成立([1]是成立的)，故不是合式公式；$\mathfrak{S}^{F}_{C}A_3|$ 由于[1]不成立([2]是成立的)，故不是合式公式；$\mathfrak{S}^{F}_{C}A \to A_1|$ 则是由于[1]和[2]都不成立，故不是合式公式. 对于 $\mathfrak{S}^{F}_{C}A_2|$ 和 $\mathfrak{S}^{F}_{C}A_4|$，由于[1]和[2]都成立，故它们是合式公式.（为什么[2]对于 $\mathfrak{S}^{F}_{C}A_4|$ 是成立的?）

定理 23.4 (谓词代入定理) 在除 F^{*1}(包括 F^{f1}) 外的各谓词逻辑中，设 $\Gamma' = \mathfrak{S}^{F}_{B}\Gamma|$，$A' = \mathfrak{S}^{F}_{B}A|$，并且 Γ'，A' 是合式公式的有穷序列. 那么

[1] $$\Gamma \vdash A \Longrightarrow \Gamma' \vdash A'$$

证 我们选择在 F^1 中证明本定理. 先要说明，在下面的证明中，可以假设 $x_1, \cdots, x_n$ 都在 B 即 $B(x_1, \cdots, x_n)$ 中出现，理

由如下．如果有 $x_{i_1}, \cdots, x_{i_r}(i_1 = 1, \cdots, n; \cdots; i_r = 1, \cdots, n)$ 不在B中出现，我们取一个不在B中出现的 r 元谓词 G，并且令

$$B^* = B^*(x_1, \cdots, x_n) = [G(x_{i_1}, \cdots, x_{i_r}) \to G(x_{i_1}, \cdots, x_{i_r})] \to B(x_1, \cdots, x_n)$$

这样，$x_1, \cdots, x_n$ 在 $B^*(x_1, \cdots, x_n)$ 中就都出现了．令 $\Gamma^* = \mathfrak{S}^F_{B^*}\Gamma|$，$A^* = \mathfrak{S}^F_{B^*}A|$．由于 Γ'，A' 是合式公式的有穷序列，故根据引理23.3，任何 x，如果F在 Γ，A 中的某个量词 $\forall x$ 的辖域中出现，则 x 不在B中约束；因此，这样的 x 也不在 B^* 中约束．根据引理23.3，Γ^*，A^* 也是合式公式的有穷序列．

由于

$$\Gamma' = \mathfrak{S}^F_B\Gamma|$$
$$A' = \mathfrak{S}^F_B A|$$
$$\Gamma^* = \mathfrak{S}^F_{B^*}\Gamma|$$
$$A^* = \mathfrak{S}^F_{B^*}A|$$

所以 Γ'，A' 同 Γ^*，A^* 的区别就在于，在 Γ' 和 A' 中是 $B(a_1, \cdots, a_n)$ 的地方，在 Γ^* 和 A^* 中就是 $B^*(a_1, \cdots, a_n)$，并且反过来，在 Γ^* 和 A^* 中是 $B^*(a_1, \cdots, a_n)$ 的地方，在 Γ' 和 A' 中就是 $B(a_1, \cdots, a_n)$．但是，对于任意的项形式 $a_1, \cdots, a_n$，

$$\forall[B(a_1, \cdots, a_n) \longleftrightarrow B^*(a_1, \cdots, a_n)]$$

是重言式，即 $B(a_1, \cdots, a_n)$ 和 $B^*(a_1, \cdots, a_n)$ 是等值公式．根据等值公式的可替换性定理，就可以得到

$$\Gamma' \vdash A' \Longleftrightarrow \Gamma^* \vdash A^*$$

这样，为了证明本定理，我们只要证明

$$\Gamma \vdash A \Longrightarrow \Gamma^* \vdash A^*$$

就够了．当这样证明时，我们用到的是 B^* 而不是B，而在 B^* 中，上面已说过，$x_1, \cdots, x_n$ 都是出现的．因此我们说，在证明本定理时可以假设 $x_1, \cdots, x_n$ 在B中都是出现的．下面我们来证明定理23.4．

设

(1) $\Gamma_1 \vdash A_1, \cdots, \Gamma_k \vdash A_k$（即 $\Gamma \vdash A$）

是 $\mathbf{F}^{\mathrm{I}}$ 中关于 $\Gamma\vdash A$ 的任意一个形式证明.

令 $a_1, \cdots, a_s$ 是在B中出现的所有不同的个体词; $y_1, \cdots, y_t$ 是在B中出现的所有不同的又不同于 $x_1, \cdots, x_n$ 的约束变元. 又令 $b_1, \cdots, b_s$ 是不同的,不在B中也不在(1)中出现的个体词; $z_1, \cdots, z_t$ 是不同的,不在B中也不在(1)中出现的约束变元. 令

$$B^\circ = B^\circ(x_1, \cdots, x_n) = \mathfrak{S}_{b_1\cdots b_s z_1\cdots z_t}^{a_1\cdots a_s y_1\cdots y_t} B(x_1, \cdots, x_n)|$$

那么 $x_1, \cdots, x_n$ 显然都在 B° 中出现. 于是,令

$$\Gamma_i^\circ = \tilde{\mathfrak{S}}_{B^\circ}^{F}\Gamma_i|, \ A_i^\circ = \tilde{\mathfrak{S}}_{B^\circ}^{F}A_i| \quad (i = 1, \cdots, k)$$

并且,对于将在下面的证明中出现的任何合式公式或命题形式 C, 我们也令

$$C^\circ = \tilde{\mathfrak{S}}_{B^\circ}^{F}C|$$

根据引理 23.3, Γ_i°, A_i° $(i = 1, \cdots, k)$ 中的公式都是合式公式. 我们要证明

$$\Gamma_1^\circ\vdash A_1^\circ, \cdots, \Gamma_k^\circ\vdash A_k^\circ(\text{即 } \Gamma^\circ\vdash A^\circ) \tag{2}$$

是 $\mathbf{F}^{\mathrm{I}}$ 中关于 $\Gamma^\circ\vdash A^\circ$ 的形式证明.

在(1)中, $\Gamma_i\vdash A_i$ $(i = 1, \cdots, k)$ 或者是由 $\mathbf{F}^{\mathrm{I}}$ 中的第一类形式推理规则所直接生成的,或者是由(1)中某些在它左方的(即在它之前已经生成的)形式推理关系经过应用 $\mathbf{F}^{\mathrm{I}}$ 中的第二类形式推理规则而生成的. 可以证明, $\Gamma_i^\circ\vdash A_i^\circ$ 能够由第一类中同样的形式推理规则生成,或者由(2)中在它左方的相应的形式推理关系经过应用第二类中同样的形式推理规则而生成. 例如,如果 $\Gamma_i\vdash A_i$ 是由 (I_-) 直接生成的,即 $\Gamma_i\vdash A_i$ 就是

$$C(a), I(a, b)\vdash C(b)$$

那么 $\Gamma_i^\circ = C^\circ(a), I(a, b)$ 并且 $A_i^\circ = C^\circ(b)$. 故 $\Gamma_i^\circ\vdash A_i^\circ$ 也是由 (I_-) 直接生成的. 如果 $\Gamma_i\vdash A_i$ 是由 $\Gamma_j\vdash A_j\,(j < i)$ 经过应用 $(\forall_+)$ 而生成的, 即有 C(a), 使得 $\Gamma_j = \Gamma_i$, $A_j = C(a)$, $A_i = \forall x C(x)$, 并且 a 不在 Γ_i 中出现. 这样, a 也不在 B° 中出现, 因此 $\Gamma_j^\circ = \Gamma_i^\circ, A_j^\circ = C^\circ(a), A_i^\circ = \forall x C^\circ(x)$, 在其中,由于 a 不在 Γ_i 中出现, a 也不在要换上去的各个 $B^\circ(a_1, \cdots, a_n)$ 中出

现（这是由于 a 不在 Γ_i 中，也不在 B° 中出现之故），所以 a 不在 Γ_i° 中出现；此外，$C^\circ(x)$ 就是 $\mathfrak{S}_x^a C^\circ(a)|$. 因此 $\Gamma_i^\circ \vdash A_i^\circ$ 也是由 $\Gamma_j^\circ \vdash A_j^\circ$ 经过应用（$\forall_+$）而生成的．这样就证明了(2)是 **F** 中的形式证明，因此得到 $\Gamma^\circ \vdash A^\circ$.

Γ°, A° 中的公式与 Γ', A' 中相应的公式之间的区别在于：得到 Γ' 和 A' 时是在 Γ 和 A 中以 B 代入 F，得到 Γ° 和 A° 时是在 Γ 和 A 中以 B° 代入 F．根据 B° 与 B 的区别，并根据个体词代入定理和约束变元替换定理，就可以由 $\Gamma^\circ \vdash A^\circ$ 得到 $\Gamma' \vdash A'$. ||

在上面的证明中，由 $\Gamma \vdash A$ 证 $\Gamma^\circ \vdash A^\circ$ 时我们用了归纳法，实际上就是施归纳于推理关系 $\Gamma \vdash A$ 的结构．

另外，我们先由 B 得到 B°，然后以 B° 代入 F，这样由 Γ_i 和 A_i 得到 Γ_i° 和 A_i° ($i = 1, \cdots, k$)．这样做是为了以下两点．第一，保证 Γ_i°, A_i° 都是合式公式的有穷序列．如果在 Γ_i 和 A_i 中以原来的 B 代入 F，那么，虽然 Γ_k', A_k'（即 Γ', A'）已经假设是合式公式的有穷序列，但是经谓词代入而得到的 Γ_i', A_i'($i = 1, \cdots, k$) 未必都是合式公式的有穷序列．第二，在证明 (2) 是形式证明时，关于应用（$\forall_+$）的情形，要保证 a 不在 Γ_i° 中出现．用 B 代入 F 就不能保证这一点．当然，为了保证以上两点，也许并不一定要用这样一个 B° 来代替原来的 B，而可以采用另外的方法．

例 3 对于例 1 中的 A_2 和 A_4 来说，$A_2 \vdash A_4$ 是成立的，即有

$$\exists x[F(a,f(x),b) \to H(x)]$$
$$\vdash \exists xz[F(a,f(x),z) \to H(x)]$$

因此，根据谓词代入定理，有 $\mathfrak{S}_C^F A_2| \vdash \mathfrak{S}_C^F A_4|$，即有

$$\exists x[\forall y F(a,y,b,) \to H(x)]$$
$$\vdash \exists xz[\forall y F(a,y,z) \to H(x)]$$

对于较弱的谓词逻辑 $\mathbf{F}^{*1}$ 和 $\mathbf{F}^{f1}$ 来说，谓词代入定理还要具备更多的条件．定理 23.4 对于它们是不成立的．

例 4 在 $\mathbf{F}^{*1}$ 中，根据 (E_a^1)，有

$$F(f(a)) \vdash E!f(a)$$

如果定理 23.4 对于 $\mathbf{F}^{*1}$ 成立，我们令 $B(x) = \neg F(x)$，然后以 B 代入 F，就有

$$\mathfrak{S}_B^F F(f(a))| = \neg F(f(a))$$

$$\mathfrak{S}_B^F E!f(a)| = E!f(a)$$

于是根据定理 23.4 可得

$$\neg F(f(a)) \vdash E!f(a)$$

但这在 $\mathbf{F}^{*1}$ 中是不成立的（这涉及可靠性问题，将在第四章中研究）。

定理 23.5 （谓词代入定理） 如果在定理 23.4 中除原来的条件外再假设 B 满足以下条件：

$$B(a_1, \cdots, a_n) \vdash E!a$$

其中的 a 是任一 $a_i(i = 1, \cdots, n)$ 的子项，那么定理 23.4 所肯定的对于 $\mathbf{F}^{*1}$ 和 $\mathbf{F}^{f1}$ 也是成立的. ||

定理 23.5 中所增加的条件是对代入谓词的命题形式 B 提出更多的要求，要求 B 和谓词一样，具有 $\mathbf{F}^{*1}$ 的推理规则（$E_a^!$）中所规定的性质.

由于谓词和命题形式都是表示关系的，故谓词代入定理反映演绎推理中这样的规则：假设由某些讲到关系 F 的命题能推出某一讲到 F 的命题，又设在以上的命题中把 F 改为任意的另一个关系 G，使得上面的命题都成为讲 G 的命题，讲法都与原来讲 F 时相同. 那么，从这些讲 G 的命题也能推出这一讲 G 的命题.

在命题逻辑和包括命题词的谓词逻辑中，有命题词代入定理.

定理 23.6 （命题词代入定理） 设 $\Gamma' = \mathfrak{S}_B^p\Gamma|$，$A' = \mathfrak{S}_B^p A|$，并且 Γ'，A' 是合式公式的有穷序列. 那么

[1] $\Gamma \vdash A \Longrightarrow \Gamma' \vdash A'$ ||

对于包括函数词的谓词逻辑，还有函数词代入定理. 关于函数词的代入，我们要作一些类似于关于谓词代入的使用符号方面的规定.

设 A 是合式公式，f 是在 A 中出现的 n 元函数词，$b(x_1, \cdots, x_n)$ 是一个最多是 n 元的项形式，其中的约束变元都在互不相同

的 $x_1, \cdots, x_n$ 之中．令 $b = b(x_1, \cdots, x_n)$．我们要由A出发，经过以下的步骤得到公式X．取一个不在A中也不在 b 中出现的 n 元函数词 g，令 $X_1 = \mathfrak{S}^{f}_{g}A|$．在 X_1 中任取一个以 g 开始的项形式 $g(a_{11}, \cdots, a_{1n})$，使得 g 不在 $a_{11}, \cdots, a_{1n}$ 中出现，在 X_1 中把这个 $g(a_{11}, \cdots, a_{1n})$ 替换为 $b(a_{11}, \cdots, a_{1n})$ 即 $\mathfrak{S}^{x_1 \cdots x_n}_{a_{11} \cdots a_{1n}} b|$，得到公式 X_2；又在 X_2 中任取一个以 g 开始的项形式 $g(a_{21}, \cdots, a_{2n})$，使得 g 不在 $a_{21}, \cdots, a_{2n}$ 中出现，在 X_2 中把这个 $g(a_{21}, \cdots, a_{2n})$ 替换为 $b(a_{21}, \cdots, a_{2n})$ 即 $\mathfrak{S}^{x_1 \cdots x_n}_{a_{21} \cdots a_{2n}} b|$，得到公式 X_3；这样继续由里到外地进行，逐步把 X_1 中的 g 全部替换掉，最后得到公式X．事实上，在 X_1 中可以取最右方的 g，如果以它开始的项形式是 $g(a_{11}, \cdots, a_{1n})$，那么 g 不在 $a_{11}, \cdots, a_{1n}$ 中出现；由 X_1 得到 X_2 后又可以在 X_2 中取最右方的 g，以它开始的项形式假设是 $g(a_{21}, \cdots, a_{2n})$，那么 g 又不在 $a_{21}, \cdots, a_{2n}$ 中出现；这样继续进行，逐步替换掉 X_1 中的所有的 g，最后也就得到一个所要的公式X．我们把这样得到的X称为在A中以项形式 b 即 $b(x_1, \cdots, x_n)$ 代入 f 而得到的，并记作

$$\tilde{\mathfrak{S}}^{f}_{b}A|$$

如果 $\Gamma = A_1, \cdots, A_m$，则令

$$\tilde{\mathfrak{S}}^{f}_{b}\Gamma| = \tilde{\mathfrak{S}}^{f}_{b}A_1|, \cdots, \tilde{\mathfrak{S}}^{f}_{b}A_m|$$

在代入函数词时，也可以用由摹状词构成的 n 元项形式 $\imath xB(x_1, \cdots, x_n, x)$ 来代替 $b(x_1, \cdots, x_n)$．令 $\imath xB(x) = \imath xB(x_1, \cdots, x_n, x)$．于是，类似于 $\tilde{\mathfrak{S}}^{f}_{b}A|$，我们有 $\tilde{\mathfrak{S}}^{f}_{\imath xB(x)}A|$．

定理 23.7 （函数词代入定理） 设 $\Gamma' = \tilde{\mathfrak{S}}^{f}_{b}\Gamma|$，$A' = \tilde{\mathfrak{S}}^{f}_{b}A|$，并且 Γ', A' 是合式公式的有穷序列（对于 $\mathbf{F}^{*1}$ 和 $\mathbf{F}^{fI_1}$，还要假设 $x_1, \cdots, x_n$ 都在 b 即 $b(x_1, \cdots, x_n)$ 中出现）．那么

$$[1] \qquad \Gamma \vdash A \Longrightarrow \Gamma' \vdash A' ||$$

定理 23.8 （函数词代入定理） 设 $\Gamma' = \tilde{\mathfrak{S}}^{f}_{\imath xB(x)}\Gamma|$，$A' = \tilde{\mathfrak{S}}^{f}_{\imath xB(x)}A|$，并且 Γ', A' 是合式公式的有穷序列（对于 $\mathbf{F}^{*1}$ 和 $\mathbf{F}^{fI_1}$，还要假设 $x_1, \cdots, x_n$ 都在 $\imath xB(x)$ 即 $\imath xB(x_1, \cdots, x_n, x)$ 中出

现). 那么

[1] $\mathbf{F}^*(\mathbf{F}^{fI})$: $\Gamma \vdash A \Longrightarrow \Gamma', \forall\exists! x B(x_1, \cdots, x_n, x) \underset{D(7)}{\vdash} A'$

[2] $\mathbf{F}^{*!}(\mathbf{F}^{fI!})$: $\Gamma \vdash A \Longrightarrow \Gamma' \underset{D(7)}{\vdash} A'$ ||

例 5 在 $\mathbf{F}^{*!}$ 中,根据 $(\mathrm{E}^!_a)$,有

$$F(f(a, g(a))) \vdash E!g(a) \tag{1}$$

令 $b = b(x_1, x_2) = h(x_1, x_1, x_1)$, 则 x_2 不在 b 中出现. 在这种情形下,如果应用定理 23.7,就由(1)得到

$$\mathfrak{S}^f_b F(f(a, g(a))) \vdash \mathfrak{S}^f_b E!g(a) | \quad 即$$

$$F(h(a, a, a)) \vdash E!g(a)$$

但这在 $\mathbf{F}^{*!}$ 中是不成立的(读了第四章后可以证明).

命题词代入定理和函数词代入定理的涵义同个体词代入定理和谓词代入定理的涵义是类似的,不再详述.

有了代入定理, 我们可以采用另外的方法来构造命题逻辑和谓词逻辑. 我们可以增加几条相当于代入定理的推理规则, 并把原来能直接生成形式推理关系的第一类形式推理规则由模式减弱为单独的形式推理规则. 例如,对于 $\mathbf{F}^p$, 我们可以构造 $\mathbf{F}^p_1$. $\mathbf{F}^p_1$ 的符号和形成规则都与 $\mathbf{F}^p$ 的相同; $\mathbf{F}^p$ 中的第一类形式推理规则 $(\in)$, $(\rightarrow_-)$, $(\forall_-)$ 分别减弱为以下的单独的推理规则:

$$p_1, \cdots, p_n \vdash p_i \quad (i = 1, \cdots, n)$$

$$p_1 \rightarrow p_2, p_1 \vdash p_2$$

$$\forall x F(x) \vdash F(a)$$

其中的 $p_1, \cdots, p_n$ 是任意的特定的命题词, F 是任意的特定的一元谓词, a 是任意的特定的个体词, 于是就以这些规则作为 $\mathbf{F}^p_1$ 中的第一类形式推理规则; $\mathbf{F}^p_1$ 中的第二类形式推理规则是 $\mathbf{F}^p$ 中原有的(τ), $(\neg)$, $(\rightarrow_+)$, $(\forall_+)$ 四条再加上个体词代入定理、约束变元替换定理、谓词代入定理、命题词代入定理作为推理规则, 共八条. 这样构造出的 $\mathbf{F}^p_1$ 同原来的 $\mathbf{F}^p$ 是等价的.

习 题

23.1 写出以下代入的结果:

[1] $\tilde{\mathfrak{S}}^{F}_{B}\forall xF(x)\to F(a)|$，其中的 B 即 $B(x)$ 是 $\forall yF(x, y)$

[2] $\tilde{\mathfrak{S}}^{F}_{B}F(a, b)\to\exists yzF(y, z)|$，其中的 B 即 $B(x_1, x_2)$ 是 $\forall zG(x_1, z)\to G(x_2, x_2)$

[3] $\tilde{\mathfrak{S}}^{F}_{B}\exists x\forall yF(x, y)\to\exists xF(x, x)|$，其中的 B 即 $B(x, y)$ 是 $\forall z[F(y, z)\to G(z, x)]$

[4] $\tilde{\mathfrak{S}}^{f}_{b}\forall xF(f(f(x)))\to F(f(a))|$，其中的 b 即 $b(x)$ 是 $f(f(f(x)))$

[5] $\tilde{\mathfrak{S}}^{f}_{b}\forall xF(f(a, x), f(a, f(x, a)))|$，其中的 b 即 $b(x, y)$ 是 $f(x, f(x, f(x, y)))$

23.2 证明引理 23.3.

23.3 证明 $\mathbf{F}^p$ 与 $\mathbf{F}^p_1$ 等价.

§24 合取范式和析取范式

我们往往要把合式公式写成具有某种标准形状的等值公式，称为范式，以便对它们作一般性的处理. 这正象在代数学中把代数式表达为多项式一样. 在本节中要讨论命题逻辑中的合取范式和析取范式.

定义 24.1 （合取式，析取式） $A_1\wedge\cdots\wedge A_n$ 称为 $A_1, \cdots, A_n$ 的**合取式**. $A_1, \cdots, A_n$ 称为 $A_1\wedge\cdots\wedge A_n$ 的**合取支**.

$A_1\vee\cdots\vee A_n$ 称为 $A_1, \cdots, A_n$ 的**析取式**. $A_1, \cdots, A_n$ 称为 $A_1\vee\cdots\vee A_n$ 的**析取支**.

合取支和析取支，在不至于引起误会时，都简称为**支**.

定义 24.2 （基子句、子句） 原子公式（包括命题词和谓词逻辑中的原子公式）和它们的否定式称为**基子句**[1)].

以基子句为支的合取式和析取式称为**子句**，或分别称为**合取子句**和**析取子句**.

定义 24.3 （合取范式、析取范式） 以析取子句为支的合取式称为**合取范式**；以合取子句为支的析取式称为**析取范式**. 这就

---

1) 英文是 literal. 由于它是构成子句 (clause) 的成份，它本身又是表示命题的，故称为基子句.

是说，下面的

$$(A_{11}\vee\cdots\vee A_{1n_1})\wedge\cdots\wedge(A_{k1}\vee\cdots\vee A_{kn_k})$$
$$(A_{11}\wedge\cdots\wedge A_{1n_1})\vee\cdots\vee(A_{k1}\wedge\cdots\wedge A_{kn_k})$$

分别是合取范式和析取范式，其中的 $A_{ij}(i=1,\cdots,k;\ j=1,\cdots,n_i)$ 是基子句.

例 1 考虑下面的合式公式:

(1) p

(2) $p\vee\neg q$

(3) $p\wedge\neg q\wedge\neg r$

(4) $p\wedge(\neg q\vee\neg r)$

(5) $p\vee(\neg q\wedge r)\vee(q\wedge\neg r)$

(1) 是命题词，是基子句. 它是仅有一个支的合取式，也是仅有一个支的析取式. 因此，它是合取子句，也是析取子句. 因此，它是析取范式，也是合取范式.

(2) 是析取式. (2) 的两个支 p 和 $\neg q$ 都是基子句，又都是合取子句，故(2)是析取范式. (2)又是仅有一个支的合取式，这个支，即(2)本身，是析取子句，故(2)也是合取范式.

类似地，(3)是合取式，也是合取范式；(3)又是析取式，又是析取范式.

(4) 是合取范式，但不是析取范式. 如果 (4) 是析取范式，则它首先应当是析取式，这样它只能有一个析取支，就是它本身，而这个析取支应当是合取子句. 然而(4)不构成合取子句，因为它的第二个支 $\neg q\vee\neg r$ 不是基子句. 因此(4)不是析取范式.

类似地，(5)是析取范式，但不是合取范式.

如果把 $\wedge$ 与 $\vee$ 互换，(4) 就成为析取范式(但不是合取范式)，(5)就成为合取范式(但不是析取范式).

定理 24.1 (合取范式和析取范式定理) 命题逻辑中的任何 A，有算法找到合取范式 B 和析取范式 C，使得 B 和 C 中的命题词都与 A 中的相同，并且 B 和 C 都与 A 是等值公式.

证 我们有以下的推理关系:

(1) $A \to B \vdash\dashv \neg A \vee B$

(2) $A \leftrightarrow B \vdash\dashv (\neg A \vee B) \wedge (A \vee \neg B)$

(3) $A \leftrightarrow B \vdash\dashv (A \wedge B) \vee (\neg A \wedge \neg B)$

(4) $\neg\neg A \vdash\dashv A$

(5) $\neg(A \wedge B) \vdash\dashv \neg A \vee \neg B$

(6) $\neg(A \vee B) \vdash\dashv \neg A \wedge \neg B$

(7) $A \vee (B \wedge C) \vdash\dashv (A \vee B) \wedge (A \vee C)$

(8) $(A \wedge B) \vee C \vdash\dashv (A \vee C) \wedge (B \vee C)$

(9) $A \wedge (B \vee C) \vdash\dashv (A \wedge B) \vee (A \wedge C)$

(10) $(A \vee B) \wedge C \vdash\dashv (A \wedge C) \vee (B \wedge C)$

根据(1)—(10),可以按以下步骤找到定理中的B和C.

首先,根据(1),(2)或(3),以及等值公式的可替换性定理,可以把A变换为 B_1,使得 B_1 是由A中命题词经 $\neg$,$\wedge$,$\vee$ 连接而构成的,并且 B_1 与A是等值公式.

其次,根据(4),(5),(6),以及等值公式的可替换性定理,可以逐步地把 B_1 变换为 B_2,使得 B_2 仍然是由A中命题词经使用 $\neg$,$\wedge$,$\vee$ 连接而构成的,但 B_2 中各 $\neg$ 的辖域里不再出现 $\neg$,$\wedge$,$\vee$,并且 B_2 与 B_1 是等值公式.

最后,根据(7),(8),以及等值公式的可替换性定理,可以把 B_2 变换为由A中命题词及其否定式经使用 $\wedge$ 和 $\vee$ 连接而构成的B,使得B中各 $\vee$ 的辖域里不出现 $\wedge$,并且B与 B_2 是等值公式.显然,B就是定理中所要求的合取范式.

经过类似于上述的步骤,但在最后一步中使用(7)和(8)之处改为使用(9)和(10),就得到定理中所要求的析取范式C.‖

凡满足定理24.1中条件的B和C分别称为A的合取范式和析取范式.

在定理24.1的证明中我们陈述了把命题逻辑中合式公式变换为合取范式和析取范式的算法. 事实上,我们可以利用某些推理关系使得变换过程得到简化，或者得到更为简单的合取范式和析取范式．例如，以下的推理关系：

1) $A \wedge A \vdash\dashv A$

2) $A \vee A \vdash\dashv A$

3) $A \wedge (A \vee B) \vdash\dashv A$

4) $A \vee (A \wedge B) \vdash\dashv A$

5) $A \wedge (B \vee \neg B) \vdash\dashv A$

6) $A \vee (B \wedge \neg B) \vdash\dashv A$

7) $\neg(A_1 \wedge \cdots \wedge A_n) \vdash\dashv \neg A_1 \vee \cdots \vee \neg A_n$

8) $\neg(A_1 \vee \cdots \vee A_n) \vdash\dashv \neg A_1 \wedge \cdots \wedge \neg A_n$

9) $A \vee (B_1 \wedge \cdots \wedge B_n) \vdash\dashv (A \vee B_1) \wedge \cdots \wedge (A \vee B_n)$

10) $A \wedge (B_1 \vee \cdots \vee B_n) \vdash\dashv (A \wedge B_1) \vee \cdots \vee (A \wedge B_n)$

是成立的．根据 1) 和 2)，我们可以把子句中重复的基子句划掉，并且把重复的子句划掉．根据 3) 和 4)，如果有两个子句，一个子句中的基子句都在另一个子句中出现，那么就可以划掉较长的子句． 根据 5) 和 6)，在合取范式和析取范式中都可以划掉这样的子句，其中有一个基子句是另一个基子句的否定式． 根据 7) 和 8)，就可以避免多次使用

$$\neg(A \wedge B) \vdash\dashv \neg A \vee \neg B$$
$$\neg(A \vee B) \vdash\dashv \neg A \wedge \neg B$$

根据 9) 和 10)，可以避免多次使用

$$A \vee (B \wedge C) \vdash\dashv (A \vee B) \wedge (A \vee C)$$
$$A \wedge (B \vee C) \vdash\dashv (A \wedge B) \vee (A \wedge C)$$

此外，还有其他的简化变换过程的方法．关于合取范式和析取范式的化简问题，本书中不加以讨论．

例 2 令 $A = p \vee \neg q \to (\neg p \leftrightarrow q \wedge \neg r)$.

为了书写的方便，我们把 $\neg p$ 写成 $\bar{p}$，并且把 $\wedge$ 省略不写．这样就可以把 A 写成

$$p \vee \bar{q} \rightarrow (\bar{p} \leftrightarrow q\bar{r})$$

按照定理 24.1 的证明中所陈述的步骤，我们可以如下地得到A的合取范式B和析取范式C：

$$
\begin{aligned}
A \vdash\!\dashv\ & \overline{p \vee \bar{q}} \vee (\bar{\bar{p}} \vee q\bar{r})(\bar{p} \vee \overline{q\bar{r}}) = B_1 \\
\vdash\!\dashv\ & \bar{p}\bar{\bar{q}} \vee (\bar{\bar{p}} \vee q\bar{r})(\bar{p} \vee \bar{q} \vee \bar{\bar{r}}) = B_2 \\
\vdash\!\dashv\ & \bar{p}q \vee (p \vee q\bar{r})(\bar{p} \vee \bar{q} \vee r) = B_3 \\
\vdash\!\dashv\ & \bar{p}q \vee (p \vee q)(p \vee \bar{r})(\bar{p} \vee \bar{q} \vee r) \\
\vdash\!\dashv\ & (\bar{p}q \vee p \vee q)(\bar{p}q \vee p \vee \bar{r})(\bar{p}q \vee \bar{p} \vee \bar{q} \vee r) \\
\vdash\!\dashv\ & (\bar{p} \vee p \vee q)(q \vee p \vee q)(\bar{p} \vee p \vee \bar{r})(q \vee p \vee \bar{r}) \\
& (\bar{p} \vee \bar{p} \vee \bar{q} \vee r)(q \vee \bar{p} \vee \bar{q} \vee r) \\
\vdash\!\dashv\ & (p \vee q)(p \vee q \vee \bar{r})(\bar{p} \vee \bar{q} \vee r) = B \\
A \vdash\!\dashv\ & \overline{p \vee \bar{q}} \vee \bar{p}q\bar{r} \vee \bar{\bar{p}}\,\overline{q\bar{r}} = B_1 \\
\vdash\!\dashv\ & \bar{p}\bar{\bar{q}} \vee \bar{p}q\bar{r} \vee \bar{\bar{p}}(\bar{q} \vee \bar{\bar{r}}) = B_2 \\
\vdash\!\dashv\ & \bar{p}q \vee \bar{p}q\bar{r} \vee p(\bar{q} \vee r) = B_3 \\
\vdash\!\dashv\ & \bar{p}q \vee \bar{p}q\bar{r} \vee p\bar{q} \vee pr \\
\vdash\!\dashv\ & \bar{p}q \vee p\bar{q} \vee pr = C
\end{aligned}
$$

以上变换过程中的步骤，有的可以写得更为简捷，例如两个否定词，可以一出现就划去，甚至于可以预见到要出现就不写.

定义 24.4 （恒真公式，恒假公式） 命题逻辑中的A称为**恒真公式**，如果它在真假值表中恒取真值. A称为**恒假公式**，如果它在真假值表中恒取假值.

例 3 设

$$
\begin{aligned}
A &= (p \rightarrow r) \wedge (q \rightarrow r) \rightarrow (p \vee q \rightarrow r) \\
B &= (p \leftrightarrow q) \wedge (p \leftrightarrow \neg q) \\
C &= (p \leftrightarrow q) \vee (\neg p \leftrightarrow r)
\end{aligned}
$$

由下面的真假值表可以知道A是恒真公式，B是恒假公式，C既不是恒真公式也不是恒假公式.

p	q	r	(p	→	r)	∧	(q	→	r)	→	(p	∨	q	→	r)
t	t	t	t	t	t	t	t	t	t	t	t	t	t	t	t
t	t	f	t	f	f	f	t	f	f	t	t	t	t	f	f
t	f	t	t	t	t	t	f	t	t	t	t	t	f	t	t
t	f	f	t	f	f	f	f	t	f	t	t	t	f	f	f
f	t	t	f	t	t	t	t	t	t	t	f	t	t	t	t
f	t	f	f	t	f	f	t	f	f	t	f	t	t	f	f
f	f	t	f	t	t	t	f	t	t	t	f	f	f	t	t
f	f	f	f	t	f	t	f	t	f	t	f	f	f	t	f

p	q	(p	↔	q)	∧	(p	↔	¬	q)
t	t	t	t	t	f	t	f	f	t
t	f	t	f	f	f	t	t	t	f
f	t	f	f	t	f	f	t	f	t
f	f	f	t	f	f	f	f	t	f

p	q	r	(p	↔	q)	∨	(¬	p	↔	r)
t	t	t	t	t	t	t	f	t	f	t
t	t	f	t	t	t	t	f	t	t	f
t	f	t	t	f	f	f	f	t	f	t
t	f	f	t	f	f	t	f	t	t	f
f	t	t	f	f	t	t	t	f	t	t
f	t	f	f	f	t	f	t	f	f	f
f	f	t	f	t	f	t	t	f	t	t
f	f	f	f	t	f	t	t	f	f	f

定理 24.2 一合取范式是恒真公式，当且仅当，它的每个子句中都出现两个基子句，其中的一个是另一个的否定式.

一析取范式是恒假公式，当且仅当，它的每个子句中都出现两个基子句，其中的一个是另一个的否定式. ||

命题逻辑中的等值公式有相同的真假值表(见§42).因此，根据合取范式定理和析取范式定理,有下面的定理 24.3.

定理 24.3 命题逻辑中的合式公式是恒真的,当且仅当,它的合取范式的每个子句中都出现两个基子句,其中的一个是另一个的否定式.

命题逻辑中的合式公式是恒假的,当且仅当,它的析取范式的每个子句中都出现两个基子句,其中的一个是另一个的否定式.‖

定理 24.3 提供了判定命题逻辑中合式公式是不是恒真公式(恒假公式)的算法.

例 4(续例 3) 我们可以如下地找出 A 的合取范式 A_1, B 的析取范式 B_1, C 的合取范式 C_1 和析取范式 C_2, 从而判定 A 是恒真公式, B 是恒假公式, C 既不是恒真公式也不是恒假公式:

$$A = (p \to r) \wedge (q \to r) \to (p \vee q \to r)$$

$$\vdash\dashv \overline{(\bar{p} \vee r)(\bar{q} \vee r)} \vee \overline{p \vee q} \vee r$$

$$\vdash\dashv \overline{\bar{p} \vee r} \vee \overline{\bar{q} \vee r} \vee \bar{p}\bar{q} \vee r$$

$$\vdash\dashv p\bar{r} \vee q\bar{r} \vee \bar{p}\bar{q} \vee r$$

$$\vdash\dashv (p \vee q)(p \vee \bar{r})(\bar{r} \vee q)(\bar{r} \vee \bar{r}) \vee (\bar{p} \vee r)(\bar{q} \vee r)$$

$$\vdash\dashv (p \vee q \vee \bar{p} \vee r)(p \vee q \vee \bar{q} \vee r)(p \vee \bar{r} \vee \bar{p} \vee r)(p \vee \bar{r} \vee \bar{q} \vee r)$$

$$(\bar{r} \vee q \vee \bar{p} \vee r)(\bar{r} \vee q \vee \bar{q} \vee r)(\bar{r} \vee \bar{p} \vee r)(\bar{r} \vee \bar{q} \vee r) = A_1$$

$$B = (p \leftrightarrow q) \wedge (p \leftrightarrow \neg q)$$

$$\vdash\dashv (pq \vee \bar{p}\bar{q})(p\bar{q} \vee \bar{p}q)$$

$$\vdash\dashv pqp\bar{q} \vee pq\bar{p}q \vee \bar{p}\bar{q}p\bar{q} \vee \bar{p}\bar{q}\bar{p}q = B_1$$

$$C = (p \leftrightarrow q) \vee (\neg p \leftrightarrow r)$$

$$\vdash\dashv (\bar{p} \vee q)(p \vee \bar{q}) \vee (p \vee r)(\bar{p} \vee \bar{r})$$

$$\vdash\dashv (\bar{p} \vee q \vee p \vee r)(\bar{p} \vee q \vee \bar{p} \vee \bar{r})(p \vee \bar{q} \vee p \vee r)(p \vee \bar{q} \vee \bar{p} \vee \bar{r})$$

$$= C_1$$

$$C \vdash\dashv pq \vee \bar{p}\bar{q} \vee \bar{p}r \vee p\bar{r} = C_2$$

习 题

24.1 写出以下公式的合取范式和析取范式:

[1] $(A \to A \vee B) \to B \wedge C \leftrightarrow \neg A \vee C$

[2]　$A \leftrightarrow B \vee A \wedge \neg C \rightarrow B \rightarrow C \wedge \neg A$

[3]　$(A \leftrightarrow B) \leftrightarrow (\neg A \leftrightarrow C) \rightarrow (B \leftrightarrow \neg C)$

24.2　A是命题逻辑中的合式公式，A中有不同的命题词 $p_1, \cdots, p_n$. 把A变换为满足以下的[1]—[5]的B：

[1]　$B = C_1 \vee \cdots \vee C_m$.

[2]　$C_i = C_{i1} \wedge \cdots \wedge C_{in}$ $(i = 1, \cdots, m)$.

[3]　每一 C_{ik} 是 p_k 或 $\neg p_k (i = 1, \cdots, m; k = 1, \cdots, n)$.

[4]　$C_1, \cdots, C_m$ 各不相同，并且按照这样的规则来排次序，即如果 $C_{i1}, \cdots, C_{i(k-1)}$ 分别与 $C_{j1}, \cdots, C_{j(k-1)}$ 相同 $(i = 1, \cdots, m; j = 1, \cdots, m)$，而 $C_{ik} = p_k$, $C_{jk} = \neg p_k$，那么 $i < j$.

[5]　A和B有相同的真假值表.

B称为**完全析取范式**.

证明(一)如果A不是恒假公式，则A有唯一的完全析取范式；(二) A是恒真公式，当且仅当，在A的完全析取范式B中 $m = 2^n$.

24.3　仿上题中关于完全析取范式的定义，定义**完全合取范式**. 陈述并证明关于完全合取范式的定理.

24.4　把习题24.2中的[1]和[2]改为

[1]　$B = C_1 \rightarrow (\cdots (C_m \rightarrow f) \cdots)$

[2]　$C_i = C_{i1} \rightarrow (\cdots (C_{in} \rightarrow f) \cdots)$ $(i = 1, \cdots, m)$

B称为**蕴涵范式**. 证明A有唯一的满足上面的 [1], [2] 和习题24.2中的[3],[4],[5]的蕴涵范式 B.

包含 n 个不同命题词的恒真公式和恒假公式各有怎样的蕴涵范式?

§25　前束范式和斯柯伦范式

我们规定令

$$\breve{\forall} =_{df} \exists$$

$$\breve{\exists} =_{df} \forall$$

定义 25.1　(前束范式)　命题形式A是**前束范式**，如果它有

$$Q_1x_1 \cdots Q_nx_nB$$

的形式，其中 $n \geqslant 0$，B中没有量词. $Q_1x_1 \cdots Q_nx_n$ 称为A的**前束**

词，B称为A的**母式**.

定理 25.1 （前束范式定理） 任何命题形式A，有算法找到前束范式B，使得A和B是等值公式.

证 我们有以下的推理关系：

(1) $$A \to B \vdash\dashv \neg A \vee B$$

(2) $$A \leftrightarrow B \vdash\dashv (\neg A \vee B) \wedge (A \vee \neg B)$$

(3) $$A \leftrightarrow B \vdash\dashv (A \wedge B) \vee (\neg A \wedge \neg B)$$

(4) $$\neg\neg A \vdash\dashv A$$

(5) $$\neg(A \wedge B) \vdash\dashv \neg A \vee \neg B$$

(6) $$\neg(A \vee B) \vdash\dashv \neg A \wedge \neg B$$

(7) $$\neg QxA(x) \vdash\dashv \breve{Q}x\neg A(x)$$

(8) $$A \wedge QxB(x) \vdash\dashv Qx[A \wedge B(x)]$$

(9) $$A \vee QxB(x) \vdash\dashv Qx[A \vee B(x)]$$

(10) $$\forall xA(x) \wedge \forall xB(x) \vdash\dashv \forall x[A(x) \wedge B(x)]$$

(11) $$\exists xA(x) \vee \exists xB(x) \vdash\dashv \exists x[A(x) \vee B(x)]$$

(12) $$Q_1xA(x) \wedge Q_2yB(y) \vdash\dashv Q_1xQ_2y[A(x) \wedge B(y)]$$

(13) $$Q_1xA(x) \vee Q_2yB(y) \vdash\dashv Q_1xQ_2y[A(x) \vee B(y)]$$

根据(1)—(13)，可以按以下步骤找出定理中的B.

（一）根据(1)，(2)或(3)，以及等值公式的可替换性定理，可以把A变换为B_1，使得B_1中没有→和↔出现，并且B_1与A是等值公式.

（二）根据(4)—(7)以及等值公式的可替换性定理，可以把B_1变换为B_2，使得B_2中的每个¬都以原子公式为辖域，并且B_2与B_1是等值公式.

（三）根据约束变元替换定理，替换B_2中的某些约束变元（如果必要），得到与B_2等值的B_3.

（四）根据(8)—(13)以及等值公式的可替换性定理，可以把B_3变换为B，使得B中量词都位于整个公式的左端，即都不在任何命题连接词的辖域之中，而且B与B_3是等值公式.

B就是定理中所要求的与A等值的前束范式. ‖

我们把满足定理 25.1 中条件的 B 都称为 A 的前束范式.

例 1 设 $A = \neg[\forall x \exists y F(a, x, y) \to \exists x[\neg \forall y G(y, b) \to H(x)]]$. 我们可以按以下步骤找出 A 的前束范式 B:

$$
\begin{aligned}
A & \vdash\dashv \neg[\neg \forall x \exists y F(a, x, y) \vee \exists x[\neg\neg \forall y G(y, b) \\
& \qquad \vee H(x)]] \\
& \vdash\dashv \forall x \exists y F(a, x, y) \wedge \neg \exists x[\forall y G(y, b) \vee H(x)] \\
& \vdash\dashv \forall x \exists y F(a, x, y) \wedge \forall x \neg[\forall y G(y, b) \vee H(x)] \\
& \vdash\dashv \forall x \exists y F(a, x, y) \wedge \forall x[\neg \forall y G(y, b) \wedge \neg H(x)] \\
& \vdash\dashv \forall x \exists y F(a, x, y) \wedge \forall x[\exists y \neg G(y, b) \wedge \neg H(x)] \\
& \vdash\dashv \forall x \exists y F(a, x, y) \wedge \forall x \exists y[\neg G(y, b) \wedge \neg H(x)] \\
& \vdash\dashv \forall x[\exists y F(a, x, y) \wedge \exists y[\neg G(y, b) \wedge \neg H(x)]] \\
& \vdash\dashv \forall x[\exists y F(a, x, y) \wedge \exists z[\neg G(z, b) \wedge \neg H(x)]] \\
& \vdash\dashv \forall x \exists y \exists z[F(a, x, y) \wedge \neg G(z, b) \wedge \neg H(x)] = B
\end{aligned}
$$

在变换为前束范式的过程中,可以使用

$$\neg Q_1 x_1 \cdots Q_n x_n A \vdash\dashv \breve{Q}_1 x_1 \cdots \breve{Q}_n x_n \neg A$$

来代替多次使用 $\neg QxA \vdash\dashv \breve{Q}x \neg A$, 还可以利用某些已有的推理关系,使得变换的过程更为简捷. 此外,也不一定要采用消去→和↔的方法.

定义 25.2 (斯柯伦范式) 一前束范式是**斯柯伦[1)]范式**,如果其中的存在量词都在全称量词的左方出现.

根据定义 25.2,如果前束范式中只包含一种量词,或者没有量词,它也是斯柯伦范式.

引理 25.2 在除 $\mathbf{F}^{*1}$(包括 $\mathbf{F}^{(1)}$)外的谓词逻辑中,设前束范式 A 即

$$\exists x_1 \cdots x_{i-1} \forall x_i Q_{i+1} x_{i+1} \cdots Q_n x_n A_1(x_1, \cdots, x_n)$$

中的 $\forall x_i$ $(i = 1, \cdots, n-1)$ 是前束词中第一个在它右方有存在量词出现的全称量词. 又设 F 是不在 A 中出现的 i 元谓词, y

1) Th. Skolem.

是不在A中出现的约束变元．令

$$B = \exists x_1 \cdots x_i Q_{i+1} x_{i+1} \cdots Q_n x_n \forall y$$
$$[A_1(x_1, \cdots, x_n) \to F(x_1, \cdots, x_i) \cdot \to F(x_1, \cdots, x_{i-1}, y)]$$

则A是重言式，当且仅当，B是重言式．

在证明引理25.2之前，我们先举一个例子．

例2 设

$$A = \forall x_1 \exists x_2 x_3 \forall x_4 x_5 \exists x_6 \forall x_7 x_8 A_1(x_1, \cdots, x_8)$$

这里 $n = 8, i = 1$．令 F_1 是不在A中出现的 i 元即一元谓词，y_1 是不在A中出现的约束变元．则

$$B = \exists x_1 x_2 x_3 \forall x_4 x_5 \exists x_6 \forall x_7 x_8 y_1 [A_1(x_1, \cdots, x_8) \to F_1(x_1) \cdot \to F_1(y_1)]$$

证 引理25.2 在B中作以下的变换：把 $\exists x_i$ 改为 $\forall x_i$ 并移到 $A_1(x_1, \cdots, x_n) \to F(x_1, \cdots, x_i)$ 的左侧，把 $Q_{i+1} x_{i+1} \cdots Q_n x_n$ 移到 $A_1(x_1, \cdots, x_n) \to F(x_1, \cdots, x_i)$ 中 $A_1(x_1, \cdots, x_n)$ 的左侧，把 $\forall y$ 移到最右方的F的左侧．这样由B得到C：

$$C = \exists x_1 \cdots x_{i-1} [\forall x_i [Q_{i+1} x_{i+1} \cdots Q_n x_n A_1(x_1, \cdots, x_n) \to F(x_1, \cdots, x_i)] \to \forall y F(x_1, \cdots, x_{i-1}, y)]$$

可以验证，B是C的前束范式．因此，根据定理25.1，可得

（1） B是重言式 $\Longleftrightarrow$ C是重言式

如果能证明下面的(2)和(3)：

（2） $A \vdash C$

（3） C是重言式 $\Longrightarrow$ A是重言式

那么由(2)和(3)可得

（4） A是重言式 $\Longleftrightarrow$ C是重言式

于是由(1)和(4)就证明了引理25.2．

(2)的证明如下．考虑下面的(5)—(8)：

（5） $\forall x_i Q_{i+1} x_{i+1} \cdots Q_n x_n A_1(a_1, \cdots, a_{i-1}, x_i, \cdots, x_n)$

取 $a_1, \cdots, a_{i-1}$ 各不相同，且不在(5)中出现

（6） $\forall x_i [Q_{i+1} x_{i+1} \cdots Q_n x_n A_1(a_1, \cdots, a_{i-1}, x_i, \cdots, x_n) \to F(a_1, \cdots, a_{i-1}, x_i)]$

(7) $\forall x_i F(a_1, \cdots, a_{i-1}, x_i)$

(8) $\forall y F(a_1, \cdots, a_{i-1}, y)$

可以得到

$$(5),(6) \vdash (7)$$

$$(5),(6) \vdash (8)$$

$$(5) \vdash (6) \to (8)$$

$$(5) \vdash C$$

由 $(5) \vdash C$ 经使用($\exists_-$),就得到(2).

(3) 的证明如下. 设

(9) $\vdash C$

(10) $A_1' = A_1'(x_1, \cdots, x_i) = Q_{i+1}x_{i+1} \cdots Q_n x_n A_1(x_1, \cdots, x_n)$

由(9)和(10),根据谓词代入定理,有

$$\vdash \widetilde{\mathfrak{S}}^{F}_{A_1'} C| \quad 即$$

(11) $\vdash \exists x_1 \cdots x_{i-1} [\forall x_i [Q_{i+1}x_{i+1} \cdots Q_n x_n A_1(x_1, \cdots, x_n) \to Q_{i+1}x_{i+1} \cdots Q_n x_n A_1(x_1, \cdots, x_n)] \to \forall y Q_{i+1}x_{i+1} \cdots Q_n x_n A(x_1, \cdots, x_{i-1}, y, x_{i+1}, \cdots, x_n)]$

由于下面的(12)和(13)是等值的:

(12) $\forall x_i [Q_{i+1}x_{i+1} \cdots Q_n x_n A_1(x_1, \cdots, x_n) \to Q_{i+1}x_{i+1} \cdots Q_n x_n A_1(x_1, \cdots, x_n)] \to \forall y Q_{i+1}x_{i+1} \cdots Q_n x_n A_1(x_1, \cdots, x_{i-1}, y, x_{i+1}, \cdots, x_n)$

(13) $\forall y Q_{i+1}x_{i+1} \cdots Q_n x_n A_1(x_1, \cdots, x_{i-1}, y, x_{i+1}, \cdots, x_n)$

故根据等值公式的可替换性定理,由(11)可得

(14) $\vdash \exists x_1 \cdots x_{i-1} \forall y Q_{i+1}x_{i+1} \cdots Q_n x_n A(x_1, \cdots, x_{i-1}, y, x_{i+1}, \cdots, x_n)$

根据约束变元替换定理把(14)中的 y 换为 x_i, 就证明了 A 是重言式. ||

由于上面的证明中用到了谓词代入定理 23.4, 而定理 23.4 对于 $\mathbf{F}^{*1}$ (包括 $\mathbf{F}^{f1_1}$) 是不成立的, 故上面关于引理 25.2 的证明对于 $\mathbf{F}^{*1}$ (包括 $\mathbf{F}^{f1_1}$) 是不成立的.

在引理 25.2 的 A 中，$\forall x_i$ 是第一个在它右方有存在量词出现的全称量词．经过变换，A 中的 $\forall x_i$ 换为 B 中的 $\exists x_i$，A 中 $\forall x_i$ 右方的量词都保持不变，而在 B 的前束词的右端增加了一个全称量词．因此，B 比 A 少了一个在它右方有存在量词出现的全称量词．按这个方法进行下去，可在有穷步骤之后得到一斯柯伦范式，使得，它是重言式，当且仅当，所给的 A 是重言式．

例 3（续例 2） 在例 2 中，A 有三个全称量词 $\forall x_1$，$\forall x_4$ 和 $\forall x_5$，在它们右方有存在量词出现．在 B 中还有 $\forall x_4$ 和 $\forall x_5$ 两个这样的全称量词．对于 B 来说，$n=9$，$i=4$．设 F_2 是不在 B 中出现的 i 元即四元谓词，y_2 是不在 B 中出现的约束变元，则可得

$$C = \exists x_1x_2x_3x_4\forall x_5\exists x_6\forall x_7x_8y_1y_2$$
$$[B_1 \to F_2(x_1, x_2, x_3, x_4) \cdot \to F_2(x_1, x_2, x_3, y_2)]$$

其中的 B_1 是 B 的母式．C 中还有 $\forall x_5$ 一个这样的全称量词．对于 C，$n=10$，$i=5$．设 F_3 是不在 C 中出现的 i 元即五元谓词，y_3 是不在 C 中出现的约束变元，则可得

$$D = \exists x_1x_2x_3x_4x_5x_6\forall x_7x_8y_1y_2y_3$$
$$[C_1 \to F_3(x_1, x_2, x_3, x_4, x_5) \cdot \to F_3(x_1, x_2, x_3, x_4, y_3)]$$

其中的 C_1 是 C 的母式．D 是斯柯伦范式；并且，A 是重言式，当且仅当，D 是重言式．

我们可以把上面给出的由前束范式变换为斯柯伦范式的算法写进下面的定理．

定理 25.3 （斯柯伦范式定理） 在除 F^{*}（包括 $F^{[1]}$）外的谓词逻辑中，设前束范式 A 即

$$Q_1x_1\cdots Q_nx_nB$$

的前束词 $Q_1x_1\cdots Q_nx_n$ 中那种在它们右方有存在量词出现的全称量词，按它们原来在 A 中的次序，是

$$\forall x_{n_1}, \forall x_{n_2}, \cdots, \forall x_{n_k}$$

其中 $1 \leqslant n_1 < n_2 < \cdots < n_k < n$．设 $F_1, F_2, \cdots, F_k$ 是 k 个不同的不在 A 中出现的谓词，其中 $F_i(i=1, \cdots, k)$ 是 n_i 元谓词，又设 $y_1, \cdots, y_k$ 是 k 个不同的不在 A 中出现的约束变元．令

$$B_0 =_{df} B$$

$$B_{i+1} =_{df} [B_i \to F_{i+1}(x_1, \cdots, x_{n_{i+1}})] \to F_{i+1}(x_1, \cdots, x_{n_{i+1}-1}, y_{i+1}) \quad (i = 0, \cdots, k-1)$$

那么，A是重言式，当且仅当，斯柯伦范式

$$\exists x_1 \cdots x_{n_k} Q_{n_k+1} x_{n_k+1} \cdots Q_n x_n \forall y_1 \cdots y_k B_k$$

是重言式. ‖

由定理 25.3 和前束范式定理显然有

定理 25.4 （斯柯伦范式定理） 在除 $\mathbf{F}^{*'}$(包括 $\mathbf{F}^{f1'}$)外的谓词逻辑中，任何合式公式 A，有算法找到斯柯伦范式 A′，使得，A 是重言式，当且仅当，A′ 是重言式. ‖

我们把满足定理 25.4 中条件的 A′ 都称为A的斯柯伦范式.

定义 25.3 （斯柯伦偶范式） 一前束范式是**斯柯伦偶范式**，如果其中的全称量词都在存在量词的左方出现.

定义 25.4 （矛盾式） A是**矛盾式**，当且仅当，¬A 是重言式.

定理 25.5 （斯柯伦偶范式定理） 在除 $\mathbf{F}^{*'}$(包括 $\mathbf{F}^{f1'}$)外的谓词逻辑中，任何合式公式 A，有算法找到斯柯伦偶范式 A′，使得，A是矛盾式，当且仅当，A′ 是矛盾式. ‖

凡满足定理 25.5 中条件的 A′ 都称为A的斯柯伦偶范式.

习　　题

25.1 写出以下公式的前束范式:

[1] $\neg \blacksquare \exists xF(x) \vee \forall yG(y) \blacksquare \wedge \blacksquare F(a) \to \forall zH(z)$

[2] $\exists xF(a,x) \leftrightarrow \forall yG(y)$

[3] $\forall x[F(x) \to \forall y[F(y) \to [G(x) \to G(y)] \vee \forall zF(z)]]$

25.2 写出以下公式的斯柯伦范式:

[1] $\forall x_1 \exists x_2 \forall x_3 \exists x_4 [F(x_1, x_2) \to \blacksquare G(x_2, x_3) \to F(x_3, x_4)]$

[2] $\forall x_1 x_2 x_3 x_4 \exists x_5 [F(x_1, x_2, x_3) \to F(x_2, x_3, x_4) \blacksquare \to F(x_3, x_4, x_5)]$

[3] $\forall xF(x) \to \exists xF(x)$

[4] $\forall x[F(x) \to G(x)] \blacksquare \to \blacksquare \exists xF(x) \to \exists xG(x)$

[5] $\exists xyF(x, y) \to \exists yxF(x, y)$

[6] $\exists x \forall yF(x, y) \to \forall y \exists xF(x, y)$

25.3 设A的斯柯伦范式是 A'. A$\dashv\vdash$A' 是否一般成立? A$\vdash$A' 和 A'$\vdash$A 是否一般成立?

25.4 证定理 25.5.

25.5 建立直接把A变换为斯柯伦偶范式的方法(不经过斯柯伦范式),并用它把

$$\neg\exists x\forall y\exists z[F(y, z)\to F(x, z)\blacksquare\to\blacksquare F(x, x)\to F(y, x)]$$

变换为斯柯伦偶范式.

§26 根岑系统和对偶性

演绎推理中存在着一种规律性,这种规律性是一些推理关系和另一些推理关系之间的某种相互对称的特点,我们将称之为对偶性. 例如下面的

1) $A\wedge B\vdash A$

2) $A\vdash A\vee B$

3) 如果 $A\vdash C$

$B\vdash C$

则 $A\vee B\vdash C$

4) 如果 $C\vdash A$

$C\vdash B$

则 $C\vdash A\wedge B$

其中 1) 和 2) 之间, 3) 和 4) 之间,就存在着这种对偶性.

为了研究对偶性,我们先要构造 $\mathbf{F}^G$,称为**根岑**[1]**系统**[2]. $\mathbf{F}^G$ 的符号包括 $\mathbf{F}^{I*}$ 的符号以及下面两个符号

$$\nleftarrow, \nleftrightarrow$$

它们都是二元连接词(参看本节定义 26.2). $\mathbf{F}^G$ 的形成规则有以下四条:

26(i) $F^n(a_1, \cdots, a_n)$ 是合式公式.

---

1) G. Gentzen.

2) $\mathbf{F}^G$ 与根岑 1934 原来构造的系统稍有不同.

26(ii) 如果X是合式公式，则 $\neg X$ 是合式公式.

26(iii) 如果 X, Y 是合式公式，则 $[X\wedge Y]$, $[X\vee Y]$, $[X\rightarrow Y]$, $[X\not\leftarrow Y]$, $[X\leftrightarrow Y]$, $[X\not\leftrightarrow Y]$ 是合式公式.

26(iv) 如果 X(a) 是合式公式，a 在其中出现，x 不在其中出现，则 $\forall xX(x)$, $\exists xX(x)$ 是合式公式.

$\mathbf{F}^G$ 中的形式推理关系是存在于两个合式公式的有穷序列之间的. 如果在 $\mathbf{F}^G$ 中 Γ 与 Δ 之间有形式推理关系，我们记为

$$\mathbf{F}^G:\ \Gamma\underset{G}{\vdash}\Delta \quad \text{或简写为} \quad \Gamma\underset{G}{\vdash}\Delta$$

其中的 Γ 和 Δ 都可以是空序列. $\Gamma\underset{G}{\vdash}\Delta$ 与 $\Gamma\vdash\Delta$ 是不同的. 我们令

$$\Gamma\underset{G}{\vdash\dashv}\Delta =_{df} \Gamma\underset{G}{\vdash}\Delta \text{ 并且 } \Delta\underset{G}{\vdash}\Gamma$$

在 $\mathbf{F}^G$ 中也有等词 I 和关于 I 的推理规则. 此外，我们选取另一个特殊的二元谓词，写作

$$J$$

并有关于 J 的推理规则. J 称为**不等词**，它是表示不等同关系的.

我们令

$$a\neq b =_{df} J(a, b)$$

其中的 a 和 b 是个体词或约束变元，因为 $\mathbf{F}^G$ 中没有函数词.

$\mathbf{F}^G$ 有以下的共三十条形式推理规则:

$(\neg_1)$ 如果 $\Gamma\underset{G}{\vdash}\Delta, A$

则 $\neg A, \Gamma\underset{G}{\vdash}\Delta$

$(\neg_2)$ 如果 $A, \Delta\underset{G}{\vdash}\Gamma$

则 $\Delta\underset{G}{\vdash}\Gamma, \neg A$

$(\wedge_1)$ 如果 $A, \Gamma\underset{G}{\vdash}\Delta$

则 $A\wedge B, \Gamma\underset{G}{\vdash}\Delta$

$B\wedge A,\ \Gamma\vdash_G\Delta$

($\wedge_2$)　如果 $\Gamma\vdash_G\Delta,\ A$

$\Gamma\vdash_G\Delta,\ B$

则 $\Gamma\vdash_G\Delta,\ A\wedge B$

($\vee_1$)　如果 $A,\ \Delta\vdash_G\Gamma$

$B,\ \Delta\vdash_G\Gamma$

则 $A\vee B,\ \Delta\vdash_G\Gamma$

($\vee_2$)　如果 $\Delta\vdash_G\Gamma,\ A$

则 $\Delta\vdash_G\Gamma,\ A\vee B$

$\Delta\vdash_G\Gamma,\ B\vee A$

($\rightarrow_1$)　如果 $\Gamma\vdash_G\Delta,\ A$

$B,\ \Gamma\vdash_G\Delta$

则 $A\rightarrow B,\ \Gamma\vdash_G\Delta$

($\rightarrow_2$)　如果 $A,\ \Gamma\vdash_G\Delta,\ B$

则 $\Gamma\vdash_G\Delta,\ A\rightarrow B$

($\nleftarrow_1$)　如果 $B,\ \Delta\vdash_G\Gamma,\ A$

则 $A\nleftarrow B,\ \Delta\vdash_G\Gamma$

($\nleftarrow_2$)　如果 $A,\ \Delta\vdash_G\Gamma$

$\Delta\vdash_G\Gamma,\ B$

则 $\Delta\vdash_G\Gamma,\ A\nleftarrow B$

$(\leftrightarrow_1)$ 如果 $\Gamma \underset{G}{\vdash} \Delta, A, B$

$A, B, \Gamma \underset{G}{\vdash} \Delta$

则 $A \leftrightarrow B, \Gamma \underset{G}{\vdash} \Delta$

$(\leftrightarrow_2)$ 如果 $A, \Gamma \underset{G}{\vdash} \Delta, B$

$B, \Gamma \underset{G}{\vdash} \Delta, A$

则 $\Gamma \underset{G}{\vdash} \Delta, A \leftrightarrow B$

$(\not\leftrightarrow_1)$ 如果 $B, \Delta \underset{G}{\vdash} \Gamma, A$

$A, \Delta \underset{G}{\vdash} \Gamma, B$

则 $A \not\leftrightarrow B, \Delta \underset{G}{\vdash} \Gamma$

$(\not\leftrightarrow_2)$ 如果 $B, A, \Delta \underset{G}{\vdash} \Gamma$

$\Delta \underset{G}{\vdash} \Gamma, B, A$

则 $\Delta \underset{G}{\vdash} \Gamma, A \not\leftrightarrow B$

$(\forall_1)$ 如果 $A(a), \Gamma \underset{G}{\vdash} \Delta$

则 $\forall x A(x), \Gamma \underset{G}{\vdash} \Delta$ ($A(x)$ 是由 $A(a)$ 把其中 a 的某些出现替换为 x 而得)

$(\forall_2)$ 如果 $\Gamma \underset{G}{\vdash} \Delta, A(a)$ (a 不在 Γ, Δ 中出现)

则 $\Gamma \underset{G}{\vdash} \Delta, \forall x A(x)$

$(\exists_1)$ 如果 $A(a), \Delta \underset{G}{\vdash} \Gamma$ (a 不在 Δ, Γ 中出现)

则 $\exists x A(x), \Delta \underset{G}{\vdash} \Gamma$

$(\exists_2)$ 如果 $\Delta \underset{G}{\vdash} \Gamma, A(a)$

则 $\Delta \vdash_G \Gamma, \exists x A(x)$ （$A(x)$ 是由 $A(a)$ 把其中 a 的某些出现替换为 x 而得）

(I_1) 如果 $A(b), \Gamma \vdash_G \Delta$

则 $A(a), I(a, b), \Gamma \vdash_G \Delta$ （$A(b)$ 是由 $A(a)$ 把其中 a 的某些出现替换为 b 而得）

(I_2) $\Gamma \vdash_G \Delta, I(a, a)$

(J_1) $J(a, a), \Delta \vdash_G \Gamma$

(J_2) 如果 $\Delta \vdash_G \Gamma, A(b)$

则 $\Delta \vdash_G \Gamma, J(a, b), A(a)$ （$A(b)$ 是由 $A(a)$ 把其中 a 的某些出现替换为 b 而得）

$(+_1)$ 如果 $\Gamma \vdash_G \Delta$

则 $A, \Gamma \vdash_G \Delta$

$(+_2)$ 如果 $\Delta \vdash_G \Gamma$

则 $\Delta \vdash_G \Gamma, A$

$(-_1)$ 如果 $A, A, \Gamma \vdash_G \Delta$

则 $A, \Gamma \vdash_G \Delta$

$(-_2)$ 如果 $\Delta \vdash_G \Gamma, A, A$

则 $\Delta \vdash_G \Gamma, A$

$(\times_1)$ 如果 $\Gamma_1, A, B, \Gamma_2 \vdash_G \Delta$

则 $\Gamma_1, B, A, \Gamma_2 \vdash_G \Delta$

$(\times_2)$　　如果 $\Delta \underset{G}{\vdash} \Gamma_2, B, A, \Gamma_1$

则 $\Delta \underset{G}{\vdash} \Gamma_2, A, B, \Gamma_1$

(i)　　$A \underset{G}{\vdash} A$

(c)　　如果 $\Gamma \underset{G}{\vdash} \Delta, A$

$A, \Gamma \underset{G}{\vdash} \Delta$

则 $\Gamma \underset{G}{\vdash} \Delta$

对于 $\mathbf{F}^G$ 的形式推理规则，要作一些简要的说明．这些规则都有形式上的特征．例如在$(\neg_1)$中，由

$$\Gamma \underset{G}{\vdash} \Delta, A$$

把它的形式结论中的末一个公式A改为 $\neg A$，调到形式前提中第一个公式的位置上，则调换后的两个序列之间仍然有推理关系，这就是

$$\neg A, \Gamma \underset{G}{\vdash} \Delta$$

又如在$(\neg_2)$中，是把形式前提中的第一个公式A改为 $\neg A$，并调到形式结论中末一个公式的位置．这种形式上的特征每条形式推理规则都有，读者可以识别．

在关于逻辑词和谓词 I, J 的推理规则中，凡名称中带有添标"1"的是说，用它而生成的推理关系，比原有的推理关系在形式前提中多一个逻辑词或谓词 I, J．带有添标"2"的是说在形式结论中多这样一个符号．

此外，$(+_1)$是说在形式前提中可以增加合式公式，$(+_2)$是说在形式结论中可以增加合式公式；$(-_1)$是说在形式前提中可以去掉重复的公式，$(-_2)$是说在形式结论中可以去掉重复的公式；$(\times_1)$是说在形式前提中可以交换两个相邻公式的位置，$(\times_2)$是说在形式结论中可以交换两个相邻公式的位置；(i) 和$(+_1)$合起来相当于原来的$(\in)$；(c) 相当于原来的(τ)．

根据 $(\times_1)$和$(\times_2)$，在 $\Gamma \underset{G}{\vdash} \Delta$ 中可以调换 Γ 中公式的次序，也可以调换 Δ 中公式的次序。但在各推理规则中，形式前提和形式结论中的公式都写成有固定次序的样子，这与后面要讨论的对偶性有关。

由于$\underset{G}{\vdash}$与$\vdash$的涵义不同，故 F^G 的推理规则与 F^{I*} 的推理规则是不同的，虽然它们之间有某些形式上的相似之处。F^{I*} 中的

$$A_1, \cdots, A_m \vdash B_1, \cdots, B_n$$

相当于演绎推理中由 $A_1, \cdots, A_m$ 这些命题能推出 $B_1, \cdots, B_n$，也就是能推出“B_1 与 $\cdots$ 与 B_n”。可是 F^G 中的

$$A_1, \cdots, A_m \underset{G}{\vdash} B_1, \cdots, B_n$$

却相当于由 $A_1, \cdots, A_m$ 能推出“B_1 或$\cdots$或 B_n”；换言之，它相当于：$A_1, \cdots, A_m$ 中有假命题，或 $B_1, \cdots, B_n$ 中有真命题。这一点读完本节就会清楚。

引理 26.1 F^G：

$(\rightarrow_1)$ 如果 $\Gamma_1 \underset{G}{\vdash} \Delta_1, A$

$B, \Gamma_2 \underset{G}{\vdash} \Delta_2$

则 $A \rightarrow B, \Gamma_1, \Gamma_2 \underset{G}{\vdash} \Delta_1, \Delta_2$

$(\not\leftarrow_2)$ 如果 $A, \Delta_1 \underset{G}{\vdash} \Gamma_1$

$\Delta_2 \underset{G}{\vdash} \Gamma_2, B$

则 $\Delta_2, \Delta_1 \underset{G}{\vdash} \Gamma_2, \Gamma_1, A \not\leftarrow B$

$(\leftrightarrow_1)$ 如果 $\Gamma_1 \underset{G}{\vdash} \Delta_1, A, B$

$A, B, \Gamma_2 \underset{G}{\vdash} \Delta_2$

则 $A \leftrightarrow B, \Gamma_1, \Gamma_2 \underset{G}{\vdash} \Delta_1, \Delta_2$

$(\nleftrightarrow_2)$　如果 $B, A, \Delta_1 \underset{G}{\vdash} \Gamma_1$

$$\Delta_2 \underset{G}{\vdash} \Gamma_2, B, A$$

则 $\Delta_2, \Delta_1 \underset{G}{\vdash} \Gamma_2, \Gamma_1, A \nleftrightarrow B$

(c)　如果 $\Gamma_1 \underset{G}{\vdash} \Delta_1, A$

$$A, \Gamma_2 \underset{G}{\vdash} \Delta_2$$

则 $\Gamma_1, \Gamma_2 \underset{G}{\vdash} \Delta_1, \Delta_2$

证　我们选证 $(\rightarrow_1)$，其余各条的证明是类似的．

由 $\Gamma_1 \underset{G}{\vdash} \Delta_1, A$ 经多次反复使用 $(+_1)$，$(+_2)$，$(\times_1)$ 和 $(\times_2)$ 可得

(1)　$$\Gamma_1, \Gamma_2 \underset{G}{\vdash} \Delta_1, \Delta_2, A$$

同样，由 $B, \Gamma_2 \underset{G}{\vdash} \Delta_2$ 可得

(2)　$$B, \Gamma_1, \Gamma_2 \underset{G}{\vdash} \Delta_1, \Delta_2$$

由(1)和(2)，根据原来的推理规则 $(\rightarrow_1)$，就得到引理 26.1 中的 $(\rightarrow_1)$．‖

显然，引理 26.1 中的各条推理规则包括 F^G 中原来的同名推理规则作为特例．例如在引理 26.1 的 $(\rightarrow_1)$ 中，若令 $\Gamma_2 = \Gamma_1$，$\Delta_2 = \Delta_1$，它就成为

如果 $\Gamma_1 \underset{G}{\vdash} \Delta_1, A$

$$B, \Gamma_1 \underset{G}{\vdash} \Delta_1$$

则 $A \rightarrow B, \Gamma_1, \Gamma_1 \underset{G}{\vdash} \Delta_1, \Delta_1$

由此根据 $(\times_1)$，$(\times_2)$，$(-_1)$ 和 $(-_2)$，就可得到 F^G 中的原来的 $(\rightarrow_1)$．因此我们给引理 26.1 中各条规则起了与 F^G 中原来规则

相同的名字.

定义 26.1

$$\wedge\Gamma =_{df} \begin{cases} A_1 \wedge \cdots \wedge A_n & \text{如果 } \Gamma = A_1, \cdots, A_n \\ I(a, a) & \text{如果 } \Gamma = \phi \end{cases}$$

$$\vee\Gamma =_{df} \begin{cases} A_1 \vee \cdots \vee A_n & \text{如果 } \Gamma = A_1, \cdots, A_n \\ J(a, a) & \text{如果 } \Gamma = \phi \end{cases}$$

引理 26.2 F^G: $\Gamma \vdash_G \Delta \Leftrightarrow \Gamma \vdash_G \vee\Delta$

证 先假设Δ不空，并设 $\Delta = A_1, \cdots, A_n$. 根据$(\times_2)$,由 $\Gamma \vdash_G \Delta$ 可得

(1) $\quad \Gamma \vdash_G A_2, \cdots, A_n, A_1$

又根据$(\vee_2)$,由(1)可得

(2) $\quad \Gamma \vdash_G A_2, \cdots, A_n, \vee\Delta$

按以上步骤,由(2)可得

(3) $\quad \Gamma \vdash_G A_3, \cdots, A_n, \vee\Delta, \vee\Delta$

由(3),根据$(-_2)$,可得

(4) $\quad \Gamma \vdash_G A_3, \cdots, A_n, \vee\Delta$

这样继续下去,最后可得 $\Gamma \vdash_G \vee\Delta$.

由 $\Gamma \vdash_G \vee\Delta$ 根据$(+_2)$和$(\times_2)$可得

(5) $\quad \Gamma \vdash_G \Delta, \vee\Delta$

由根据 (i) 而得的 $A_k \vdash_G A_k$ $(k = 1, \cdots, n)$, 又根据 $(+_1)$ 和 $(\times_1)$,有

(6) $\quad A_k, \Gamma \vdash_G A_k \ (k = 1, \cdots, n)$

由(6),根据$(+_2)$和$(\times_2)$,有

(7) $$A_k, \Gamma \underset{G}{\vdash} \Delta \quad (k = 1, \cdots, n)$$

由(7),根据($\vee_1$),有

(8) $$\vee\Delta, \Gamma \underset{G}{\vdash} \Delta$$

由(5)和(8),根据(c),可得 $\Gamma \underset{G}{\vdash} \Delta$. 这样,就在$\Delta$不空的情形下证明了引理 26.2.

如果Δ是空序列,则根据定义 26.1,要证明的是

(9) $$\Gamma \underset{G}{\vdash} \phi \Longleftrightarrow \Gamma \underset{G}{\vdash} J(a, a)$$

在($+_2$)中令$\underset{G}{\vdash}$右方的是空序列,就有

(10) $$\Gamma \underset{G}{\vdash} \phi \Longrightarrow \Gamma \underset{G}{\vdash} J(a, a)$$

在 (J_1) 中令$\underset{G}{\vdash}$右方的是空序列,就有

(11) $$J(a, a), \Gamma \underset{G}{\vdash} \phi$$

由 $\Gamma \underset{G}{\vdash} J(a, a)$ 和(11),根据 (c),令 (c) 中的Δ是空序列,就有 $\Gamma \underset{G}{\vdash} \phi$,这就证明了

(12) $$\Gamma \underset{G}{\vdash} J(a, a) \Longrightarrow \Gamma \underset{G}{\vdash} \phi$$

由(10)和(12)就得到(9). ||

下面我们来研究 $\mathbf{F}^{G}$ 和 $\mathbf{F}^{I*}$ 的关系.

定义 26.2 在 $\mathbf{F}^{I*}$ 中令

$$[A \not\leftarrow B] =_{df} \neg[B \rightarrow A]$$
$$[A \not\leftrightarrow B] =_{df} \neg[A \leftrightarrow B]$$
$$J(a, b) =_{df} \neg I(a, b)$$

其中的A和B是合式公式或命题形式, a 和 b 是个体词或约束变元.

定义 26.3 [1] 在 $\mathbf{F}^{I*}$ 中令 $\Gamma \underset{G}{\vdash} \Delta =_{df} \Gamma \vdash \vee\Delta$

[2] 在 $\mathbf{F}^{G}$ 中令 $\Gamma\vdash A =_{df} \Gamma\underset{G}{\vdash} A$

定理 26.3 在 $\mathbf{F}^{G}$ 中按照定义 26.3 定义了 $\Gamma\vdash A$ 后，可以证明 $\mathbf{F}^{I*}$ 的所有形式推理规则,因而可以证明 $\mathbf{F}^{I*}$ 的所有形式推理关系.

我们选证 $\mathbf{F}^{I*}$ 中的 (τ), $(\wedge_{+})$, $(\rightarrow_{-})$, $(\forall_{+})$ 和 (I_{-}) 五条推理规则.

证(τ) 这就是要证

如果 $\Gamma\underset{G}{\vdash} A_1$

$\vdots$

$\Gamma\underset{G}{\vdash} A_n$

$A_1, \cdots, A_n\underset{G}{\vdash} A$

则 $\Gamma\underset{G}{\vdash} A$

由 $\Gamma\underset{G}{\vdash} A_1$ 和 $A_1, \cdots, A_n\underset{G}{\vdash} A$, 根据 (c),可得

(1) $\Gamma, A_2, \cdots, A_n\underset{G}{\vdash} A$

由(1),根据$(\times_1)$,有

(2) $A_2, \Gamma, A_3, \cdots, A_n\underset{G}{\vdash} A$

由 $\Gamma\underset{G}{\vdash} A_2$ 和(2),根据 (c),可得

(3) $\Gamma, \Gamma, A_3, \cdots, A_n\underset{G}{\vdash} A$

由(3), 根据$(\times_1)$和$(-_1)$, 有

(4) $\Gamma, A_3, \cdots, A_n\underset{G}{\vdash} A$

照此继续下去,最后可得 $\Gamma\underset{G}{\vdash} A$.

证$(\wedge_{+})$

(1) $A\underset{G}{\vdash} A$ (i)

(2) $A, B \underset{G}{\vdash} A$ (1)($+_1$)($\times_1$)

(3) $B \underset{G}{\vdash} B$ (i)

(4) $A, B \underset{G}{\vdash} B$ (3)($+_1$)

(5) $A, B \underset{G}{\vdash} A \wedge B$ (2)(4)($\wedge_2$)

证($\rightarrow_-$)

(1) $A \underset{G}{\vdash} A$ (i)

(2) $A \underset{G}{\vdash} A, B$ (1)($+_2$)

(3) $A \underset{G}{\vdash} B, A$ (2)($\times_2$)

(4) $B \underset{G}{\vdash} B$ (i)

(5) $A, B \underset{G}{\vdash} B$ (4)($+_1$)

(6) $B, A \underset{G}{\vdash} B$ (5)($\times_1$)

(7) $A \rightarrow B, A \underset{G}{\vdash} B$ (3)(6)($\rightarrow_1$)

证($\forall_+$)

(1) $\Gamma \underset{G}{\vdash} A(a)$ 假设

(2) $\Gamma \underset{G}{\vdash} \forall x A(x)$ (1)($\forall_2$)

证(I_-)

(1) $A(b) \underset{G}{\vdash} A(b)$ (i)

(2) $A(a), I(a, b) \underset{G}{\vdash} A(b)$ (1)(I_1) ||

定理 26.4 在 F^{I*} 中按照定义 26.2 定义了$\not\leftarrow$,$\not\leftrightarrow$和 J, 并按照定义 26.3 定义了 $\Gamma \underset{G}{\vdash} \Delta$ 后, 可以证明 F^G 的所有形式推理规则,因而可以证明 F^G 的所有形式推理关系.

我们选证 F^G 中的($\rightarrow_1$)和 (c) 两条推理规则.

证$(\rightarrow_1)$ 这就是要证

如果 $\Gamma\vdash(\vee\Delta)\vee A$

$B,\Gamma\vdash\vee\Delta$

则 $A\rightarrow B,\Gamma\vdash\vee\Delta$

证明如下((1)—(9)):

(1)	$A\rightarrow B$	
(2)	Γ	
(3)	$\neg(\vee\Delta)$	
(4)	$(\vee\Delta)\vee A$	(2)假设
(5)	$\neg(\vee\Delta)\rightarrow A$	(4)由 $\mathbf{P}^*$
(6)	A	(5)(3)$(\rightarrow_-)$
(7)	B	(1)(6)$(\rightarrow_-)$
(8)	$\vee\Delta$	(7)(2)假设
(9)	$\vee\Delta$	(8)(3)$(\neg)$

证(c) 这就是要证:

如果 $\Gamma\vdash(\vee\Delta)\vee A$

$A,\Gamma\vdash\vee\Delta$

则 $\Gamma\vdash\vee\Delta$

证明如下((10)—(16)):

(10)	Γ	
(11)	$\neg(\vee\Delta)$	
(12)	$(\vee\Delta)\vee A$	(10)假设
(13)	$\neg(\vee\Delta)\rightarrow A$	(12)由 $\mathbf{P}^*$
(14)	A	(13)(11)$(\rightarrow_-)$
(15)	$\vee\Delta$	(14)(10)假设
(16)	$\vee\Delta$	(15)(11)$(\neg)$‖

在定理 26.4 中如果遇到空序列的情形,证明是类似的.

下面我们来定义合式公式的对偶以及合式公式有穷序列的对偶.

定义 26.4 对偶 由A把所有在其中出现的下面 [1] 中的符

号替换为[2]中相应的符号:

[1] $\neg, \wedge, \vee, \rightarrow, \not\leftarrow, \leftrightarrow, \not\leftrightarrow, \forall, \exists, I, J$

[2] $\neg, \vee, \wedge, \not\leftarrow, \rightarrow, \not\leftrightarrow, \leftrightarrow, \exists, \forall, J, I$

而得到的 A′ 称为A的**对偶.**

如果

$$\Gamma = A_1, \cdots, A_n$$

$$\Gamma' = A_n', \cdots, A_1'$$

其中 A_i' 是 A_i 的对偶 ($i = 1, \cdots, n$), 则 Γ′ 称为Γ的**对偶.**

J(a, a) 称为空序列的**对偶.**

根据定义 26.4, 如果在 $\mathbf{F}^G$ 的各推理规则中把 $\Gamma \underset{G}{\vdash} \Delta$ 换为 $\Delta' \underset{G}{\vdash} \Gamma'$, 其中的 Γ′ 和 Δ′ 分别是Γ和Δ的对偶, 则所得到的仍然是 $\mathbf{F}^G$ 的推理规则. 例如 ($\neg_1$), ($\rightarrow_1$), ($\wedge_1$), ($\wedge_2$), ($\forall_1$) 和 (J_2) 在经过上述替换后,就分别成为($\neg_2$), ($\not\leftarrow_2$), ($\vee_2$), ($\vee_1$), ($\exists_2$) 和 (I_1). 又如 (i) 和 (c), 经过替换后仍分别是 (i) 和 (c). 因此有下面的定理.

定理 26.5 (**$\mathbf{F}^G$的对偶性定理**) 如果Γ的对偶是Γ′, Δ 的对偶是 Δ′,则

[1] $\mathbf{F}^G$: $\Gamma \underset{G}{\vdash} \Delta \Longrightarrow \Delta' \underset{G}{\vdash} \Gamma'$

[2] $\mathbf{F}^G$: $\Gamma \underset{G}{\vdash\dashv} \Delta \Longrightarrow \Gamma' \underset{G}{\vdash\dashv} \Delta'$ ||

由 $\mathbf{F}^G$ 的对偶性定理以及 $\mathbf{F}^G$ 和 $\mathbf{F}^{I*}$ 的关系, 可以得到 $\mathbf{F}^{I*}$ 的对偶性定理.

定理 26.6 (**$\mathbf{F}^{I*}$的对偶性定理**) 如果A的对偶是A′, B的对偶是 B′,则

[1] $\mathbf{F}^{I*}$: $\vdash A \Longrightarrow \vdash \neg A'$

[2] $\mathbf{F}^{I*}$: $A \vdash B \Longrightarrow B' \vdash A'$

[3] $\mathbf{F}^{I*}$: $A \vdash\dashv B \Longrightarrow A' \vdash\dashv B'$

证 由 $\mathbf{F}^{I*}$: $\vdash A$, 根据定理 26.3 和定义 26.3, 可得

(1) $\mathbf{F}^G$: $\phi \underset{G}{\vdash} A$

由(1),根据定理 26.5 和定义 26.4,可得

(2) $$\mathbf{F}^{G}:\ A' \underset{G}{\vdash} J(a, a)$$

由(2),根据定理 26.4,有

(3) $$\mathbf{F}^{I*}:\ A' \vdash J(a, a)$$

由(3)可得 $\mathbf{F}^{I*}: \vdash \neg A'$, 这就证明了[1].

由[1]显然有[2]和[3]. ||

例 1 由

(1) $$A \to \forall x B(x) \vdash\dashv \forall x[A \to B(x)]$$

根据对偶性定理 26.6,有

(2) $$A' \nleftarrow \exists x B(x) \vdash\dashv \exists x[A' \nleftarrow B'(x)]$$

其中 A' 和 $B'(x)$ 分别是 A 和 $B(x)$ 的对偶. (2) 就是

(3) $$\neg[\exists x B'(x) \to A'] \vdash\dashv \exists x \neg[B'(x) \to A']$$

由(3)可得

(4) $$\exists x B'(x) \to A' \vdash\dashv \forall x[B'(x) \to A']$$

反过来,由(4)根据定理 26.6,可得(1). 由

(5) $$A \to \exists x B(x) \vdash\dashv \exists x[A \to B(x)]$$

根据定理 26.6,可得

(6) $$A' \nleftarrow \forall x B'(x) \vdash\dashv \forall x[A' \nleftarrow B'(x)]$$

其中 A' 和 $B'(x)$ 分别是 A 和 $B(x)$ 的对偶. (6)就是

(7) $$\neg[\forall x B'(x) \to A'] \vdash\dashv \forall x \neg[B'(x) \to A']$$

由(7)可得

(8) $$\forall x B'(x) \to A' \vdash\dashv \exists x[B'(x) \to A']$$

反过来,由(8)根据定理 26.6,可得(5).

可以构造相当于 $\mathbf{F}^{*}$ 的根岑系统，从而证明关于 $\mathbf{F}^{*}$ 的对偶性定理(类似于定理 26.6). 然而定理 26.6 对于 $\mathbf{F}^{*I}$(包括 $\mathbf{F}^{fI}$)是不成立的. 例如,在 $\mathbf{F}^{*I}$ 中有

$$F(a) \vdash \exists x I(a, x)$$

$F(a)$ 的对偶仍是 $F(a)$, $\exists x I(a, x)$ 的对偶是 $\forall x J(a, x)$, 但是在 $\mathbf{F}^{*I}$ 中却没有

$$\forall x J(a, x) \vdash\!\dashv F(a)$$

由此可见定理 26.6 对于 $\mathbf{F}^{*1}$(包括 $\mathbf{F}^{f1}$)是不成立的.

下面我们考虑另外一种对偶性，它是关于这样一种合式公式的，在其中只出现¬，∧，∨，∀ 和 ∃ 这五个逻辑符号. 由这样的合式公式 A,把所有在其中出现的下面 5) 中的公式和符号分别替换为 6) 中相应的公式和符号 (其中的 B 限于是原子公式，即命题词和谓词逻辑中的原子公式):

5)　　　B, ¬B, ∧, ∨, ∀, ∃

6)　　　¬B, B, ∨, ∧, ∃, ∀

而得到的 A° 称为 A 的**对偶**°(“偶”字右上角加“°”). 这是另一种对偶. 注意,在由 A 到 A° 的变换中,所有不以原子公式为辖域的否定词,是不被替换的. 关于对偶°,有下面的定理 26.7,它在各个逻辑演算中都是成立的.

定理 26.7 (对偶°性定理) 如果 A 的对偶° 是 A°, 则 $\neg A \vdash\!\dashv A^{\circ}$. ||

习　　题

26.1 证定理 26.7.

§ 27　无嵌套范式

无嵌套范式是一种有特殊形式的带函数词的合式公式或命题形式. 任何带函数词的合式公式或命题形式都可以变换为同它等值的无嵌套范式.

定义 27.1 (无嵌套范式) 合式公式或命题形式 A 称为**无嵌套范式**,如果它满足以下两个条件:

[1] 在 A 的所有有 $F(a_1, \cdots, a_n)$ 形式(F 不是 I) 的子公式中, $a_1, \cdots, a_n$ 中没有函数词出现.

[2] 在 A 的所有有 $I(a, b)$ 形式的子公式中, $\boldsymbol{a}$ 中最多有函数词的一个出现, $\boldsymbol{b}$ 中没有函数词出现.

根据定义 27.1,无嵌套范式的子公式 $F(a_1, \cdots, a_n)$ 中 (F 不是 I) 不会出现括弧嵌套在括弧中的情形．在子公式 $I(a, b)$ 中是会出现这种情形的；但如果把 $I(a, b)$ 写成 $a \equiv b$，就又不会出现这种情形了．这就是我们把这类公式称为无嵌套范式的理由．

例 1 设

$$A_1 \doteq \exists x \forall y F(f(a, b, x), x, y)$$

$$A_2 = \exists x[f(g(a, x), a, x) \equiv b]$$

$$A_3 = \forall x \exists y[x \equiv g(a, y)]$$

$$A_4 = \exists x \forall y[g(a, y) \equiv x]$$

$$A_5 = \exists x \forall y[F(a, b, x) \rightarrow g(a, y) \equiv x]$$

则 A_1 不是无嵌套范式，因为它不满足定义 27.1 中的 [1]； A_2 和 A_3 也不是无嵌套范式，因为它们不满足定义 27.1 中的 [2]； A_4 和 A_5 都是无嵌套范式．

引理 27.1 在 $\mathbf{F}^*$ 和 $\mathbf{F}^{*\prime}$ 中，任何原子公式 A，有算法找到无嵌套范式 A′，使得 A′ 和 A 包含相同的个体词，未经约束的约束变元，函数词和等词之外的谓词，并且 A′ 和 A 是等值公式．

证 施归纳于 A 中函数词的这样的出现次数 n，这种出现使得 A 不成为无嵌套范式．

基始：$n = 0$．这时 A 本身是无嵌套范式．

归纳：设 $n = k + 1$ 即 A 中有函数词的 $k + 1$ 个出现使得 A 不成为无嵌套范式．令 a 是 A 中恰包含函数词的一个出现的项形式，并令 $A = A(a)$．由于 $A(a)$ 是原子公式，故在 $\mathbf{F}^{*\prime}$ 中根据 $(E^{!}_{a})$，定理 19.1[6] 和 [8]，可得

(1) $$\vdash \forall[A(a) \leftrightarrow \exists x[a \equiv x \wedge A(x)]]$$

其中的 $A(x)$ 是由 $A(a)$ 把 a 替换为 x 而得．(1)在 $\mathbf{F}^*$ 中显然也成立．(1) 中的 x 应当选择得使它不在 $A(a)$ 中出现，否则，(1)中 $\vdash$ 右方的公式就不是合式公式．

在 $A(x)$ 中只有函数词的 k 个出现使得它不成为无嵌套范式．由归纳假设，$A(x)$ 有定理中所要求的无嵌套范式 B．由此，又由(1)，并根据等值公式的可替换性定理，有

$$\vdash \forall[A(a) \leftrightarrow \exists x[a = x \wedge B]]$$

其中的 $\exists x[a = x \wedge B]$ 就是定理中要求的关于A即 $A(a)$ 的无嵌套范式.

由基始和归纳,就证明了引理 27.1. ‖

定理 27.2 **(无嵌套范式定理)** 在 F^* 和 $F^{*\prime}$ 中,任何合式公式或命题形式 A,有算法找到无嵌套范式 A', 使得 A' 和A包含相同的个体词,未经约束的约束变元,函数词,和等词之外的谓词,并且 A' 和A是等值公式.

证 由引理 27.1, A中任何原子公式B都有定理中所要求的无嵌套范式 B'. 在A中把所有原子公式B都替换为 B',由此得到的公式,根据等值公式的可替换性定理,就是定理中所要求的关于A的无嵌套范式 A'. ‖

凡按照定理 27.2 的证明中所说的方法找到的, 满足定理 27.2 中条件的无嵌套范式 A' 都称为A的无嵌套范式. 如果A本身已经是无嵌套范式,则 A' 就是A.

例 2 考虑以下各公式:

(1) $F(f(g(a), b))$

(2) $\exists x[g(a) = x \wedge F(f(x, b))]$

(3) $\exists x[g(a) = x \wedge \exists y[f(x, b) = y \wedge F(y)]]$

(4) $F(f(g(z_1), z_2))$

(5) $\exists x[g(z_1) = x \wedge \exists y[f(x, z_2) = y \wedge F(y)]]$

(6) $\exists z_1 \forall z_2 F(f(g(z_1), z_2))$

(7) $\exists z_1 \forall z_2 \exists x[g(z_1) = x \wedge \exists y[f(x, z_2) = y \wedge F(y)]]$

由(1)经过(2)得到(3),(3)是(1)的无嵌套范式;(5)是(4)的无嵌套范式;(7)是(6)的无嵌套范式.

如果Γ中各合式公式都是无嵌套范式, 则Γ称为**无嵌套范式序列**. 如果 $\Gamma = A_1, \cdots, A_n$, 而且 $\Gamma' = A_1', \cdots, A_n'$, 其中 A_i' 是 A_i 的无嵌套范式 ($i = 1, \cdots, n$), 则 Γ' 称为Γ的无嵌套范式序列. 如果 $\Gamma \vdash A$, Γ和A中的公式都是无嵌套范式, 则 $\Gamma \vdash A$ 称为**无嵌套范式推理关系**. 如果 $\Gamma \vdash A$, Γ' 是Γ的无嵌套范式

序列，A' 是 A 的无嵌套范式，则 $\Gamma' \vdash\!\!-\, A'$（根据定理 27.2 和等值公式的可替换性定理，由 $\Gamma \vdash\!\!-\, A$ 可得 $\Gamma' \vdash\!\!-\, A'$）称为 $\Gamma \vdash\!\!-\, A$ 的无嵌套范式推理关系．如果在(形式)证明中出现的合式公式都是无嵌套范式，则这个(形式)证明称为**无嵌套范式证明**．

在本节中，我们临时规定令 A' 是 A 的无嵌套范式，令 $A'(a)$ 是 $A(a)$ 的无嵌套范式，令 Γ' 是 Γ 的无嵌套范式序列，令 $\Gamma' \vdash\!\!-\, A'$ 是 $\Gamma \vdash\!\!-\, A$ 的无嵌套范式推理关系．

下面我们要证明凡无嵌套范式推理关系都有无嵌套范式证明(见后面的定理 27.7)．为此，先要建立一些引理作为准备．

引理 27.3 在 $\mathbf{F}^*$ 和 $\mathbf{F}^{*\prime}$ 中，以下的无嵌套范式推理关系都有无嵌套范式证明：

[1] $\vdash\!\!-\,\forall[(\neg A)' \leftrightarrow \neg A']$

[2] $\vdash\!\!-\,\forall[(A \wedge B)' \leftrightarrow A' \wedge B']$

[3] $\vdash\!\!-\,\forall[(A \vee B)' \leftrightarrow A' \vee B']$

[4] $\vdash\!\!-\,\forall[(A \rightarrow B)' \leftrightarrow A' \rightarrow B']$

[5] $\vdash\!\!-\,\forall[(A \leftrightarrow B)' \leftrightarrow (A' \leftrightarrow B')]$

[6] $\vdash\!\!-\,\forall[(\forall x A(x))' \leftrightarrow \forall x A'(x)]$

[7] $\vdash\!\!-\,\forall[(\exists x A(x))' \leftrightarrow \exists x A'(x)]$

[8] $\vdash\!\!-\,\forall[\mathfrak{S}_b^a A|' \leftrightarrow \mathfrak{S}_b^a A'|]$，其中 a 和 b 是个体词或约束变元． ‖

引理 27.4 在 $\mathbf{F}^*$ 和 $\mathbf{F}^{*\prime}$ 中，无嵌套范式推理关系

[1] $A'(a),\ (a = b)' \vdash\!\!-\, A'(b)$

有无嵌套范式证明．

证 施归纳于 a 和 b 中函数词出现的总数目 n．

基始：$n=0$，即 a 和 b 都是个体词．这样，$a = b$ 和 $(a = b)'$ 都是 $\mathrm{a} = \mathrm{b}$，因此[1]就是

$$A'(\mathrm{a}),\ \mathrm{a} = \mathrm{b} \vdash\!\!-\, A'(\mathrm{b})$$

由于在 (I_-) 中 A(b) 是由 A(a) 把 a 在其中的某些出现替换为 b 而得，故[1]中的 A′(b) 也是由 A′(a) 把 a 在其中的某些出

现替换为 b 而得. 因此，根据 ($I_=$), [1] 本身就构成它的无嵌套范式证明.

归纳：设 $n=k+1$ 即 a 和 b 中共有函数词的 $k+1$ 个出现. 令 c 是 $a\equiv b$ 中恰包含函数词的一个出现的项，并设 c 是 a 的子项，令 $a=a(c)$（如果 c 是 b 的子项或 c 同时是 a 和 b 的子项，证明是类似的）. 这样，[1]就是

$$A'(a(c)),\ (a(c)\equiv b)'\vdash A'(b)\quad \text{即}$$

(1) $\exists x[c\equiv x\wedge A'(a(x))],\ \exists x_1[c\equiv x_1\wedge(a(x_1)\equiv b)']\vdash A'(b)$

为了证明(1)，只要证明下面的(2)：

(2) $c\equiv a\wedge \mathfrak{S}_a^x A'(a(x))|,\ c\equiv a_1\wedge \mathfrak{S}_{a_1}^{x_1}(a(x_1)\equiv b)'|\vdash A'(b)$

应当要求 (2) 中的 a 不在 $c\equiv a_1$, $\mathfrak{S}_{a_1}^{x_1}(a(x_1)\equiv b)'|$ 和 $A'(b)$ 中出现，a_1 不在 $c\equiv a$, $\mathfrak{S}_a^x A'(a(x))|$ 和 $A'(b)$ 中出现. 显然，在 $a(a_1)$ 和 b 中共有函数词的 k 个出现.(2)的无嵌套范式证明如下((3)—(11))：

(3)	$c\equiv a$	
(4)	$\mathfrak{S}_a^x A'(a(x))|$	
(5)	$c\equiv a_1$	
(6)	$\mathfrak{S}_{a_1}^{x_1}(a(x_1)\equiv b)'|$	
(7)	$(a(a_1)\equiv b)'$	(6)引理 27.3[8]
(8)	$A'(a(a))$	(4)引理 27.3[8]
(9)	$a\equiv a_1$	(5)(3)($I_=$)
(10)	$A'(a(a_1))$	(8)(9)基始
(11)	$A'(b)$	(10)(7)归纳假设

由基始和归纳，就证明了引理 27.4. ||

引理 27.5 在 F^* 中，推理规则 (E) 的无嵌套范式推理关系

[1] $\vdash(E!a)'$

有无嵌套范式证明.

证 施归纳于 a 中函数词出现的总数目 n.

基始：$n=0$，即 a 是个体词. 这时引理显然成立.

归纳：设 $n=k+1$ 即 a 中有函数词的 $k+1$ 个出现．令 c 是 a 中恰包含函数词的一个出现的项，并令 $a=a(c)$，则[1]就是 $\vdash(\mathrm{E}!a(c))'$，它的无嵌套范式证明如下（(1)—(7)），证明中的 $a(\mathrm{a})$ 和 $a(\mathrm{x})$ 分别是由 $a(c)$ 把其中的 c 替换为 a 和 x 而得（注意，在 $a(\mathrm{a})$ 中有函数词的 k 个出现）：

(1)	$c\equiv\mathrm{a}$	取 a 不在 $a(c)$ 中出现
(2)	$(\mathrm{E}!a(\mathrm{a}))'$	归纳假设
(3)	$c\equiv\mathrm{a}\wedge(\mathrm{E}!a(\mathrm{a}))'$	(1)(2)($\wedge_+$)
(4)	$\exists\mathrm{x}[c\equiv\mathrm{x}\wedge\mathfrak{S}^{\mathrm{a}}_{\mathrm{x}}(\mathrm{E}!a(\mathrm{a}))'\mid]$	(3)($\exists_+$)
(5)	$\exists\mathrm{x}[c\equiv\mathrm{x}\wedge(\mathrm{E}!a(\mathrm{x}))']$ 即 $(\mathrm{E}!a(c))'$	(4)引理 27.3[8]；等值公式可替换性定理
(6)	$\mathrm{E}!c$ 即 $\exists\mathrm{x}[c\equiv\mathrm{x}]$	(E)
(7)	$(\mathrm{E}!a(c))'$	(5)($\exists_-$)

由上面的基始和归纳，就证明了引理 27.5．‖

引理 27.6 在 $\mathbf{F}^{*!}$ 中，推理规则 $(\mathrm{E}^!_a)$ 的无嵌套范式推理关系

[1] $\mathrm{F}(a_1,\cdots,a_n)'\vdash(\mathrm{E}!a)'$，$a$ 是任一 $a_i(i=1,\cdots,n)$ 的子项

有无嵌套范式证明．

证 施归纳于 a 中函数词出现的总数目 m．

基始：$m=0$，即 a 是个体词．这时引理显然成立．

归纳：设 $m=k+1$ 即 a 中有函数词的 $k+1$ 个出现．令 c 是 a 中恰包含函数词的一个出现的项，并令 $a=a(c)$．又令 $a_i=a_i(a)$，于是 $a_i=a_i(a(c))$．[1]就是

$$\mathrm{F}(a_1,\cdots,a_{i-1},a_i(a(c)),a_{i+1},\cdots,a_n)'\vdash(\mathrm{E}!a(c))'$$

或简写为 $\mathrm{F}(a_i(a(c)))'\vdash(\mathrm{E}!a(c))'$

它的无嵌套范式证明如下（(1)—(9)），证明中的 $a(\mathrm{x})$ 和 $a(\mathrm{a})$ 分别是由 $a(c)$ 把其中的 c 替换为 x 和 a 而得，而在 $a(\mathrm{a})$ 中有函数词的 k 个出现：

(1)	$c\equiv a\wedge \mathfrak{S}_{a}^{x}F(a_i(a(x)))'$|	取 a 不在 $a_i(a(c))$ 中出现
(2)	$c\equiv a$	(1)($\wedge_-$)
(3)	$F(a_i(a(a)))'$	(1)($\wedge_-$)引理 27.3[8]
(4)	$(E!a(a))'$	(3)归纳假设
(5)	$c\equiv a\wedge(E!a(a))'$	(2)(4)($\wedge_+$)
(6)	$\exists x[c\equiv x\wedge \mathfrak{S}_{x}^{a}(E!a(a))'$|]	(5)($\exists_+$)
(7)	$\exists x[c\equiv x\wedge(E!a(x))']$ 即 $(E!a(c))'$	(6)引理 27.3[8];等值公式可替换性定理
(8)	$F(a_i(a(c)))'$ 即 $\exists x[c\equiv x\wedge F(a_i(a(x)))']$	
(9)	$(E!a(c))'$	(7)($\exists_-$)

由基始和归纳,就证明了引理 27.6. ||

定理 27.7 在 $\mathbf{F}^*$ 和 $\mathbf{F}^{*\prime}$ 中,凡无嵌套范式推理关系都有无嵌套范式证明.

证 我们只要证

(1) 如果 $\Gamma\vdash A$, 则它的无嵌套范式推理关系 $\Gamma'\vdash A'$ 有无嵌套范式证明.

因为由(1),当 $\Gamma\vdash A$ 是无嵌套范式推理关系时,$\Gamma'\vdash A'$ 有无嵌套范式证明,而 $\Gamma'\vdash A'$ 就是 $\Gamma\vdash A$ 自己. (1)的证明用归纳法,施归纳于 $\Gamma\vdash A$ 的结构.

根据定理 19.4 和 19.5,我们考虑 $\mathbf{F}^*$ 和 $\mathbf{F}^{*\prime}$ 各有十八条推理规则,其中下面的十七条:

($\in$), (τ), ($\neg$), ($\wedge_-$), ($\wedge_+$), ($\vee_-$), ($\vee_+$), ($\rightarrow_-$),

($\rightarrow_+$),($\leftrightarrow_-$),($\leftrightarrow_+$),($\forall_-^a$), ($\forall_+$), ($\exists_-$), ($\exists_+^a$), (I_-), (I_+^a)

是 $\mathbf{F}^*$ 和 $\mathbf{F}^{*\prime}$ 所共有的; 另外,$\mathbf{F}^*$ 还有一条(E),$\mathbf{F}^{*\prime}$ 还有一条($E_a^!$). 在所有这些推理规则中,对于 (I_-), (E) 和 ($E_a^!$), 根据引理 27.4.5.6,可以知道所要证明的(1)都是成立的. 对于其余的推理规则,根据引理 27.3,也容易知道(1)是成立的.例如对于($\rightarrow_-$),就是要证明

(2) $$(A\rightarrow B)', A'\vdash B'$$

有无嵌套范式证明．根据引理 27.3[4]和等值公式可替换性定理，(2)和

(3) $$A' \to B',\ A' \vdash B'$$

是等价的，故只要证明(3)有无嵌套范式证明，而(3)本身就构成使它成立的无嵌套范式证明．又如对于$(\forall_+)$，我们先假设

(4) $$\Gamma' \vdash A'(a),\ a \text{ 不在 } \Gamma \text{ 中出现}$$

已有无嵌套范式证明，要由之证明

(5) $$\Gamma' \vdash (\forall x A(x))'$$

也有无嵌套范式证明．根据引理 27.3[6]，我们只要证明

(6) $$\Gamma' \vdash \forall x A'(x)$$

有无嵌套范式证明，而根据引理 27.3[8]，又只要证明

(7) $$\Gamma' \vdash \forall x \mathfrak{S}_x^a A'(a)|$$

有无嵌套范式证明就够了，因为(5)，(6)和(7)都是等价的．(7)可以由(4)经使用$(\forall_+)$而得，故(7)有无嵌套范式证明．关于其他的推理规则如 $(\in)$，(τ)，$(\neg)$ 和 $(\to_+)$ 等，情况是类似的．这样就证明了(1)．‖

根据定理 27.7 及其一系列引理的证明，我们要指出这样一个事实，即引理 27.7 中所说的无嵌套范式证明所用到的 $\mathbf{F}^*$ 和 $\mathbf{F}^{*'}$ 的推理规则，就是上面的证明中提到的定理 19.4 和 19.5 中所陈述的 $(\in)$，(τ)，$(\neg)$，$(\wedge_-)$，$(\wedge_+)$，$(\vee_-)$，$(\vee_+)$，$(\to_-)$，$(\to_+)$，$(\leftrightarrow_-)$，$(\leftrightarrow_+)$，$(\forall_-^a)$，$(\forall_+)$，$(\exists_-)$，$(\exists_+^a)$，(I_-)，(I_+^a)，(E) 和 $(E_a^!)$ 共十九条．定理 27.7 和这个事实将在下节中用到．

习　　题

27.1 证引理 27.3[6]，[8]．

27.2 写出以下公式的无嵌套范式：

[1] $F(f(g(f(a), f(x))))$

[2] $\exists x[F(f(g(a), h(a, x))) \to G(f(a, x), g(x))]$

[3] $\exists x F(f(a, x), f(g(a), a), x) \to G(f(a, y), g(y))$

§28 逻辑演算的归约

我们在第一章中构造的逻辑演算，都各有自己的特点.用逻辑演算中的形式推理表达演绎推理，仅有命题逻辑是不够的，必须要有谓词逻辑.我们已经构造起来的谓词逻辑也都各有自己的特点.

我们最早构造的也是最简单的谓词逻辑是 $\mathbf{F}$. $\mathbf{F}$ 中的符号，特别是逻辑符号，可以说是最少的，因此 $\mathbf{F}$ 的形成规则和推理规则也是最少的. $\mathbf{F}$ 是其他谓词逻辑(除少数几个例外，如 $\mathbf{F}^{\exists}$ 和$\mathbf{F}^{\forall\exists}$等)的子系统. 我们最后构造的也是比较起来最复杂的谓词逻辑是 $\mathbf{F}^{*}$ 和 $\mathbf{F}^{*!}$. 它们的符号最多，形成规则和推理规则也最多. 它们与 $\mathbf{F}$ 正相反，所有其他的谓词逻辑都是 $\mathbf{F}^{*}$ 或 $\mathbf{F}^{*!}$ 的子系统. 此外，我们还构造了一些中间的系统，如 $\mathbf{F}^{*}$, $\mathbf{F}^{I}$, $\mathbf{F}^{I*}$ 和 $\mathbf{F}^{fI}$ 等，它们比 $\mathbf{F}$ 包含更多的内容，比 $\mathbf{F}^{*}$ 和 $\mathbf{F}^{*!}$ 则包含得少一些.

在一定的意义上我们可以说 $\mathbf{F}$ 包含了 $\mathbf{P}$，至少可以说 $\mathbf{F}^{p}$ 包含了 $\mathbf{P}$. $\mathbf{P}$ 是 $\mathbf{F}^{p}$ 的子系统. 可是，$\mathbf{P}$ 是 $\mathbf{F}^{p}$ 的子系统，和 $\mathbf{F}$ 是其他谓词逻辑的子系统，两者的涵义是不同的. $\mathbf{F}^{p}$ 中的那些不在 $\mathbf{P}$ 中的符号和推理关系，是无法归约到 $\mathbf{P}$ 中的符号和推理关系的. 在谓词逻辑中，$\mathbf{F}$ 虽然是其他系统的子系统，可是其他的系统，包括 $\mathbf{F}^{*}$ 和 $\mathbf{F}^{*!}$，却都可以归约到 $\mathbf{F}$. 例如对于 $\mathbf{F}^{*}$，这就是说，存在着一种算法，对于 $\mathbf{F}^{*}$ 中的任意给定的 Γ 和 A，可以找到 $\mathbf{F}$ 中的相应的 Γ° 和 A°，使得

$$\mathbf{F}^{*}:\ \Gamma\vdash A \Longleftrightarrow \mathbf{F}:\ \Gamma^{\circ}\vdash A^{\circ}$$

这也就是说，$\mathbf{F}^{*}$ 中的 Γ 和 A，可以看作是 $\mathbf{F}$ 中的一般是更为复杂得多的 Γ° 和 A° 的另一种表示. 这就是 $\mathbf{F}^{*}$ 可以归约到 $\mathbf{F}$. 在这一节中我们将阐明，所有比较复杂的谓词逻辑都可以归约到更为简单的系统，最后归约到 $\mathbf{F}$.

既然 $\mathbf{F}$ 是其他谓词逻辑的子系统，其他的谓词逻辑又都可以归约到它，所以，我们所构造的各个谓词逻辑都可以看作是同一个系统的不同构造形式，它们又都可以在 $\mathbf{F}$ 中得到反映. 这是一方

面.

另一方面,各个谓词逻辑又各有其特点,因而各有其用处. 拿上面所讲的比较简单和比较复杂这样的特点来说, 那种比较简单的系统. 像 **F**, 具有这样的优点: 当证明整个系统有某种特征时, 证明往往比较简单. 这是因为像 **F** 这种系统,它的符号,形成规则和推理规则都比较少, 在证明中要考虑的不同情况也就随之而比较少. 可是同时, **F** 就有表达工具比较少的缺点. 用 **F** 来表达演绎推理,陈述具体的演绎理论, 就比较不方便. 用 **F** 来表达数学命题及其证明会比较冗长. 正因为如此, 当要用谓词逻辑陈述演绎理论时,用比较复杂而表达工具较多的系统, 像 $\mathbf{F}^{*}$ 和 $\mathbf{F}^{*I}$, 就比较方便. 我们在第五章中, 将用 $\mathbf{F}^{*}$ 和 $\mathbf{F}^{*I}$ 来陈述具体的演绎理论.

从理论上讲,**F** 已经是足够的了,因为所有其他的谓词逻辑都可以归约到它,都可以在 **F** 中得到反映. 而且如上面所说,**F** 处理起来又比较简单. 本节中就是要建立这种关系, 把我们已经构造的谓词逻辑都归约到 **F**.

本节中要讲的归约,主要是以下两点: 第一是把 $\mathbf{F}^{*}$ 和 $\mathbf{F}^{*I}$ 归约到 $\mathbf{F}^{I*}$,这就是函数词的消除;第二是把 $\mathbf{F}^{I}$ 归约到 **F**,这就是等词的消除. 在 §21 中讲过的逻辑词 $\wedge$, $\vee$, $\leftrightarrow$, $\exists$ 的可定义性就是把 $\mathbf{F}^{*}$ 归约到 **F**;由此就可以把 $\mathbf{F}^{I*}$ 归约到 $\mathbf{F}^{I}$. 有了以上三点, $\mathbf{F}^{*}$ 和 $\mathbf{F}^{*I}$ 就可以归约到 **F**. 至于其他的谓词逻辑, 都是 $\mathbf{F}^{*}$ 或 $\mathbf{F}^{*I}$ 的子系统,也就随之而可以归约到 **F**.

下面先来研究 $\mathbf{F}^{*}$ 和 $\mathbf{F}^{*I}$ 归约到 $\mathbf{F}^{I*}$, 即函数词的消除问题.

引理 28.1 设 Γ 是无嵌套范式序列, A 是无嵌套范式; $f_1^{n_1}, \cdots, f_k^{n_k}$ 是所有在 Γ, A 中出现的不同的函数词; $F_1^{n_1+1}, \cdots, F_k^{n_k+1}$ 是不同的不在 Γ, A 中出现的谓词. 又设由 Γ 把其中所有有

$f_i(a_1, \cdots, a_{n_i}) \equiv b$ ($i = 1, \cdots, k$; b 是个体词或约束变元)

形式的子公式都替换为

$$\forall x[F_i(a_1, \cdots, a_{n_i}, x) \leftrightarrow x \equiv b]$$

而得到合式公式的序列 Γ°;由 A 经上述替换得到合式公式 A°. 那么

$$[1] \quad \mathbf{F}^{*\prime}: \Gamma \vdash A \Longleftrightarrow \mathbf{F}^{I*}: \Gamma^\circ \vdash A^\circ$$

证 先证[1]中的 $\Longleftarrow$ 部分. 假设由 Γ 和 A 把其中所有有

(1) $f_i(a_1, \cdots, a_{n_i}) \equiv b$ ($i=1, \cdots, k$; b 是个体词或约束变元)

形式的子公式都替换为

(2) $$\forall x[f_i(a_1, \cdots, a_{n_i}) \equiv x \leftrightarrow x \equiv b]$$

而分别得到 $\Gamma^\#$ 和 $A^\#$. 由于(1)和(2)是等值公式,故由等值公式的可替换性定理,可得

(3) $$\mathbf{F}^{*\prime}: \Gamma \vdash A \Longleftrightarrow \Gamma^\# \vdash A^\#$$

由于在 Γ° 和 A° 中把 $F_i(a_1, \cdots, a_{n_i}, x)$ ($i=1, \cdots, k$) 都替换为 $f_i(a_1, \cdots, a_{n_i}) \equiv x$ 就分别得到 $\Gamma^\#$ 和 $A^\#$, 又由于 $f_i(a_1, \cdots, a_{n_i}) \equiv x$ 是原子公式, 因而是满足 $\mathbf{F}^{*\prime}$ 的谓词代入定理中所增加的条件的,故有

(4) $$\mathbf{F}^{*\prime}: \Gamma^\circ \vdash A^\circ \Longrightarrow \Gamma^\# \vdash A^\#$$

此外,显然可得

(5) $$\mathbf{F}^{I*}: \Gamma^\circ \vdash A^\circ \Longrightarrow \mathbf{F}^{*\prime}: \Gamma^\circ \vdash A^\circ$$

于是,由(5),(4)和(3),就证明了[1]中的 $\Longleftarrow$ 部分.

其次证[1]中的 $\Longrightarrow$ 部分, 证明用归纳法, 施归纳于无嵌套范式推理关系

(6) $$\mathbf{F}^{*\prime}: \Gamma \vdash A$$

的结构. 由定理 27.7,(6)有无嵌套范式形式证明;并且,根据上节结束时所指出的,(6)的无嵌套范式证明中所用的 $\mathbf{F}^{*\prime}$ 的推理规则就是定理 19.5 中陈述的 ($\in$), (τ), ($\neg$), ($\wedge_-$), ($\wedge_+$), ($\vee_-$), ($\vee_+$), ($\rightarrow_-$), ($\rightarrow_+$), ($\leftrightarrow_-$), ($\leftrightarrow_+$), ($\forall^a_-$), ($\forall_+$), ($\exists_-$), ($\exists^a_+$), (I_-), (I^a_+) 和 (E^1_a) 共十八条. 因此, 下面就针对这些推理规则来证明[1]中的 $\Longrightarrow$ 部分.

令 $A^\circ(x) = (A(x))^\circ$. 类似于引理 27.3, 可以证明在 $\mathbf{F}^{I*}$ 中有以下的推理关系:

$$
(7)\quad \begin{cases}
\vdash \forall[(\neg A)^\circ \leftrightarrow \neg A^\circ] \\
\vdash \forall[(A \wedge B)^\circ \leftrightarrow A^\circ \wedge B^\circ] \\
\vdash \forall[(A \vee B)^\circ \leftrightarrow A^\circ \vee B^\circ] \\
\vdash \forall[(A \rightarrow B)^\circ \leftrightarrow A^\circ \rightarrow B^\circ] \\
\vdash \forall[(A \leftrightarrow B)^\circ \leftrightarrow (A^\circ \leftrightarrow B^\circ)] \\
\vdash \forall[(\forall x A(x))^\circ \leftrightarrow \forall x A^\circ(x)] \\
\vdash \forall[(\exists x A(x))^\circ \leftrightarrow \exists x A^\circ(x)] \\
\vdash \forall[\mathfrak{S}^a_b A|^\circ \leftrightarrow \mathfrak{S}^a_b A^\circ|]\text{，其中的 } a \text{ 和 } b \text{ 是个体词或约束变元}
\end{cases}
$$

对于上述十八条推理规则中除（$I_{=}$）和（$E^{!}_{a}$）外的十六条规则来说，根据(7)，所要证明的显然都是成立的．下面我们针对（$I_{=}$）和（$E^{!}_{a}$）来证明[1]中的$\Longrightarrow$部分.

关于（$I_{=}$），所要证明的是：假设

$$
(8)\qquad F^{*1}:\ A(a),\ a \equiv b \vdash A(b)
$$

是无嵌套范式推理关系，则可得

$$
(9)\qquad F^{1*}:\ A^\circ(a),\ (a \equiv b)^\circ \vdash A^\circ(b)
$$

由于(8)是无嵌套范式推理关系，故 b 是个体词，a 是个体词或者是f(a)（f 就是 $f_1, \cdots, f_k$ 中的一个，为了在下面的证明中写起来简单，故写作 f，并假设 f 是一元函数词；在下面还把相应的谓词写作 F，并假设F是二元谓词）．如果 a 是个体词，则(9)显然成立．如果 $a = f(a)$，则 $(a \equiv b)^\circ$ 是

$$
(10)\qquad \forall x[F(a, x) \leftrightarrow x \equiv b]
$$

由于(8)是无嵌套范式推理关系，故在 $A(a)$ 中，a 只能在包含等词的原子公式中出现，并且出现在$\equiv$的左方．这就是说，$A(a)$ 必有

$$
\cdots a \equiv b_1 \cdots a \equiv b_2 \cdots \quad \cdots a \equiv b_n \cdots
$$

的形式，其中的 $b_1, \cdots, b_n$ 是个体词或约束变元，否则，(8) 中的 $A(a)$ 就不是无嵌套范式．还是为了写起来简单，我们可以假设 a 在 $A(a)$ 中只出现一次，因此可得

$$
\begin{aligned}
(11)\qquad A^\circ(a) &= (\cdots a \equiv b_1 \cdots)^\circ \\
&= (\cdots f(a) \equiv b_1 \cdots)^\circ
\end{aligned}
$$

$$= (\cdots\forall x[F(a, x)\longleftrightarrow x\equiv b_1]\cdots)^\circ$$

(12) $$A^\circ(b) = (\cdots b\equiv b_1\cdots)^\circ$$

于是,(9)可以证明如下((14)—(20)):

(13) $A^\circ(a)$

(14) $(a\equiv b)^\circ$

(15) $(\cdots\forall x[F(a, x)\longleftrightarrow x\equiv b_1]\cdots)^\circ$ (13)(11)

(16) $\forall x[F(a,x)\longleftrightarrow x\equiv b]$ (14)(10)

(17) $\forall x[F(a,x)\longleftrightarrow x\equiv b_1]\longleftrightarrow b\equiv b_1$ 由(16)可证

(18) $(\cdots b\equiv b_1\cdots)^\circ$ (15)(17)等值公式可替换性定理

(19) $A^\circ(b)$ (18)(12)

关于 ($E!_a$),所要证明的是:假设

(20) $F^{*!}: G(b_1, \cdots, b_n)\vdash E!b$, b 是任一 $b_i(i = 1, \cdots, n)$ 的子项

是无嵌套范式推理关系,则可以得到

(21) $$F^{I*}: G(b_1, \cdots, b_n)^\circ\vdash(E!b)^\circ$$

由于(20)是无嵌套范式推理关系,故其中的 $G(b_1, \cdots, b_n)$ 只能有 $G(a_1, \cdots, a_n)$ 和 $f(a_1)\equiv a_2$ 两种形式之一,其中的 f 就是 $f_1, \cdots, f_k$ 中的一个. 我们仍是为了写起来简单的目的而写作 f,并作了上面说过的有关假定.

如果 $G(b_1, \cdots, b_n)$ 有 $G(a_1, \cdots, a_n)$ 的形式,则(21)显然成立. 如果 $G(b_1, \cdots, b_n)$ 有 $f(a_1)\equiv a_2$ 的形式,则作为其中子项的 b 可以是 $f(a_1)$,或是 a_1,或是 a_2. 于是(21)有下面三种情形:

$F^{I*}: \forall x[F(a_1, x)\longleftrightarrow x\equiv a_2]\vdash\exists y\forall x[F(a_1, x)\longleftrightarrow x\equiv y]$

$F^{I*}: \forall x[F(a_1, x)\longleftrightarrow x\equiv a_2]\vdash\exists y[a_1\equiv y]$

$F^{I*}: \forall x[F(a_1, x)\longleftrightarrow x\equiv a_2]\vdash\exists y[a_2\equiv y]$

它们显然都是成立的. 这样就证明了[1]中的$\Longrightarrow$部分. ||

引理 28.2 在引理 28.1 中的同样的前提下,再令 $B_i = \forall\exists!y F_i(x_1, \cdots, x_{n_i}, y)$ $(i = 1, \cdots, k)$,则

[1] $F^*: \Gamma\vdash A \Longleftrightarrow F^{I*}: \Gamma^\circ, B_1, \cdots, B_k\vdash A^\circ$

证 先证[1]中的$\Longleftarrow$部分. 像在引理 28.1 的证明中一样,我们构造$\Gamma^{\#}$和$A^{\#}$. 又设在$B_i(i=1, \cdots, k)$中以$f_i(a_1, \cdots, a_{n_i})\equiv x$代入$F_i(a_1, \cdots, a_{n_i}, x)$而得到$B_i^{\#}$. 我们当然可以得到

(1) $\mathbf{F}^{I*}: \Gamma^{\circ}, B_1, \cdots, B_k \vdash A^{\circ} \Longrightarrow \mathbf{F}^{*}: \Gamma^{\circ}, B_1, \cdots, B_k \vdash A^{\circ}$

又由谓词代入定理,可得

(2) $\mathbf{F}^{*}: \Gamma^{\circ}, B_1, \cdots, B_k \vdash A^{\circ} \Longrightarrow \Gamma^{\#}, B_1^{\#}, \cdots, B_k^{\#} \vdash A^{\#}$

由定理 17.4[8] 可以得到

(3) $$\mathbf{F}^{*}: \vdash B_i^{\#} \ (i=1, \cdots, k)$$

由(2)和(3)可得

(4) $$\mathbf{F}^{*}: \Gamma^{\circ}, B_1, \cdots, B_k \vdash A^{\circ} \Longrightarrow \Gamma^{\#} \vdash A^{\#}$$

像引理 28.1 的证明中一样,有

(5) $$\mathbf{F}^{*}: \Gamma \vdash A \Longleftrightarrow \Gamma^{\#} \vdash A^{\#}$$

由(1),(4)和(5)就证明了[1]中的$\Longleftarrow$部分.

其次证[1]中的$\Longrightarrow$部分. 证明用归纳法,施归纳于无嵌套范式推理关系$\Gamma \vdash A$的结构. 由定理 27.7, $\Gamma \vdash A$有无嵌套范式形式证明. 根据上节结束时所指出的,这个无嵌套范式证明中所用的$\mathbf{F}^{*}$的推理规则就是定理 19.4 中陈述的 ($\in$), (τ), ($\neg$), ($\wedge_-$), ($\wedge_+$), ($\vee_-$), ($\vee_+$), ($\rightarrow_-$), ($\rightarrow_+$), ($\leftrightarrow_-$), ($\leftrightarrow_+$), ($\forall_-^a$), ($\forall_+$), ($\exists_-$), ($\exists_+^a$), (I_-), (I_+^a) 和 (E) 共十八条. 关于前十七条规则,这里要作的证明与引理 28.1 的证明是相同的. 关于(E),所要证明的是: 假设

(6) $$\mathbf{F}^{*}: \vdash \text{E}!a$$

是无嵌套范式推理关系,则可以得到

(7) $$\mathbf{F}^{I*}: B_1, \cdots, B_k \vdash (\text{E}!a)^{\circ}$$

由于(6)是无嵌套范式推理关系,故其中的a是个体词或者是f(a)(关于 f 和下面的 F 的情况,见引理 28.1 的证明中的说明). 如果a是个体词,则(7)显然成立. 如果a是 f(a),则(7)是

(8) $$\mathbf{F}^{I*}: \forall x \exists! y F(x, y) \vdash \exists y \forall x [F(a, x) \leftrightarrow x \equiv y]$$

由($\forall_-$)和定理 17.5 [2],可得到(8),这样就证明了[1]中的$\Longrightarrow$部分. ||

定理 28.3 （**函数词消除定理**） 设Γ和A是 $\mathrm{F}^{*\prime}$ 或F^*中的合式公式有穷序列和合式公式；$f_1^{n_1}, \cdots, f_k^{n_k}$ 是所有在 Γ, A 中出现的不同的函数词；$F_1^{n_1+1}, \cdots, F_k^{n_k+1}$ 是不同的不在 Γ, A 中出现的谓词．又设 Γ' 是Γ的无嵌套范式序列，A'是A的无嵌套范式；由 Γ' 和 A' 经过引理 28.1 中所说的替换得到不包含函数词的 Γ° 和 A°；$B_1, \cdots, B_k$ 即如引理 28.2 中所规定．那么

[1] $\mathrm{F}^{*\prime}$：$\Gamma \vdash A \Leftrightarrow \mathrm{F}^{I*}$：$\Gamma^\circ \vdash A^\circ$

[2] F^*：$\Gamma \vdash A \Leftrightarrow \mathrm{F}^{I*}$：$\Gamma^\circ, B_1, \cdots, B_k \vdash A^\circ$

证 我们有 $\Gamma \vdash A \Leftrightarrow \Gamma' \vdash A'$．由它和引理 28.1 就得到[1]；由它和引理 28.2 就得到[2]．‖

上面所说的替除函数词的方法，是先把合式公式A中的各个原子公式B变换为无嵌套范式B'，从而把A变换为无嵌套范式A'，然后由各个 B' 把其中所有有

$$f(a_1, \cdots, a_n) \equiv b$$

形式的子公式替换为

$$\forall x[F(a_1, \cdots, a_n, x) \leftrightarrow x \equiv b]$$

而得到 B°，从而由 A' 得到 A°，使得A° 中不再有函数词，并且 $\Gamma \vdash A$ 与 $\Gamma^\circ \vdash A^\circ$ 之间有定理 28.3 中所说的关系．

我们可以通过使用摹状词而得到同样的替除函数词的结果．

设 $H(a_1, \cdots, a_m)$ 是一个原子公式；$f_1^{n_1}, \cdots, f_k^{n_k}$ 是所有在 $H(a_1, \cdots, a_m)$ 中出现的不同的函数词；$F_1^{n_1+1}, \cdots, F_k^{n_k+1}$ 是不同的不在 $H(a_1, \cdots, a_m)$ 中出现的谓词（当涉及推理关系 $\Gamma \vdash A$ 时，应当要求这些谓词都不在Γ和A中出现）．任取 $H(a_1, \cdots, a_m)$ 中的项形式 $a_i (i=1, \cdots, m)$．为了写起来方便，令 $a_i = c$．c 是通过序列

1) $$c_1, \cdots, c_n$$

生成的，1) 中每个 $c_j (j=1, \cdots, n)$ 或者是个体词或约束变元，或者有 $f_s (s=1, \cdots, k)$ 和 1) 中的 $c_{j1}, \cdots, c_{jn_s} (j1, \cdots, jn_s < j)$，使得 $c_j = f_s(c_{j1}, \cdots, c_{jn_s})$，而 $c_n = c$．在 1) 中依次把每个 c_j 替换为下面定义出的 c_j^*：

$$c_j^* = \begin{cases} c_j & \text{如果 } c_j \text{ 是个体词或约束变元} \\ \imath x F_s(c_{j1}^*, \cdots, c_{jn_s}^*, x) & \text{如果 } c_j = f_s(c_{j1}, \cdots, c_{jn_s}) \end{cases}$$

这样就得到不包含函数词的 c^*. 令 $H(a_1, \cdots, a_m)^* = H(a_1^*, \cdots, a_m^*)$, 则 $H(a_1, \cdots, a_m)^*$ 中也没有函数词.

在上面所说的过程中,每替除掉函数词的一个出现,要用到一个摹状词. 我们规定, 在上述替换过程中引进来的摹状词都是互不相同的, 带有不同的摹状符号和不同的标志符, 这些由替除 $H(a_1, \cdots, a_m)$ 中的函数词而引进的摹状词的标志符都写在紧接在 $H(a_1, \cdots, a_m)^*$ 的左方, 并且按照这样的次序排列: 如果在 $H(a_1, \cdots, a_m)^*$ 中各个不同的摹状符号按从右到左的次序是 $\imath_1, \cdots, \imath_r$, 那么在 $H(a_1, \cdots, a_m)^*$ 左方的标志符按从左到右的次序是 $(\imath_1), \cdots, (\imath_r)$.

可以看出,如果根据摹状词的定义 18.1 替除 $H(a_1, \cdots, a_m)^*$ 中的摹状词,那么所得到的公式恰好就是 $H(a_1, \cdots, a_m)^\circ$.

把上面所描述的方法应用到 A 中的每一个原子公式, 就可以先由 A 得到 A^*, A^* 中不再有函数词,可是有摹状词,再由 A^* 得到 A°.

例 1 我们考虑原子公式 $H(f(g(f(a), b)))$,其中的 f 是一元函数词, g 是二元函数词.

先用通过无嵌套范式的方法. 令 $A = H(f(g(f(a), b)))$. A 的无嵌套范式

$$\begin{aligned} A' &= \exists x_1[f(a) \equiv x_1 \wedge H(f(g(x_1, b)))'] \\ &= \exists x_1[f(a) \equiv x_1 \wedge \exists x_2[g(x_1, b) \equiv x_2 \wedge H(f(x_2))']] \\ &= \exists x_1[f(a) \equiv x_1 \wedge \exists x_2[g(x_1, b) \equiv x_2 \wedge \exists x_3[f(x_2) \equiv x_3 \\ &\qquad \wedge H(x_3)]]] \end{aligned}$$

在 A' 中把有 $f(a) \equiv b$ 和 $g(a_1, a_2) \equiv b$ 形式的子公式分别替换为

$$\forall x[F(a, x) \leftrightarrow x \equiv b] \text{和} \forall x[G(a_1, a_2, x) \leftrightarrow x \equiv b]$$

就由 A' 得到

$$A^\circ = \exists x_1[\forall x[F(a, x) \leftrightarrow x \equiv x_1] \wedge$$

$$\exists x_2[\forall x[G(x_1, b, x)\longleftrightarrow x\equiv x_2]\wedge$$
$$\exists x_3[\forall x[F(x_2, x)\longleftrightarrow x\equiv x_3]\wedge H(x_3)]]]$$

再用通过摹状词的方法．在A中把有 $f(a)$ 和 $g(a, b)$ 形式的子公式按照前面所说的次序分别替换为

$$\imath xF(a, x) \text{ 和 } \imath xG(a, b, x)$$

就得到

$$A^* = (\imath_1)(\imath_2)(\imath_3)H(\imath_3 xF(\imath_2 xG(\imath_1 xF(a, x), b, x), x))$$

按定义 18.1 在 A^* 中替除摹状词，就得到 $A°$.

因此，函数词消除定理也可以表述为定理 28.4.

定理 28.4 （函数词消除定理） 设Γ和A是 $\mathbf{F}^{*\mathrm{I}}$ 或 $\mathbf{F}^*$ 中的合式公式有穷序列和合式公式；$f_1^{n_1}, \cdots, f_k^{n_k}$ 是所有在Γ, A中出现的不同的函数词；$F_1^{n_1+1}, \cdots, F_k^{n_k+1}$ 是不同的不在Γ, A中出现的谓词．在Γ和A中按照本节中所描述的方法把所有有

$$f_i(a_1, \cdots, a_{n_i}) \ (i = 1, \cdots, k)$$

形式的子公式替换为

$$\imath xF_i(a_1, \cdots, a_{n_i}, x) \ (i = 1, \cdots, k)$$

而得到 Γ*[1] 和 A^*;

又设 $B_1, \cdots, B_k$ 即如定理 28.3 中所规定．

那么

[1] $\mathbf{F}^{*\mathrm{I}}: \Gamma\vdash A \Longleftrightarrow \mathbf{F}^{\mathrm{I}*}: \Gamma^*\underset{D(\imath)}{\vdash} A^*$

[2] $\mathbf{F}^*: \Gamma\vdash A \Longleftrightarrow \mathbf{F}^{\mathrm{I}*}: \Gamma^*, B_1, \cdots, B_k\underset{D(\imath)}{\vdash} A^*$ ‖

定理 28.4 [1] 和 [2] 分别就是定理 28.3[1]和 [2].

根据函数词消除定理，$\mathbf{F}^{*\mathrm{I}}$ 和 $\mathbf{F}^*$ 就可以归约到 $\mathbf{F}^{\mathrm{I}*}$.

比较 $\mathbf{F}^{*\mathrm{I}}$ 和 $\mathbf{F}^*$ 的函数词消除定理，也有助于我们理解这两个系统之间的区别，即 $\mathbf{F}^{*\mathrm{I}}$ 中的函数词表示全函数或偏函数，而 $\mathbf{F}^*$ 中的函数词则一律表示全函数．

现在我们来处理由 $\mathbf{F}^{\mathrm{I}}$ 到 $\mathbf{F}$ 的归约问题，就是建立下面的定

---

1) $\Gamma^* = \begin{cases} \varnothing & \text{如果 } \Gamma = \varnothing \\ A_1^*, \cdots, A_n^* & \text{如果 } \Gamma = A_1, \cdots, A_n \end{cases}$

理 28.5.

设A是 F^I 中任意的合式公式，$I, F_1^{n_1}, \cdots, F_k^{n_k}$ 是所有在A中出现的不同的谓词. 令

$$B_1 = \forall x I(x, x)$$

$$B_2 = \forall xy[I(x, y) \to I(y, x)]$$

$$B_3 = \forall xyz[I(x, y) \to \cdot I(y, z) \to I(x, z)]$$

$$C_{ij} = \forall[I(x, y) \to \cdot F_i(x_1, \cdots, x_{j-1}, x, x_{j+1}, \cdots, x_{n_i}) \to F_i(x_1, \cdots, x_{j-1}, y, x_{j+1}, \cdots, x_{n_i})]$$

$$(i = 1, \cdots, k;\ j = 1, \cdots, n_i)$$

$$\Delta_A = B_1, B_2, B_3, C_{11}, \cdots, C_{1n_1}, \cdots, \cdots, C_{k1}, \cdots, C_{kn_k}$$

其中的序列 Δ_A 是由A确定的，故写作"Δ_A". 当不至于引起误会时，Δ_A 可以就写作"Δ".

定理 28.5 [1] F^I: $\vdash A \Leftrightarrow F$: $\Delta \vdash A$

[2] F^I: $\Gamma \vdash A \Leftrightarrow F$: $\Gamma, \Delta \vdash A$

证 我们只要证[1]；由[1]很容易得到[2]，但要注意[2]中的Δ不是仅由A确定的，而是由Γ和A确定的.

下面先证[1]的 ⟸ 部分. 由

(1) F: $\Delta \vdash A$

显然可得

(2) F^I: $\Delta \vdash A$

由于Δ中的合式公式都是 F^I 中的重言式，所以由(2)可以得到

(3) F^I: $\vdash A$

这样就证明了[1]中的 ⟸ 部分.

其次证[1]中的 ⟹ 部分. 证明用归纳法，施归纳于 F^I 中形式推理关系的结构. 实际上，我们只要证明[1]中的 ⟹ 部分对于 F^I 中的 (I_-) 和 (I_+) 两条推理规则：

(I_-) $A(a), a = b \vdash A(b)$

(I_+) $\vdash a = a$

是成立的，因为 F^I 中的其他推理规则都是 F 中原来有的.

对于 (I_+)，由于其中的谓词只有等词，故 $\Delta = B_1, B_2, B_3$. 这

样，所要证明的就是

$$\mathbf{F}: B_1, B_2, B_3 \vdash a = a$$

这是显然成立的.

对于 ($I_=$)，证明又要施归纳于 A(a) 的结构.

基始：A(a) 是原子公式. 假设它是以 n 元谓词 F 开始的，则

$$C_j = \forall[x = y \to F(x_1, \cdots, x_{j-1}, x, x_{j+1}, \cdots, x_n) \to F(x_1, \cdots, x_{j-1}, y, x_{j+1}, \cdots, x_n)]$$

$$(j = 1, \cdots, n)$$

$$\Delta = B_1, B_2, B_3, C_1, \cdots, C_n$$

于是，所要证明的是

$$\mathbf{F}: A(a), a = b, \Delta \vdash A(b)$$

这是显然成立的.

归纳：A(a) 是 $\neg B(a)$，或者是 $B(a) \to C(a)$ 或 $B \to C(a)$ 或 $B(a) \to C$，或者是 $\forall z B(a, z)$.

如果 $A(a) = \neg B(a)$，则根据归纳假设，有

(4) $\mathbf{F}: B(a), a = b, \Delta \vdash B(b)$

成立. 由(4)和Δ中的 B_2，有

(5) $\mathbf{F}: B(b), a = b, \Delta \vdash B(a)$

由(5)可得

$$\mathbf{F}: \neg B(a), a = b, \Delta \vdash \neg B(b)$$

这就是所要证的.

如果 $A(a) = B(a) \to C(a)$，那么根据归纳假设，我们有(4)和

(6) $\mathbf{F}: C(a), a = b, \Delta \vdash C(b)$

而要由之证明

$$\mathbf{F}: B(a) \to C(a), a = b, \Delta \vdash B(b) \to C(b)$$

它的证明如下((7)—(14))：

(7) $B(a) \to C(a)$

(8) $\quad a = b$

(9) $\qquad \Delta$

(10) $\qquad\quad B(b)$

(11) $B(a)$ (10)(8)(9)(5)

(12) $C(a)$ (7)(11)($\rightarrow_-$)

(13) $C(b)$ (12)(8)(9)(6)

(14) $B(b) \rightarrow C(b)$ (13)($\rightarrow_+$)

如果 $A(a) = B \rightarrow C(a)$ 而 a 不在 B 中出现，或者 $A(a) = B(a) \rightarrow C$ 而 a 不在 C 中出现，则证明与上面的证明是类似的.

最后，如果 $A(a) = \forall z B(a, z)$，那么，根据归纳假设，已经有

(15) $\mathbf{F}$: $B(a, c), a \equiv b, \Delta \vdash B(b, c)$

成立，而要由之证明

$$\mathbf{F}: \forall z B(a, z), a \equiv b, \Delta \vdash \forall z B(b, z)$$

它的证明如下((16)—(21)):

(16) $\forall z B(a, z)$

(17) $a \equiv b$

(18) Δ

(19) $B(a, c)$ (16)($\forall_-$) 令 c 不在 (16)(17)(18) 中出现

(20) $B(b, c)$ (19)(17)(18)(15)

(21) $\forall z B(b, z)$ (20)($\forall_+$)

到此归纳部分证完.

由以上的基始和归纳，就证明了对于(I_-)来说，[1] 中的 $\Longrightarrow$ 部分是成立的. 因此就证明了[1]中的 $\Longrightarrow$ 部分. ‖

符号汇编(上册)

§ 01

$\odot$

ϕ

$\vdash$

t, f

$\neg$

$\wedge$

$\vee$

$\rightarrow$

$\leftrightarrow$

$\forall$x

$\exists$x

X, Y, Z

A, B, C

Γ, Δ

p, q, r

a, b, c

x, y, z

f, g, h

F, G, H

[,]

(,)

,

§ 03

$=_{df}$

$\Longrightarrow$

$\Longleftrightarrow$

$\in$, $\notin$

$\subset$, $\not\subset$

$\supset$, $\not\supset$

$\{a\}$

$\{a, b\}$

$\{a_1, \cdots, a_n\}$

$\{x | \cdots x \cdots\}$

$\cap$, $\cup$

—

(a, b)

$(a_1, \cdots, a_n)$

$A_1 \times \cdots \times A_n$

A^n

§ 10

P

§ 11

$(\in)$

(τ)

$(\neg)$

$(\rightarrow_-)$

$(\rightarrow_+)$

$(\neg_+)$

$(\neg\neg_-)$

$(\neg\neg_+)$

(tr)

$[\rightarrow_-]$

$\mathbf{P}_0$

$\mathbf{P}_H$

$\mathbf{P}_M$

§ 12

$\mathbf{P}^*$

$(\wedge_-)$

$(\wedge_+)$

$(\vee_-)$

$(\vee_+)$

$(\leftrightarrow_-)$

$(\leftrightarrow_+)$

$\vdash\dashv$

$[\wedge_-]$

$[\wedge_+]$

$[\vee_+]$

$[\leftrightarrow_-]$

$\mathbf{P}_0^*$

$\mathbf{P}_H^*$

$\mathbf{P}_M^*$

§ 13

$D(\wedge)$

$D(\vee)$

$D(\leftrightarrow)$

$\mathbf{P}^\wedge$

$\mathbf{P}^\vee$

$D^\wedge(\rightarrow)$

$D^\wedge(\leftrightarrow)$

$D^\vee(\wedge)$

$D^\vee(\rightarrow)$

$D^\vee(\leftrightarrow)$

$D^{\wedge}(\dot{\vee})$

§ 14

$\mathbf{P}^{f}$	$\mid$
(f)	$\mathbf{P}^{\mid}$
$D^{f}(\neg)$	$(\mid_1)$
$D^{f}(t)$	$(\mid_2)$
D(t)	$(\mid_3)$
D(f)	$D^{\mid}(\neg)$
$(\rightarrow_p)$	$D^{\mid}(\rightarrow)$
$\mathbf{P}^{i}$	$D(\mid)$

§ 15

F	$A(a_1, \cdots, a_n)$
$\mathbf{F}^{*}$	$A(x_1, \cdots, x_n)$
$\mathfrak{S}\mid$	

§ 16

$(\forall_-)$	$\mathbf{F}^{\vee}$
$(\forall_+)$	$\mathbf{F}^{\exists}$
$(\exists_-)$	$\mathbf{F}^{\wedge\exists}$
$(\exists_+)$	$\mathbf{F}^{\vee\exists}$
$\forall x_1 \cdots x_n$	$D(\exists)$
$\exists x_1 \cdots x_n$	$D^{\exists}(\forall)$
$\mathbf{F}_0$	$\mathbf{F}_H$
$\mathbf{F}_0^{*}$	$\mathbf{F}_M$
$[\forall_-]$	$\mathbf{F}_H^{*}$
$[\exists_+]$	$\mathbf{F}_M^{*}$
$\mathbf{F}^{\wedge}$	Q

§ 17

a, b, c	$\mathbf{F}^{fI*}$
$A(a_1, \cdots, a_n)$	$=, \neq$
$\mathbf{F}^{f}$	$E!a$
$\mathbf{F}^{f*}$	(E)
I	$\exists!!x$
J	$\exists!x$
(I_-)	$\forall_m x$
(I_+)	$\exists_m x$
$\mathbf{F}^{I}$	$\exists_m!!x$
$\mathbf{F}^{fI}$	$\exists_m!x$
$\mathbf{F}^{I*}$	

§ 18

ιx	(ι)
$D(\iota)$	$\vdash_{D_1 \cdots D_n}$

§ 19

$(\forall_-^{!})$	$(\forall_-^{a})$
$(\exists_+^{!})$	$(\exists_+^{a})$
$(I_+^{!})$	(I_-^{a})
$(E^{!})$	(I_+^{a})
$(E_a^{!})$	$\mathbf{F}_0^{I}$
$(E_a^{!})$	$\mathbf{F}_0^{fI}$
$\mathbf{F}^{fI!}$	$\mathbf{F}_0^{fI!}$
$\mathbf{F}^{fI*!}$	$\mathbf{F}_0^{I*}$
$\mathbf{F}^{*}$	$\mathbf{F}_0^{*}$

$\mathbf{F}^{*1}$ $\mathbf{F}_0^{*1}$

§ 20

$\forall A$ $\simeq$

§ 21

$(D(\wedge))$ $(D(\leftrightarrow))$

$(D(\vee))$ $(D(\exists))$

§ 22

$[A, B, C]$ $\not\leftrightarrow$

$\not\leftarrow$

§ 23

$\mathfrak{S}|$

§ 25

$\breve{\forall}$ $\breve{\exists}$

§ 26

$\mathbf{F}^{G}$ $(\forall_2)$

$\vdash_{G}$ $(\exists_1)$

$\vdash\!\dashv_{G}$ $(\exists_2)$

J (I_1)

$(\neg_1)$ (I_2)

$(\neg_2)$ (J_1)

$(\wedge_1)$ (J_2)

$(\wedge_2)$ $(+_1)$

$(\vee_1)$ $(+_2)$

$(\vee_2)$ $(-_1)$

$(\rightarrow_1)$ $(-_2)$

$(\rightarrow_2)$ $(\times_1)$

$(\not\leftarrow_1)$ $(\times_2)$

$(\not\leftarrow_2)$ (i)

$(\leftrightarrow_1)$ (c)

$(\leftrightarrow_2)$ $\wedge\Gamma$

$(\not\leftrightarrow_1)$ $\vee\Gamma$

$(\not\leftrightarrow_2)$ A°

$(\forall_1)$

《现代数学基础丛书》已出版书目

1 数理逻辑基础(上册) 1981.1 胡世华 陆钟万 著
2 数理逻辑基础(下册) 1982.8 胡世华 陆钟万 著
3 紧黎曼曲面引论 1981.3 伍鸿熙 吕以辇 陈志华 著
4 组合论(上册) 1981.10 柯 召 魏万迪 著
5 组合论(下册) 1987.12 魏万迪 著
6 数理统计引论 1981.11 陈希孺 著
7 多元统计分析引论 1982.6 张尧庭 方开泰 著
8 有限群构造(上册) 1982.11 张远达 著
9 有限群构造(下册) 1982.12 张远达 著
10 测度论基础 1983.9 朱成熹 著
11 分析概率论 1984.4 胡迪鹤 著
12 微分方程定性理论 1985.5 张芷芬 丁同仁 黄文灶 董镇喜 著
13 傅里叶积分算子理论及其应用 1985.9 仇庆久 陈恕行 是嘉鸿 刘景麟 蒋鲁敏 编
14 辛几何引论 1986.3 J.柯歇尔 邹异明 著
15 概率论基础和随机过程 1986.6 王寿仁 编著
16 算子代数 1986.6 李炳仁 著
17 线性偏微分算子引论(上册) 1986.8 齐民友 编著
18 线性偏微分算子引论(下册) 1992.1 齐民友 徐超江 编著
19 实用微分几何引论 1986.11 苏步青 华宣积 忻元龙 著
20 微分动力系统原理 1987.2 张筑生 著
21 线性代数群表示导论(上册) 1987.2 曹锡华 王建磐 著
22 模型论基础 1987.8 王世强 著
23 递归论 1987.11 莫绍揆 著
24 拟共形映射及其在黎曼曲面论中的应用 1988.1 李 忠 著
25 代数体函数与常微分方程 1988.2 何育赞 萧修治 著
26 同调代数 1988.2 周伯壎 著
27 近代调和分析方法及其应用 1988.6 韩永生 著
28 带有时滞的动力系统的稳定性 1989.10 秦元勋 刘永清 王 联 郑祖庥 著
29 代数拓扑与示性类 1989.11 [丹麦] I. 马德森 著
30 非线性发展方程 1989.12 李大潜 陈韵梅 著

31　仿微分算子引论　1990.2　陈恕行　仇庆久　李成章　编
32　公理集合论导引　1991.1　张锦文　著
33　解析数论基础　1991.2　潘承洞　潘承彪　著
34　二阶椭圆型方程与椭圆型方程组　1991.4　陈亚浙　吴兰成　著
35　黎曼曲面　1991.4　吕以辇　张学莲　著
36　复变函数逼近论　1992.3　沈燮昌　著
37　Banach 代数　1992.11　李炳仁　著
38　随机点过程及其应用　1992.12　邓永录　梁之舜　著
39　丢番图逼近引论　1993.4　朱尧辰　王连祥　著
40　线性整数规划的数学基础　1995.2　马仲蕃　著
41　单复变函数论中的几个论题　1995.8　庄圻泰　杨重骏　何育赞　闻国椿　著
42　复解析动力系统　1995.10　吕以辇　著
43　组合矩阵论(第二版)　2005.1　柳柏濂　著
44　Banach 空间中的非线性逼近理论　1997.5　徐士英　李　冲　杨文善　著
45　实分析导论　1998.2　丁传松　李秉彝　布　伦　著
46　对称性分岔理论基础　1998.3　唐　云　著
47　Gel'fond-Baker 方法在丢番图方程中的应用　1998.10　乐茂华　著
48　随机模型的密度演化方法　1999.6　史定华　著
49　非线性偏微分复方程　1999.6　闻国椿　著
50　复合算子理论　1999.8　徐宪民　著
51　离散鞅及其应用　1999.9　史及民　编著
52　惯性流形与近似惯性流形　2000.1　戴正德　郭柏灵　著
53　数学规划导论　2000.6　徐增堃　著
54　拓扑空间中的反例　2000.6　汪　林　杨富春　编著
55　序半群引论　2001.1　谢祥云　著
56　动力系统的定性与分支理论　2001.2　罗定军　张　祥　董梅芳　著
57　随机分析学基础(第二版)　2001.3　黄志远　著
58　非线性动力系统分析引论　2001.9　盛昭瀚　马军海　著
59　高斯过程的样本轨道性质　2001.11　林正炎　陆传荣　张立新　著
60　光滑映射的奇点理论　2002.1　李养成　著
61　动力系统的周期解与分支理论　2002.4　韩茂安　著
62　神经动力学模型方法和应用　2002.4　阮　炯　顾凡及　蔡志杰　编著
63　同调论—— 代数拓扑之一　2002.7　沈信耀　著
64　金兹堡-朗道方程　2002.8　郭柏灵　黄海洋　蒋慕容　著

65　排队论基础　2002.10　孙荣恒　李建平　著
66　算子代数上线性映射引论　2002.12　侯晋川　崔建莲　著
67　微分方法中的变分方法　2003.2　陆文端　著
68　周期小波及其应用　2003.3　彭思龙　李登峰　谌秋辉　著
69　集值分析　2003.8　李　雷　吴从炘　著
70　强偏差定理与分析方法　2003.8　刘　文　著
71　椭圆与抛物型方程引论　2003.9　伍卓群　尹景学　王春朋　著
72　有限典型群子空间轨道生成的格(第二版)　2003.10　万哲先　霍元极　著
73　调和分析及其在偏微分方程中的应用(第二版)　2004.3　苗长兴　著
74　稳定性和单纯性理论　2004.6　史念东　著
75　发展方程数值计算方法　2004.6　黄明游　编著
76　传染病动力学的数学建模与研究　2004.8　马知恩　周义仓　王稳地　靳　祯　著
77　模李超代数　2004.9　张永正　刘文德　著
78　巴拿赫空间中算子广义逆理论及其应用　2005.1　王玉文　著
79　巴拿赫空间结构和算子理想　2005.3　钟怀杰　著
80　脉冲微分系统引论　2005.3　傅希林　闫宝强　刘衍胜　著
81　代数学中的 Frobenius 结构　2005.7　汪明义　著
82　生存数据统计分析　2005.12　王启华　著
83　数理逻辑引论与归结原理(第二版)　2006.3　王国俊　著
84　数据包络分析　2006.3　魏权龄　著
85　代数群引论　2006.9　黎景辉　陈志杰　赵春来　著
86　矩阵结合方案　2006.9　王仰贤　霍元极　麻常利　著
87　椭圆曲线公钥密码导引　2006.10　祝跃飞　张亚娟　著
88　椭圆与超椭圆曲线公钥密码的理论与实现　2006.12　王学理　裴定一　著
89　散乱数据拟合的模型、方法和理论　2007.1　吴宗敏　著
90　非线性演化方程的稳定性与分歧　2007.4　马　天　汪宁宏　著
91　正规族理论及其应用　2007.4　顾永兴　庞学诚　方明亮　著
92　组合网络理论　2007.5　徐俊明　著
93　矩阵的半张量积:理论与应用　2007.5　程代展　齐洪胜　著
94　鞅与 Banach 空间几何学　2007.5　刘培德　著
95　非线性常微分方程边值问题　2007.6　葛渭高　著
96　戴维-斯特瓦尔松方程　2007.5　戴正德　蒋慕蓉　李栋龙　著
97　广义哈密顿系统理论及其应用　2007.7　李继彬　赵晓华　刘正荣　著
98　Adams 谱序列和球面稳定同伦群　2007.7　林金坤　著

99 矩阵理论及其应用 2007.8 陈公宁 编著
100 集值随机过程引论 2007.8 张文修 李寿梅 汪振鹏 高 勇 著
101 偏微分方程的调和分析方法 2008.1 苗长兴 张 波 著
102 拓扑动力系统概论 2008.1 叶向东 黄 文 邵 松 著
103 线性微分方程的非线性扰动(第二版) 2008.3 徐登洲 马如云 著
104 数组合地图论(第二版) 2008.3 刘彦佩 著
105 半群的 S-系理论(第二版) 2008.3 刘仲奎 乔虎生 著
106 巴拿赫空间引论(第二版) 2008.4 定光桂 著
107 拓扑空间论(第二版) 2008.4 高国士 著
108 非经典数理逻辑与近似推理(第二版) 2008.5 王国俊 著
109 非参数蒙特卡罗检验及其应用 2008.8 朱力行 许王莉 著
110 Camassa-Holm 方程 2008.8 郭柏灵 田立新 杨灵娥 殷朝阳 著
111 环与代数(第二版) 2009.1 刘绍学 郭晋云 朱 彬 韩 阳 著
112 泛函微分方程的相空间理论及应用 2009.4 王 克 范 猛 著
113 概率论基础(第二版) 2009.8 严士健 王隽骧 刘秀芳 著
114 自相似集的结构 2010.1 周作领 瞿成勤 朱智伟 著
115 现代统计研究基础 2010.3 王启华 史宁中 耿 直 主编
116 图的可嵌入性理论(第二版) 2010.3 刘彦佩 著
117 非线性波动方程的现代方法(第二版) 2010.4 苗长兴 著
118 算子代数与非交换 L_p 空间引论 2010.5 许全华 吐尔德别克 陈泽乾 著
119 非线性椭圆型方程 2010.7 王明新 著
120 流形拓扑学 2010.8 马 天 著
121 局部域上的调和分析与分形分析及其应用 2011.4 苏维宜 著
122 Zakharov 方程及其孤立波解 2011.6 郭柏灵 甘在会 张景军 著
123 反应扩散方程引论(第二版) 2011.9 叶其孝 李正元 王明新 吴雅萍 著
124 代数模型论引论 2011.10 史念东 著
125 拓扑动力系统——从拓扑方法到遍历理论方法 2011.12 周作领 尹建东 许绍元 著
126 Littlewood-Paley 理论及其在流体动力学方程中的应用 2012.3 苗长兴 吴家宏 章志飞 著
127 有约束条件的统计推断及其应用 2012.3 王金德 著
128 混沌、Mel′nikov 方法及新发展 2012.6 李继彬 陈凤娟 著
129 现代统计模型 2012.6 薛留根 著
130 金融数学引论 2012.7 严加安 著
131 零过多数据的统计分析及其应用 2013.1 解锋昌 韦博成 林金官 著

132　分形分析引论　2013.6　胡家信　著
133　索伯列夫空间导论　2013.8　陈国旺　编著
134　广义估计方程估计方程　2013.8　周　勇　著
135　统计质量控制图理论与方法　2013.8　王兆军　邹长亮　李忠华　著
136　有限群初步　2014.1　徐明曜　著
137　拓扑群引论(第二版)　2014.3　黎景辉　冯绪宁　著
138　现代非参数统计　2015.1　薛留根　著